国家科学技术学术著作出版基金资助出版

能源与环境绩效测度
理论及方法

周　鹏　吴　菲　张露平　著

科 学 出 版 社
北 京

内 容 简 介

能源与环境绩效的测度分析是能源环境经济与管理领域学者持续关注的一个重点主题。其不仅能帮助管理者进行标杆分析及挖掘节能减排潜力，还能为节能减排目标的设定及减排责任的分担提供定量化信息。本书聚焦于能源与环境绩效测度的基本理论与方法，重点针对基于生产理论的能源与环境绩效测度方法、基于多指标聚合的综合指数方法展开研究和讨论。书中介绍的方法和模型融合了绩效测度的一些最新思想，同时突破了能源绩效测度中投入产出组合位于经济区域的假设，提出了生产位于非经济区域时能源绩效的测度方法及能源拥挤概念，并在各章节给出了相应的应用案例。

本书适合高等院校和科研机构的研究人员、政府相关决策部门的工作人员，以及对能源环境经济与管理问题感兴趣的广大读者阅读。

图书在版编目(CIP)数据

能源与环境绩效测度理论及方法/周鹏, 吴菲, 张露平著. —北京：科学出版社, 2021.11
ISBN 978-7-03-070445-0

Ⅰ.①能… Ⅱ.①周… ②吴… ③张… Ⅲ.①能源效率-研究 ②环境管理-研究 Ⅳ.①TK018 ②X32

中国版本图书馆 CIP 数据核字(2021)第 223107 号

责任编辑：惠 雪 沈 旭/责任校对：任苗苗
责任印制：赵 博/封面设计：许 瑞

科 学 出 版 社 出版
北京东黄城根北街 16 号
邮政编码：100717
http://www.sciencep.com
涿州市般润文化传播有限公司印刷
科学出版社发行 各地新华书店经销
*
2021 年 11 月第 一 版 开本：720×1000 1/16
2025 年 1 月第三次印刷 印张：15
字数：303 000
定价：129.00 元
(如有印装质量问题, 我社负责调换)

序

全球气候变化给人类社会可持续发展带来了严峻挑战。在应对全球气候变化和推进经济社会可持续发展背景下，提高能源与环境绩效是保障国家能源及环境安全、推动减排降碳协同增效、促进经济社会发展全面绿色转型的重要途径，也是实现"双碳"目标和可持续发展的关键举措。

能源与环境绩效的测度分析能够为政策有效性的评估提供定量化信息，也能为能源与环境政策的制定提供决策支撑。在企业层而，能源与环境绩效测度能够为开展标杆分析提供基准信息，是能源与环境管理的重要工具。周鹏教授是国内较早研究能源与环境绩效测度问题的学者之一，在该领域取得了一批有重要学术影响力的理论研究成果。该书总结了周鹏教授及其团队成员近年来围绕能源与环境绩效测度的非参数方法所取得的一些研究成果，内容系统而丰富，具有较强的代表性和创新性，是既有理论又有实用价值的一部专著。

该书以能源与环境绩效测度为背景，较为全面地介绍了绩效测度的理论和方法，囊括了直接测度和间接测度两大分支。直接测度中，该书介绍了学界关注度最高的几类基于投入产出理论的非参数边界分析模型，描绘了其发展脉络与方向；间接测度中，该书突破了指标之间的完全补偿性假设，提出了如何构建非补偿、有意义的综合环境绩效指数。该书沿循从理论到方法的脉络，系统性地介绍了绩效测度的基础理论框架。例如，在介绍非参数绩效测度方法前，该书系统梳理了生产技术、距离函数、生产率指数、生产假设的经济含义等理论；在介绍综合环境绩效指数前，详细地回顾了综合指数框架、原理及数据处理的一系列方法。在此基础上，给出了覆盖国内外、不同区域和行业的、具有代表性的案例应用。这样的安排可以使初学者快速构建结构化的知识体系，深度理解能源与环境绩效评估的高级模型。

该书不仅适合能源与环境政策的分析者和研究者阅读，同时，对于从事绩效评估一般性理论与方法研究的学者也具有重要的参考价值，相信该书的出版能够帮助读者加深对能源与环境绩效测度的理解和认知，完善环境生产技术与绩效测度的理论分析框架。期望该书能够为我国推进经济社会绿色低碳发展提供理论方法支撑。

中国工程院院士　刘合

2021 年 10 月 26 日

前　言

在应对全球气候变化的大背景下，提高能源与环境绩效是落实节能减排目标、践行绿色可持续发展的必然选择。能源与环境绩效测度既能为宏观节能减排目标设定及责任分担提供定量化基础信息，又有助于企业管理者进行标杆分析及挖掘节能减排潜力，因此在过去的二十多年里受到国内外学者的广泛关注。在方法论层面，能源与环境绩效测度方法也从简单的强度指标发展到基于生产理论的边界分析方法、指标聚合视域下的综合指数方法等。

本书作者团队长期聚焦于能源与环境绩效测度研究，特别关注于开发设计更为科学合理的绩效测度方法，以解决以往因忽视非期望产出、能源消费结构及不同要素间非补偿性等而造成的绩效测度结果有偏问题。团队首次在能源绩效测度中引入非期望产出，既考虑了生产系统的完备性，又兼顾了能源消费结构的异质性；首次提出了全要素碳排放绩效概念，发展了一系列用于评估静动态碳排放绩效的方法；提出了生产分解分析 (production-theoretical decomposition analysis, PDA) 概念，用于探究技术性因素对能源与环境绩效变化的影响；首次提出了能源拥挤概念，并探究了生产位于非经济区域时能源绩效的测度方法。此外，作者团队从理论上界定了何为有意义的综合绩效指数，并基于"有意义""非补偿"等重要概念完善了综合环境绩效指数的理论框架和方法体系。

出版本书的主要目的是系统总结团队近年来在能源与环境绩效测度领域取得的一系列研究成果。全书基于"一体两线"的框架进行介绍，"一体"是指全书聚焦于能源与环境绩效测度，"两线"是指本书研究能源与环境绩效的两种主要方法：基于生产理论的非参数边界分析方法及基于指标聚合的综合指数方法。全书主要内容可概括为以下几个方面：

(1) 环境生产技术与绩效测度理论概述，由第 2 章构成。该章对未考虑非期望产出的生产理论和距离函数理论做了省略，着重介绍考虑非期望产出的环境生产技术理论、距离函数理论及全要素生产率指数等，以便为后续章节中能源与环境绩效建模奠定理论基础。

(2) 基于生产理论的能源与环境绩效测度研究，由第 3、4 章构成。这两章聚焦于基于生产理论的能源与环境绩效测度方法，对不同距离函数、不同导向、不同规模报酬下的静动态能源绩效与环境绩效测度方法进行全面梳理，并基于不同研究对象展示相应模型的应用。

(3) 考虑非经济生产过程的能源绩效与能源拥挤研究，由第 5、6 章构成。这两章内容关注生产活动位于非经济区域时如何进行生产技术刻画、能源绩效与能源拥挤绩效测度。

(4) 基于指标聚合的综合环境绩效指数研究，由第 7、8 章构成。这两章内容立足于指标体系，对综合指数框架、弱非补偿综合环境指数、强非补偿综合环境指数及非补偿有意义综合环境指数模型进行详细介绍。

(5) 绩效测度视角下的减排成本评估，由第 9 章构成。该章介绍如何从绩效测度视角进行边际减排成本评估，并对评估中的若干关键问题进行讨论。

本书内容是团队集体智慧的结晶。其中，第 1~4、9 章由周鹏、吴菲撰写；第 5、6 章由吴菲、周鹏撰写；第 7、8 章由周鹏、张露平撰写。本书的核心内容发表在 *European Journal of Operational Research*、*Energy Economics* 和 *Energy Policy* 等期刊并获得国内外学者的广泛关注。

本书研究工作得到了国家自然科学基金 (项目编号：71625005、71804066、71934007) 的持续资助，出版则获得国家科学技术学术著作出版基金和国家自然科学基金杰出青年基金 (71625005) 在经费上的支持。感谢团队周迅、王诗杨、张慧等，他们为本书的撰写及统稿付出了大量时间。特别感谢科学出版社惠雪编辑，她在本书的酝酿、撰写及出版过程中给予了全方位的支持和帮助。

限于学术水平和知识范围，书中难免存在不足之处，敬请广大读者不吝指正。

作　者

2021 年 3 月

目　　录

第1章 绪 论

1.1 引 言

能源是人类文明进步的基础和动力，是促进经济社会发展、增进人民福祉不可或缺的要素。自 20 世纪中叶以来，人口的急速膨胀及工业化、城镇化进程的加速使得全球能源消费快速增长，而以化石能源为主的能源结构又进一步加剧了温室气体及其他污染物的排放，给人类未来生存发展所依赖的各种系统带来了严重威胁。面对气候变化、环境风险挑战、能源资源约束这些日益严峻的全球问题，如何更好地进行能源与环境管理以实现经济社会可持续发展，成为当前世界各国面临的严峻考验。

为破解资源环境困境、应对气候变化及环境挑战，国际能源署敦促更多国家积极制定行之有效的能源政策，加速推动能源结构转型。目前，全球能源转型主要趋势包括能源效率的全面提升、能源系统的变革及可再生能源的大规模开发和利用等。因发展阶段及资源禀赋存在差异，不同国家在能源转型中主导策略的选择上有所不同，但提升能源效率已成为多数国家应对能源环境问题或实现碳达峰、碳中和等战略目标的重要举措。

依系统论视角，能源效率的提升可以在源头上降低能源-经济-环境 (3E) 系统的资源需求，属于输入层面的系统改善；而在输出层面，系统的改善则主要体现在生产效率及环境绩效的提升。在实践中，这些绩效信息受到政策制定者和企业管理者的广泛关注。

能源与环境绩效测度旨在提供被评估对象在能源效率与环境绩效等方面表现的定量化信息，其作为能源与环境管理的重要工具，不但可以用于横向绩效比较及纵向绩效监测，而且能够为绩效提升提供明确可行的改进方向，还有助于为能源与环境政策的分析制定提供决策依据。在过去二十余年里，能源与环境绩效测度分析已成为管理科学、环境与资源经济学、公共管理、企业管理等多学科领域学者们持续关注的一个重要研究方向。

1.2 能源绩效与环境绩效

绩效是指从事某种活动的表现或有效性。不论何种类型的组织，绩效提升皆是其组织管理的首要目标。绩效测度旨在衡量组织活动表现，能源与环境绩效测度关注的则是能源利用效率与环境影响方面的表现。

关于能源绩效，目前学术界并没有统一的定义。衡量能源绩效往往采用一个或一套指标来实现，其中能源强度或能源效率是最为常用的测度指标。能源强度是指每单位产出或服务的能源消耗量，其可以在不同层面定义以满足不同的应用需求，例如每吨水泥能耗、每度电煤耗、单位 GDP 能耗，等等。与能源强度相比，能源效率是一个更具一般化的概念。例如，物理学家和工程师理解其为能源转换效率，而经济学家则定义其为能源利用的经济效率。在宏观层面，能源效率定义的包容性更强，包括 "提供的能源服务与能源消费量之比" 和 "产出与能源投入之比"，等等。能源强度的倒数可以理解为能源效率，因此反映的信息没有显著差别。上述定义仅仅考虑能源投入和单一产出，因而一般被称作单要素能源效率。然而，在实际生产活动中，能源要素需要跟其他投入要素结合才能形成产出，且产出既包括好的产出，也包括坏的产出。在这一系统框架下所定义的能源效率被称作全要素能源效率，其已被广泛应用于国家、行业及企业的能源绩效评估。

与能源绩效类似，环境绩效也是一个较为笼统的概念。在企业层面，环境绩效测度在企业环境管理体系中居于中心地位。在宏观层面，不同机构基于不同视角给出了各种各样的定义及测度指标。例如，联合国可持续发展委员会定义环境绩效为单位环境负荷的经济价值。该类环境绩效指标可以被界定为单要素指标，主要用于测度某一维度的环境影响。除此之外，还存在一些由不同维度指标所构建的综合环境绩效指数。例如，耶鲁大学环境法律与政策研究中心所定义的环境绩效指数是由 32 个指标聚合形成的能够体现不同国家可持续发展状态的综合指数。在本书中，环境绩效被理解为一种综合环境影响表现，其测度既可以在全要素框架下采用线性规划模型实现，也可以采用由其他聚合技术构建的一个综合环境绩效指数实现。

由于能源绩效与环境绩效皆可以在全要素框架下定义，为保证建模逻辑上的一致性，本书大部分内容皆以环境生产技术为基础构建测度模型。此外，在本书中，能源与环境绩效测度的是相对绩效表现。因而，能源绩效被定义为一定技术水平下，实际能源生产率与最优能源生产率的比。在产出不变情形下，其简化为最优能源投入与实际能源投入之比。环境绩效被定义为一定投入下，理想排放强度与实际排放强度之比。在期望产出不变情形下，其简化为理想排放与实际排放之比。能源绩效值越高，意味着实际能源生产率越接近最优能源生产率，从而经济活动的资源负荷越小。环境绩效值越高，意味着其实际排放强度越接近最佳排放强度，进而经济活动的环境负荷越小。

1.3　绩效测度方法概述

绩效测度尽管可以采用多种方法,但最终一般都会构建一个综合指数或指标。在能源与环境绩效测度中,综合指数的构建可以采用不同的技术方法,包括回归分析、随机前沿分析、数据包络分析、多准则决策等。比如,美国能源部采用回归分析方法构建能源强度指数,用于评价建筑物、工厂及数据中心的能源绩效。Boyd(2008) 利用随机前沿分析方法估计能源效率前沿,用于评价工厂的能源绩效。这些方法虽然具有坚实的经济理论基础,但均需事先设定生产函数形式以对未知参数进行估计。

不同于回归分析和随机前沿分析,本书采用非参数方法测度能源与环境绩效。非参数方法的显著优势在于能够避免函数形式的设定和未知参数的估计,而且尤为适合多投入多产出系统的能源与环境绩效评估问题。作为系统内相互依存、相互制约的两类要素,投入和产出共同决定着能源与环境绩效。在系统视域下,能源与环境绩效测度方法可分为两种:一种是考虑投入与产出之间的生产关系,利用线性规划方法及数据包络分析 (data envelopment analysis,DEA) 模型构建生产技术前沿,进而计算具有可比性的同类型单元的相对有效性。这种方法直接利用投入与产出数据,可称为绩效测度的直接方法。另一种测度方法立足于指标系统,采用先标准化再聚合的思路构建一个综合绩效指数。由于系统内指标相互联系,但并不一定具备严格的生产关系,因而这种方法可称为绩效测度的间接方法。

1. 绩效测度的直接方法

本书绩效测度的直接方法主要是指 DEA 方法。该方法由 Charnes 等 (1978) 提出,是一种基于相对效率概念的绩效测度方法。其以凸分析和线性规划为工具,利用具有生产关系的投入产出数据构建生产技术前沿,进而计算具有可比性的同类型单元的相对有效性。效率值为 1 意味着被评价单元位于前沿面上;效率值位于 0~1 之间意味着被评价单元位于前沿面之外,并且效率值越低表明待提升的空间越大。采用 DEA 方法进行能源与环境绩效测度的关键在于两个方面:一是如何刻画包含污染物等非期望产出的生产技术;二是采用何种效率测度方式。目前,学者们针对如何刻画考虑非期望产出的生产技术开展了大量讨论,针对不同的效率测度方式发展了各种 DEA 模型,使 DEA 绩效测度的理论与方法体系越发完善。

2. 绩效测度的间接方法

本书绩效测度的间接方法主要是指综合指数方法。相应地,绩效用综合绩效值表示。若指标均为正向指标,则综合绩效值越大说明评价对象绩效越好;相反,则综合绩效值越小越好。综合指数的框架一般包含四类要素：① 被评价对象 (本书中一般定义为决策单元)；② 衡量评价对象的多维指标体系；③ 表示各个指标重要程度的权重；④ 各个评价对象在不同指标下的绩效。考虑到各指标在量纲、单位等方面存在差异，在聚合多维指标之前通常会采用一定的标准化方法对底层指标进行无量纲化处理。然后，借助于预先确定的权重，依据一定原则，选择合适的聚合方法，构建能够准确测度评价对象绩效的综合指数。综合指数构建过程主观性较强，因此，在构建过程中除了保证科学性外，还应保证整个构建过程的透明性。相对而言，综合指数具有简单易懂、易于交流等特征，在能源与环境绩效评价中得到了广泛认同与应用。

1.4　本书内容安排

本书研究如何对评估对象的能源与环境绩效进行评估。这里的评估对象既可以是企业，也可以是部门、行业、国家或地区等。本书共 9 章内容，梗概列举如下：

第 1 章　绪论。介绍能源与环境绩效相关概念和测度方法。

第 2 章　环境生产技术与绩效测度理论。回顾环境生产技术的集合表示与非参数刻画、谢泼德距离函数和方向距离函数的定义和性质、全要素生产率指数的相关概念及弱可处置假设的经济含义。

第 3 章　能源绩效测度。基于技术效率、能源投入最小化、投入产出协同优化三种视角构建静态全要素能源绩效测度模型；基于生产率指数构建思想建立两类动态能源绩效测度模型；最后对部分模型的应用进行举例。

第 4 章　环境绩效测度。首先基于谢泼德距离函数、方向距离函数、松弛测度模型 (SBM) 构建静态全要素环境绩效指数，接着介绍动态环境绩效指数的构建方法和分解分析方法，最后给出部分环境绩效测度模型在国家和行业层面的应用。

第 5 章　生产技术拥挤与能源绩效。介绍生产活动是否位于非经济区域的判别方法及相应生产技术的刻画方法，同时构建一种考虑非经济生产过程的能源绩效测度模型和能源无效分解模型。

第 6 章　能源拥挤绩效测度。首先介绍能源拥挤定义、产生机理，然后基于两种视角构建能源拥挤绩效测度模型，最后对中国工业行业的能源拥挤情况进行分析。

第 7 章　综合环境绩效指数框架及方法。概述综合环境绩效指数的整体框架与方法，包含指数建模原理、聚合方法、指标标准化方法、赋权方法、聚合函数的构建方法等。

第 8 章　非补偿及有意义综合环境指数方法。基于指标非补偿理论和有意义理论，介绍弱非补偿综合指数、强非补偿综合指数及非补偿有意义综合指数的构建方法，并围绕气候风险评估、低碳发展绩效评估、城市可持续发展绩效评估等进行实证展示。

第 9 章　绩效测度视角下的减排成本评估。介绍如何在绩效测度视角下利用影子价格分析框架估算边际减排成本。同时，对影响影子价格评估结果的生产技术设定方法、距离函数的参数与非参数估计方法、投射规则等分别展开讨论，并通过案例对这些设定所带来的影响进行分析。

参 考 文 献

Boyd G A. 2008. Estimating plant level energy efficiency with a stochastic frontier. Energy Journal, 29(2): 23-43.

Charnes A, Cooper W W, Rhodes E. 1978. Measuring the efficiency of decision making units. European Journal of Operational Research, 2(6): 429-444.

第 2 章　环境生产技术与绩效测度理论

基于生产理论的能源与环境绩效测度一般包含两个环节：一是刻画包含非期望产出的生产技术，二是选择适合的效率测度方式 (Zhou et al., 2008a)。其中，生产技术刻画方式决定了生产前沿面的形状，而效率测度方式则决定了被评价单元以何种路径实现优化。

考虑非期望产出的生产技术统称为环境生产技术，依可处置性假设的不同其刻画方法可分为四类 (周鹏等, 2020)，如表 2-1 所示。第一类为强可处置环境生产技术，其将非期望产出视为投入，进而施加强可处置 (可自由处置) 假设。其自 Hailu 和 Veeman(2001) 提出后，如今在各类效率测度问题中均有应用 (Yang and Pollitt，2009；Picazo-Tadeo et al., 2014; Zhou et al., 2017)。然而，将非期望产出作为投入的方式因违背真实生产过程、不能反映期望产出与非期望产出之间的伴生关系等而不断受到学者的质疑。第二类为基于弱可处置假设的环境生产技术 (Färe et al., 1989)。该生产技术对非期望产出施加弱可处置假设，从而体现非期望产出的减少是有代价的。目前，该类环境生产技术经历了一系列发展，已成为能源环境绩效评价的主流方法 (Dakpo et al., 2016)。第三类为基于弱 G 可处置性的环境生产技术，该生产技术在绩效模型中引入物质平衡等式 (material balance condition)，从而体现物质不会凭空消失的物理性质。Coelli 等 (2007) 首次将该方法用于环境绩效测度。随后，Hoang 和 Coelli(2011) 在全要素生产率建模中引入了物质平衡等式。Hampf 和 Rødseth(2015)、Rødseth(2017) 和 Wang 等 (2018) 对存在减排活动时如何引入物质平衡等式进行了讨论。这类方法虽符合物理规律，

表 2-1　常见环境生产技术

环境生产技术	可处置性假设	主要特征
强可处置环境生产技术	强可处置假设	非期望产出被视为环境投入要素
弱可处置环境生产技术	期望产出与非期望产出之间的弱可处置	期望产出和非期望产出之间具有伴生关系
	投入与非期望产出之间的弱可处置	能源投入与非期望产出之间具有伴生关系
弱 G 可处置环境生产技术	弱 G 可处置假设	遵循物质守恒定律
多前沿环境生产技术	成本可处置假设	期望产出和非期望产出由不同生产技术刻画
	自然和管理可处置	考虑自然减排行为和管理减排行为

但也因物质平衡等式的引入而限制了其在绩效评估应用中的灵活性。第四类为多前沿环境生产技术，主要包含 Murty 等 (2012) 提出的基于成本可处置假设的副产品生产技术 (by-production technology)，以及由 Sueyoshi 和 Goto(2012) 提出的基于自然和管理可处置的环境生产技术。前者需要明确掌握投入在各产出间的分配情况，且要求各生产技术之间保持独立，而后者对生产过程的刻画较为模糊，导致这两种方法在绩效评估应用中受到一定限制。

效率测度方式作为 DEA 绩效评估中的另一大关键问题，直接影响着被评价单元以生产前沿面上的哪个点作为参考点。目前，常见的效率测度方式可分为径向和非径向两大类。其中，径向测度方法的显著特点在于调整比例具有一致性。由于计算简便且易于理解，在基于谢泼德距离函数和方向距离函数的效率测度中均较为常见 (Chung et al., 1997; Hu and Wang, 2006; Wu et al., 2012; Picazo-Tadeo et al., 2014)。非径向测度方法的特点在于调整比例可以是不一致的，其合理性在于并非所有投入 (或产出) 均具备等比例收缩的性质。非径向测度思想可以和谢泼德距离函数、方向距离函数及松弛测度思想相结合，因而模型种类比较广泛。比如，Färe 和 Lovell (1978) 及 Zhou 等 (2007) 分别构建了非径向投入和产出导向的效率测度模型。Zhou 等 (2012) 构建了允许变量在不同方向上以不同比例调整的效率测度模型。Tone (2001) 和 Zhou 等 (2006) 分别构建了不包含和包含非期望产出的松弛测度模型。Färe 和 Grosskopf (2010) 提出了可以对松弛方向进行调整的 SBM 方向距离函数模型。

生产技术刻画方式及效率测度类型的不断发展丰富着 DEA 模型体系，也彰显了 DEA 在绩效评价中的优势。本章主要介绍基于弱可处置假设的环境生产技术 (以下简称环境生产技术) 的相关理论和进展，同时介绍两类距离函数并探讨弱可处置假设的经济含义，从而为后续章节能源与环境绩效测度奠定理论基础。

2.1　环境生产技术

2.1.1　环境生产技术的集合表示

环境生产技术的一大特点是非期望产出是弱可处置的。弱可处置意味着非期望产出的减少是有代价的，这种有代价可以体现在两个方面：一个是非期望产出和期望产出同时减少，即非期望产出与期望产出之间的弱可处置性 (Färe et al., 1989)；另一个是非期望产出与能源投入同时减少，即非期望产出与能源之间的弱可处置性 (Wu et al., 2020)。由于弱可处置的设置方式不同，相应的环境生产技术可分为两类。

1. 基于产出之间弱可处置性的环境生产技术

一般来说，非期望产出如 SO_2 和 NO_X 的减少需要生产者付出经济代价。比如，燃煤发电厂若想减少 SO_2 排放，可以通过限制生产规模的方式来减少发电量，也可以通过安装减排设备来进行减排。前者造成了期望产出的直接减少，而后者因投入资源减少也造成了期望产出的下降 (Färe et al., 2007)。这两种做法都会带来发电量的减少，从而体现了 SO_2 与发电量之间的伴生关系。产出之间弱可处置性的提出正是用于描述非期望产出与期望产出之间的这种关系 (Färe et al., 1989)。

考虑一个使用 N 种投入要素 $\boldsymbol{x} = (x_1, x_2, \cdots, x_N)^{\mathrm{T}} \in \Re_+^N$ 生产 M 种期望产出 $\boldsymbol{y} = (y_1, y_2, \cdots, y_M)^{\mathrm{T}} \in \Re_+^M$ 和 W 种非期望产出 $\boldsymbol{b} = (b_1, b_2, \cdots, b_W)^{\mathrm{T}} \in \Re_+^W$ 的生产过程。基于产出之间弱可处置性的环境生产技术可用集合 T 表示为

$$T = \left\{ (\boldsymbol{x}, \boldsymbol{y}, \boldsymbol{b}) : \boldsymbol{x} \text{ 能生产 } (\boldsymbol{y}, \boldsymbol{b}) \right\} \tag{2.1}$$

其包含了技术上所有可行的投入产出组合，即如果 $\boldsymbol{x}$ 能生产 $(\boldsymbol{y}, \boldsymbol{b})$，那么 $(\boldsymbol{x}, \boldsymbol{y}, \boldsymbol{b}) \in T$。

该环境生产技术满足如下标准假设：

T.1   对于任意 $\boldsymbol{x}$，$(\boldsymbol{x}, 0, 0) \in T$；

T.2   若 $(\boldsymbol{x}, \boldsymbol{y}, \boldsymbol{b}) \in T$，且 $\boldsymbol{x} = 0$，则 $(\boldsymbol{y}, \boldsymbol{b}) = (0, 0)$；

T.3   若 $(\boldsymbol{x}, \boldsymbol{y}, \boldsymbol{b}) \in T$，且 $\boldsymbol{y}' \leqslant \boldsymbol{y}$，则 $(\boldsymbol{x}, \boldsymbol{y}', \boldsymbol{b}) \in T$；

T.4   若 $(\boldsymbol{x}, \boldsymbol{y}, \boldsymbol{b}) \in T$，且 $\boldsymbol{x}' \geqslant \boldsymbol{x}$，则 $(\boldsymbol{x}', \boldsymbol{y}, \boldsymbol{b}) \in T$；

T.5   封闭有界性；

T.6   平凡性。

其中，T.1 说明不生产是可行的。T.2 说明没有投入就没有产出。T.3 和 T.4 分别为期望产出和投入的强可处置性。T.5 说明技术集合是封闭有界的。T.6 说明凡观测到的投入产出组合均是技术可行的。

除了上述标准假设之外，环境生产技术还需满足非期望产出与期望产出之间的弱可处置性和"零结合"性，即

T.7   若 $(\boldsymbol{x}, \boldsymbol{y}, \boldsymbol{b}) \in T$，且 $0 \leqslant \theta \leqslant 1$，则有 $(\boldsymbol{x}, \theta\boldsymbol{y}, \theta\boldsymbol{b}) \in T$；

T.8   若 $(\boldsymbol{x}, \boldsymbol{y}, \boldsymbol{b}) \in T$，且 $\boldsymbol{b} = 0$，则 $\boldsymbol{y} = 0$。

其中，T.7 说明等比例减少期望产出和非期望产出是技术可行的。T.8 说明若想没有任何排放，则需要停止生产。

环境生产技术除可用技术集合 T 表示外，也可用产出集合和投入集合表示。其中，产出集合表示法描述了投入向量 $\boldsymbol{x}$ 所能生产的所有产出向量 $(\boldsymbol{y}, \boldsymbol{b})$ 的组合，数学上可定义为

$$P(\boldsymbol{x}) = \left\{ (\boldsymbol{y}, \boldsymbol{b}) : \boldsymbol{x} \text{ 能生产 } (\boldsymbol{y}, \boldsymbol{b}) \right\} = \left\{ (\boldsymbol{y}, \boldsymbol{b}) : (\boldsymbol{x}, \boldsymbol{y}, \boldsymbol{b}) \in T \right\} \tag{2.2}$$

其满足包含产出弱可处置性 (P.1) 及 "零结合" 性 (P.2) 在内的以下性质:

P.1   如果有 $(\boldsymbol{y}, \boldsymbol{b}) \in P(\boldsymbol{x})$ 且 $0 \leqslant \theta \leqslant 1$, 那么 $(\theta \boldsymbol{y}, \theta \boldsymbol{b}) \in P(\boldsymbol{x})$;

P.2   若 $(\boldsymbol{y}, \boldsymbol{b}) \in P(\boldsymbol{x})$, 且 $\boldsymbol{b} = 0$, 则 $\boldsymbol{y} = 0$;

P.3   对于任意 $\boldsymbol{x}$, 有 $(0, 0) \in P(\boldsymbol{x})$;

P.4   如果有 $(\boldsymbol{y}, \boldsymbol{b}) \in P(\boldsymbol{x})$ 且 $\boldsymbol{x}' \geqslant \boldsymbol{x}$, 那么 $(\boldsymbol{y}, \boldsymbol{b}) \in P(\boldsymbol{x}')$;

P.5   如果有 $(\boldsymbol{y}, \boldsymbol{b}) \in P(\boldsymbol{x})$ 且 $\boldsymbol{y}' \leqslant \boldsymbol{y}$, 那么 $(\boldsymbol{y}', \boldsymbol{b}) \in P(\boldsymbol{x})$;

P.6 $P(\boldsymbol{x})$ 是凸集;

P.7   封闭有界性;

P.8   平凡性。

其中, P.3 说明不生产是可行的。P.4 为投入的强可处置性, 说明增加投入仍可生产原有产出。P.5 为期望产出的强可处置性, 说明给定投入可以生产更低水平的期望产出。P.6 要求产出集合满足凸性假定, 反映了边际报酬递减规律。P.7 说明产出集合是封闭有界的。P.8 表明所有观测到的生产组合都是技术上可行的。

环境生产技术的投入集合表示法描述了能够生产 $(\boldsymbol{y}, \boldsymbol{b})$ 的投入向量 $\boldsymbol{x}$ 的组合。数学上, 投入集合定义为

$$L(\boldsymbol{y}, \boldsymbol{b}) = \left\{ \boldsymbol{x} : \boldsymbol{x} \text{ 能生产 } (\boldsymbol{y}, \boldsymbol{b}) \right\} = \left\{ \boldsymbol{x} : (\boldsymbol{x}, \boldsymbol{y}, \boldsymbol{b}) \in T \right\} \tag{2.3}$$

其满足以下性质:

L.1   如果有 $\boldsymbol{x} \in L(\boldsymbol{y}, \boldsymbol{b})$ 以及 $0 \leqslant \theta \leqslant 1$, 那么 $\boldsymbol{x} \in L(\theta \boldsymbol{y}, \theta \boldsymbol{b})$;

L.2   若 $\boldsymbol{x} \in L(\boldsymbol{y}, \boldsymbol{b})$ 且 $\boldsymbol{b} = 0$, 则 $\boldsymbol{y} = 0$;

L.3   如果 $\boldsymbol{x} \in L(\boldsymbol{y}, \boldsymbol{b})$ 且 $\boldsymbol{x} = 0$, 则 $(\boldsymbol{y}, \boldsymbol{b}) = (0, 0)$;

L.4   如果有 $\boldsymbol{x} \in L(\boldsymbol{y}, \boldsymbol{b})$ 且 $\boldsymbol{x}' \geqslant \boldsymbol{x}$, 那么 $\boldsymbol{x}' \in L(\boldsymbol{y}, \boldsymbol{b})$;

L.5   如果有 $\boldsymbol{x} \in L(\boldsymbol{y}, \boldsymbol{b})$ 且 $\boldsymbol{y}' \leqslant \boldsymbol{y}$, 那么 $\boldsymbol{x} \in L(\boldsymbol{y}', \boldsymbol{b})$;

L.6 $L(\boldsymbol{y}, \boldsymbol{b})$ 是凸集;

L.7   封闭有界性;

L.8   平凡性。

其中, L.1 和 L.2 分别为期望产出与非期望产出之间的弱可处置性和 "零结合" 性。L.3 说明无投入便无产出, 即 "天下没有免费的午餐"。L.4 为投入的强可处置性, 说明增加投入仍可生产原有产出。L.5 为期望产出的强可处置性, 说明给定投入可以生产更低水平的期望产出。L.6 要求投入集合满足凸性假定, 这是由边际替代率递减规律决定的。L.7 说明投入集合是封闭有界的。L.8 表明所有观测到的投入产出组合都是技术上可行的生产组合。

需要注意的是, 在环境生产技术的不同集合表示法中, 产出集合和投入集合都施加了凸性假定, 但技术集合 T 并不严格要求满足凸性假定, 这导致文献中关

于环境生产技术的非参数刻画出现了不同的做法。我们将在 2.1.3 节中对满足凸性与不满足凸性的环境生产技术刻画方法分别进行讨论。

2. 基于能源与碳排放之间弱可处置性的环境生产技术

产生非期望产出的直接原因在于化石能源的消耗，这意味着控制化石能源消耗可以控制非期望产出的排放。虽然生产者也可以通过安装终端减排设备进行减排，但不意味着所有非期望产出都能通过这一方式进行减排。最明显地，对于 CO_2 减排，目前只能通过控制能源消耗 (如减少能源消耗量、使用更清洁的能源、调整能源结构等) 来实现。即便是通过限制生产规模进行减排，其本质还是由能源消耗的减少实现的。另外，碳排放量通常由能源消耗量乘以能源的碳排放系数直接计算得到。这意味着，在技术上 CO_2 排放与能源投入存在着密不可分的关系。在传统生产技术中，投入通常被认为是强可处置的，即增加投入仍能生产原有产出。显然，投入的这一性质不适用于含碳排放的生产过程，因为碳排放会随着能源投入的增加而增加。基于这一发现，Wu 等 (2020) 提出了一种能源投入与碳排放之间满足弱可处置性的环境生产技术。

为区分能源投入与非能源投入，考虑一个使用 N 种非能源投入要素 $\boldsymbol{x} = (x_1, x_2, \cdots, x_N)^{\mathrm{T}} \in \Re_+^N$ 和 L 种能源投入要素 $\boldsymbol{e} = (e_1, e_2, \cdots, e_L)^{\mathrm{T}} \in \Re_+^L$ 生产 M 种期望产出 $\boldsymbol{y} = (y_1, y_2, \cdots, y_M)^{\mathrm{T}} \in \Re_+^M$ 和碳排放 $\boldsymbol{b} \in \Re_+$ 的生产过程。基于能源与碳排放之间弱可处置性的环境生产技术 $\tilde{T}$ 可用集合表示为

$$\tilde{T} = \left\{ (\boldsymbol{x}, \boldsymbol{e}, \boldsymbol{y}, \boldsymbol{b}) : (\boldsymbol{x}, \boldsymbol{e}) \text{ 能生产 } (\boldsymbol{y}, \boldsymbol{b}) \right\} \tag{2.4}$$

其包含了技术上所有可行的投入产出组合，即如果 $(\boldsymbol{x}, \boldsymbol{e})$ 能生产 $(\boldsymbol{y}, \boldsymbol{b})$，那么 $(\boldsymbol{x}, \boldsymbol{e}, \boldsymbol{y}, \boldsymbol{b}) \in \tilde{T}$。

该环境生产技术 $\tilde{T}$ 满足如下标准假设：

T.1　对于任意 $(\boldsymbol{x}, \boldsymbol{e})$，$(\boldsymbol{x}, \boldsymbol{e}, 0, 0) \in \tilde{T}$；

T.2　若 $(\boldsymbol{x}, \boldsymbol{e}, \boldsymbol{y}, \boldsymbol{b}) \in \tilde{T}$，且 $\boldsymbol{x} = 0$ 或 $\boldsymbol{e} = 0$，则 $(\boldsymbol{y}, \boldsymbol{b}) = (0, 0)$；

T.3　若 $(\boldsymbol{x}, \boldsymbol{e}, \boldsymbol{y}, \boldsymbol{b}) \in \tilde{T}$，且 $\boldsymbol{y}' \leqslant \boldsymbol{y}$，则 $(\boldsymbol{x}, \boldsymbol{e}, \boldsymbol{y}', \boldsymbol{b}) \in \tilde{T}$；

T.4　若 $(\boldsymbol{x}, \boldsymbol{e}, \boldsymbol{y}, \boldsymbol{b}) \in \tilde{T}$，且 $\boldsymbol{x}' \geqslant \boldsymbol{x}$，则 $(\boldsymbol{x}', \boldsymbol{e}, \boldsymbol{y}, \boldsymbol{b}) \in \tilde{T}$；

T.5　封闭有界性；

T.6　平凡性。

其中，T.1 说明不生产是可行的。T.2 说明没有投入就没有产出。T.3 和 T.4 分别为期望产出和投入的强可处置性。T.5 说明技术集合是封闭有界的，这是因为投入不能生产无限产出。T.6 说明凡观测到的投入产出组合均是技术可行的。

除了上述标准假设之外，环境生产技术 $\tilde{T}$ 还需满足能源投入与碳排放之间的弱可处置性，数学上表示为

T.7 若 $(\boldsymbol{x}, \boldsymbol{e}, \boldsymbol{y}, \boldsymbol{b}) \in \tilde{T}$，且 $\theta \geqslant 1$，则有 $(\boldsymbol{x}, \theta\boldsymbol{e}, \boldsymbol{y}, \theta\boldsymbol{b}) \in \tilde{T}$。

该性质意味着等比例增加能源投入会带来排放的等比例增加。由于能源与排放在同比例变动的过程中，碳元素没有凭空消失，故该环境生产技术本质上也满足物质均衡原理。环境生产技术 $\tilde{T}$ 也可以用等价的产出集合和投入集合进行表示，表示方式与式 (2.2) 和式 (2.3) 类似，此处不再赘述。

2.1.2 规模报酬性质

规模报酬 (return to scale) 是生产技术理论中的一种常见假定，其揭示了生产过程中的规模经济现象。规模报酬以技术水平不变为前提，考察所有投入要素以同一比例变动时产出发生的变化。一般来说，规模报酬可分为单一型的规模报酬，如规模报酬不变 (constant returns to scale, CRS)、规模报酬递增 (increasing returns to scale, IRS)、规模报酬递减 (decreasing returns to scale, DRS)，以及混合型的规模报酬，如非增规模报酬 (non-increasing returns to scale, NIRS)、非减规模报酬 (non-decreasing returns to scale, NDRS)、规模报酬可变 (variable returns to scale, VRS) 等，如表 2-2 所示。

表 2-2 规模报酬类型

单一型		混合型	
规模报酬不变	CRS	规模报酬可变	VRS
规模报酬递增	IRS	非增规模报酬	NIRS
规模报酬递减	DRS	非减规模报酬	NDRS

在环境生产技术中，规模报酬性质一般假定为规模报酬不变、规模报酬可变及非增规模报酬三种情况。

1. 规模报酬不变 (CRS)

当生产要素投入以一定比例变动时，若同比例变动的期望产出及非期望产出组合也是技术可行的，那么环境生产技术呈规模报酬不变性质。数学上其可表示为，若 $(\boldsymbol{x}, \boldsymbol{y}, \boldsymbol{b}) \in T$，且 $\lambda > 0$，则 $(\lambda\boldsymbol{x}, \lambda\boldsymbol{y}, \lambda\boldsymbol{b}) \in T$。规模报酬不变意味着经营规模的变化不会影响要素生产率。

2. 规模报酬可变 (VRS)

规模报酬可变分为规模报酬递增和规模报酬递减。其意味着当有效生产组合 $(\boldsymbol{x}^*, \boldsymbol{y}^*, \boldsymbol{b}^*)$ 的投入按一定比例变化时，产出可以按超出这一比例或不足这一比例变化。数学上，规模报酬递增表示为若 $(\boldsymbol{x}^*, \boldsymbol{y}^*, \boldsymbol{b}^*) \in T$，则 $(\lambda\boldsymbol{x}^*, \lambda'\boldsymbol{y}^*, \lambda'\boldsymbol{b}^*) \in T$，其中 $1 < \lambda < \lambda'$。规模报酬递减表示为若 $(\boldsymbol{x}^*, \boldsymbol{y}^*, \boldsymbol{b}^*) \in T$ 且 $\lambda > 1$，则 $(\lambda\boldsymbol{x}^*, \lambda'\boldsymbol{y}^*, \lambda'\boldsymbol{b}^*) \in T$，其中 $0 < \lambda' < \lambda$。在规模报酬可变情况下，经营规模的变化会导致要素生产率发生变化。

3. 非增规模报酬 (NIRS)

非增规模报酬指的是对生产有效的投入产出组合 $(\boldsymbol{x}^*, \boldsymbol{y}^*, \boldsymbol{b}^*)$，投入要素 $\boldsymbol{x}^*$ 以一定比例增长时，期望产出及非期望产出增长的比例不大于该比例。但当投入要素以一定比例缩减时，产出是可能以相同比例减少的。数学上非增规模报酬可表示为，若 $(\boldsymbol{x}^*, \boldsymbol{y}^*, \boldsymbol{b}^*) \in T$，且 $0 < \lambda < 1$，$\lambda' > 1$，有 $(\lambda\boldsymbol{x}^*, \lambda\boldsymbol{y}^*, \lambda\boldsymbol{b}^*) \in T$，$(\lambda'\boldsymbol{x}^*, \lambda'\boldsymbol{y}^*, \lambda'\boldsymbol{b}^*) \notin T$。在非增规模报酬下，生产规模扩张导致生产各环节难以协调，管理难度增大，进而要素生产率无法进一步提高。

2.1.3　环境生产技术的非参数刻画

估计生产技术前沿 (即最佳生产实践) 既可以采用随机前沿分析 (stochastic frontier analysis, SFA) 方法，也可以采用 DEA 方法。相对于 SFA 方法，DEA 方法适用于多产出生产过程，并且能够免去函数形式的预设及未知参数的估计，故而在能源与环境绩效评估中应用更为广泛 (Zhou et al., 2008a)。本节采用 DEA 方法对环境生产技术进行刻画。

1. 环境生产技术 T 的非参数刻画

假设有 I 个决策单元 (decision-making unit，DMU)，每个 $\text{DMU}_i(i = 1, 2, \cdots, I)$ 的投入产出组合为 $(\boldsymbol{x}_i, \boldsymbol{y}_i, \boldsymbol{b}_i)$。在规模报酬不变 (CRS) 假设下，基于产出之间弱可处置性的环境生产技术可表示为 (Färe et al., 1989)

$$T_{\text{CRS}} = \{(\boldsymbol{x}, \boldsymbol{y}, \boldsymbol{b}) : \sum_{i=1}^{I} z_i \boldsymbol{y}_i \geqslant \boldsymbol{y},$$
$$\sum_{i=1}^{I} z_i \boldsymbol{b}_i = \boldsymbol{b},$$
$$\sum_{i=1}^{I} z_i \boldsymbol{x}_i \leqslant \boldsymbol{x},$$
$$z_i \geqslant 0, i = 1, 2, \cdots, I\} \tag{2.5}$$

式中，z_i $(i = 1, 2, \cdots, I)$ 表示构建生产技术前沿时各决策单元的权重。期望产出的 "$\geqslant$" 约束和投入的 "$\leqslant$" 约束表明其是强可处置的，非期望产出的 "$=$" 约束用于体现其是弱可处置的。注意到，减排因子 θ 在模型中未体现，这主要是因为在规模报酬不变模型中，去掉 θ 并不会对评估结果产生影响。

图 2.1 展示了规模报酬不变假设下的环境生产技术。由于生产技术满足规模报酬不变假设，所以各产出可以除以投入，相应的单位投入的生产可能性区域为 $OABCDO$，生产技术前沿为 $OABC$。前沿段 OA 体现了期望产出 y 和非期望产

出 b 之间的弱可处置性。注意到, 若对非期望产出施加强可处置假设, 则生产区域将变为 $OEBCDO$, 其中 EB 段意味着非期望产出可以自由减少。非期望产出强可处置的生产技术通常被用于和非期望产出弱可处置的生产技术做对比, 以评估环境管制所带来的产出损失/减排成本 (Färe et al., 2016)。

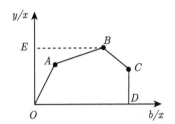

图 2.1 CRS 假设下的环境生产技术

规模报酬不变是一种较强假设, 为此, Zhou 等 (2008b) 对不同规模报酬下的环境生产技术进行了讨论。其中, 非增规模报酬 (NIRS) 假设下的环境生产技术表示为

$$T_{\text{NIRS}} = \{(\boldsymbol{x}, \boldsymbol{y}, \boldsymbol{b}) : \sum_{i=1}^{I} z_i \boldsymbol{y}_i \geqslant \boldsymbol{y},$$

$$\sum_{i=1}^{I} z_i \boldsymbol{b}_i = \boldsymbol{b},$$

$$\sum_{i=1}^{I} z_i \boldsymbol{x}_i \leqslant \boldsymbol{x},$$

$$\sum_{i=1}^{I} z_i \leqslant 1,$$

$$z_i \geqslant 0, i = 1, 2, \cdots, I\} \tag{2.6}$$

其与 CRS 假设下的模型的主要区别在于增加了约束 $\sum_{i=1}^{I} z_i \leqslant 1$。

不同于以上两种规模报酬假设, 规模报酬可变 (VRS) 假设下的环境生产技术需要在模型中引入减排因子及施加约束 $\sum_{i=1}^{I} z_i = 1$。这里减排因子的引入属于必要条件, 若无减排因子, 则刻画的生产技术集合将会违背环境生产技术中关于弱可处置的假设。这点可以通过图 2.2 进行说明。图中，A、B、C 和 D 四个 DMU 使用同等投入生产一个期望产出 y 和一个非期望产出 b。VRS 假设下，引入减排因子，相应的产出可能性区域为 $OABCDE$，不含原点 O。而若不引入减排因子，那么产出可能性区域变为 $FABCDE$。

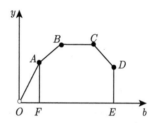

图 2.2　VRS 假设下的环境生产技术

关于减排因子的引入，文献中有不同的做法。比如，Färe 等 (1989) 对所有 DMU 施加一致的减排因子 θ，而 Kuosmanen(2005) 则对各 DMU 施加不同的减排因子 θ_i。当引入一致的减排因子时，相应的环境生产技术用 DEA 模型表示为

$$T_{\text{VRS}}^{S} = \{(\boldsymbol{x}, \boldsymbol{y}, \boldsymbol{b}) : \theta \sum_{i=1}^{I} z_i \boldsymbol{y}_i \geqslant \boldsymbol{y},$$

$$\theta \sum_{i=1}^{I} z_i \boldsymbol{b}_i = \boldsymbol{b},$$

$$\sum_{i=1}^{I} z_i \boldsymbol{x}_i \leqslant \boldsymbol{x},$$

$$\sum_{i=1}^{I} z_i = 1,$$

$$0 \leqslant \theta \leqslant 1, z_i \geqslant 0, i = 1, 2, \cdots, I\} \qquad (2.7)$$

当施加不同的减排因子时，相应的环境生产技术用 DEA 模型表示为

$$T_{\text{VRS}}^{K} = \{(\boldsymbol{x}, \boldsymbol{y}, \boldsymbol{b}) : \sum_{i=1}^{I} \theta_i z_i \boldsymbol{y}_i \geqslant \boldsymbol{y},$$

$$\sum_{i=1}^{I} \theta_i z_i \boldsymbol{b}_i = \boldsymbol{b},$$

$$\sum_{i=1}^{I} z_i \boldsymbol{x}_i \leqslant \boldsymbol{x},$$

$$\sum_{i=1}^{I} z_i = 1,$$

$$0 \leqslant \theta_i \leqslant 1, z_i \geqslant 0, i = 1, 2, \cdots, I\} \tag{2.8}$$

相较于模型 (2.7)，模型 (2.8) 的约束力更强，保证了整个生产技术的凸性。

施加相同减排因子和不同减排因子时,环境生产技术之间的差异可通过图 2.3 进行说明。假设仅有 2 个决策单元 B 和 C,施加相同减排因子时，生产技术边界为 $BCEH$、BHD、$UCBV$ 和 $VBDW$。其中 CE 和 BH 体现了非期望产出是弱可处置的，BD 体现了期望产出是强可处置的，CU、BV、DW 和 HE 体现了投入是强可处置的。注意到 $BCEH$ 并不是一个平面，因而 CH 上的点并不位于技术集合内，换言之，CH 上的生产组合是不可行的。与之不同，当施加不同减排因子时，生产技术边界变为 BCH、BHD、$UCBV$ 和 $VBDW$。此时 BCH 是一个平面，CH 上的点是技术可行的，同时，技术集合满足凸性。

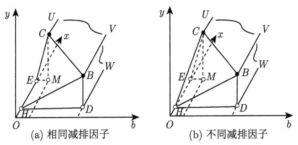

图 2.3　满足凸性和非凸性假设的环境生产技术

图片来源: Kuosmanen 和 Podinovski (2009)

注意到，当 $\theta_1 = \theta_2 = \cdots = \theta_I$ 时，模型 (2.7) 与模型 (2.8) 等价。因此，在某种程度上可认为模型 (2.7) 是模型 (2.8) 的一个特例。相关讨论及应用可参见 Kuosmanen (2005)、Kuosmanen 和 Podinovski (2009)、Podinovski 和 Kuosmanen (2011)、Kuosmanen 和 Matin (2011) 等文献。

VRS 假设下的环境生产技术在实际运用时可能会产生后弯的生产技术边界，进而导致距离函数不满足单调性及非期望产出的影子价格为负等现象 (Chen and Delmas, 2012)。虽然后弯边界的出现一方面是由于观测数据不充分导致的，但更主要的原因是对非期望产出施加了等式约束。为避免生产技术边界出现后弯，Leleu(2013) 对环境生产技术的刻画方式进行了修正。其基于非期望产出的影子价格为非负这一约束条件，利用对偶理论将非期望产出的等式约束变为不等式约束。修正后的环境生产技术表示为

$$T_{\text{VRS}}^{MS} = \{(\boldsymbol{x}, \boldsymbol{y}, \boldsymbol{b}): \ \theta \sum_{i=1}^{I} z_i \boldsymbol{y}_i \geqslant \boldsymbol{y},$$

$$\theta \sum_{i=1}^{I} z_i \boldsymbol{b}_i \leqslant \boldsymbol{b},$$

$$\sum_{i=1}^{I} z_i \boldsymbol{x}_i \leqslant \boldsymbol{x},$$

$$\sum_{i=1}^{I} z_i = 1,$$

$$0 \leqslant \theta \leqslant 1, z_i \geqslant 0, i = 1, 2, \cdots, I\} \qquad (2.9)$$

或

$$T_{\text{VRS}}^{MK} = \{(\boldsymbol{x}, \boldsymbol{y}, \boldsymbol{b}): \ \sum_{i=1}^{I} \theta_i z_i \boldsymbol{y}_i \geqslant \boldsymbol{y},$$

$$\sum_{i=1}^{I} \theta_i z_i \boldsymbol{b}_i \leqslant \boldsymbol{b},$$

$$\sum_{i=1}^{I} z_i \boldsymbol{x}_i \leqslant \boldsymbol{x},$$

$$\sum_{i=1}^{I} z_i = 1,$$

$$0 \leqslant \theta_i \leqslant 1, z_i \geqslant 0, i = 1, 2, \cdots, I\} \qquad (2.10)$$

修正后, 图 2.2 中的 CD 段将不存在, 相应的产出可能性区域变为 $OABGE$, 不含原点 O, 如图 2.4 所示。

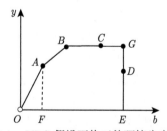

图 2.4　VRS 假设下修正的环境生产技术

需要指出的是，尽管上述模型中非期望产出的等式约束被修正为不等式约束，但其与非期望产出做投入的强可处置技术并不相同。这主要是因为在可变规模报酬下，强可处置技术并不能揭示期望产出和非期望产出的等比例减少是技术可行的。另外，相应的绩效模型的经济含义也有所不同，2.4 节将对此进行讨论。

2. 环境生产技术 $\tilde{T}$ 的非参数刻画

假设有 I 个 DMU，每个 $\text{DMU}_i(i = 1, 2, \cdots, I)$ 的投入产出组合为 $(\boldsymbol{x}_i, \boldsymbol{e}_i, \boldsymbol{y}_i, \boldsymbol{b}_i)$。在规模报酬可变 (VRS) 假设下，基于能源与碳排放之间弱可处置性的环境生产技术可表示为 (Wu et al., 2020)

$$\tilde{T}_{\text{VRS}} = \{(\boldsymbol{x}, \boldsymbol{e}, \boldsymbol{y}, \boldsymbol{b}) : \sum_{i=1}^{I} z_i \boldsymbol{y}_i \geqslant \boldsymbol{y},$$

$$\sum_{i=1}^{I} \theta_i z_i \boldsymbol{b}_i = \boldsymbol{b},$$

$$\sum_{i=1}^{I} z_i \boldsymbol{x}_i \leqslant \boldsymbol{x},$$

$$\sum_{i=1}^{I} \theta_i z_i \boldsymbol{e}_i = \boldsymbol{e},$$

$$\sum_{i=1}^{I} z_i = 1,$$

$$\theta_i \geqslant 1, z_i \geqslant 0, i = 1, 2, \cdots, I\} \qquad (2.11)$$

式中，z_i $(i = 1, 2, \cdots, I)$ 为各观测单元的权重，用以构建生产技术前沿。期望产出的 "$\geqslant$" 约束和非能源投入的 "$\leqslant$" 约束表明这些变量是强可处置的，能源投入与碳排放的 "$=$" 约束体现二者不能随意增减。等式约束与扩张因子 θ_i 共同确保了能源与碳排放在可变规模报酬下的弱可处置性。

图 2.5 是对该环境生产技术的图形展示。在期望产出和非能源投入不变的情形下，生产前沿为 $WABCW'$，其中 WA 段和 CW' 段表明能源与碳排放之间是弱可处置的。若对能源和碳排放施加强可处置假设，则生产技术前沿变为 $SABCS'$，其中 SA 段和 CS' 段意味着碳排放系数可以无限增大或减小，显然是不合常理的。

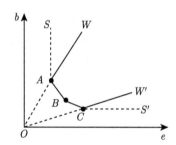

图 2.5   基于能源与碳排放之间弱可处置性的环境生产技术

2.2 距 离 函 数

距离函数的提出弥补了生产函数无法描述多投入多产出生产过程的缺陷，在绩效测度领域具有重要地位。在文献中，有两类距离函数常被用于绩效测度，分别是谢泼德距离函数和方向距离函数。谢泼德距离函数按特定方向扩张产出或缩减投入，而方向距离函数则允许在任意方向上进行产出或投入的调整。

2.2.1 谢泼德距离函数

谢泼德距离函数最初是定义在不含非期望产出的传统生产技术上的，可分为产出导向距离函数和投入导向距离函数。依据 Shephard (1970)，产出导向距离函数为

$$D_o(\boldsymbol{x}, \boldsymbol{y}) = \inf\{\theta : (\boldsymbol{y}/\theta) \in P^-(\boldsymbol{x})\} \tag{2.12}$$

式中，$P^-(\boldsymbol{x})$ 为不含非期望产出的生产可能性集合；θ 是产出距离函数的值，表示给定投入水平下，产出 $\boldsymbol{y}$ 可以向产出前沿扩张的比例。$\theta = 1$ 表明被评价单元位于生产前沿面上，$\theta < 1$ 表明存在扩张空间。以图 2.6 所示的生产可能性区域为例，B 点位于生产前沿上，所以距离函数值为 1；而 A 点位于边界下方，距离函数值 $\theta = OA/OA'$ 小于 1，存在扩张空间。

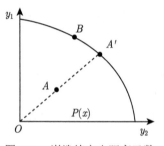

图 2.6   谢泼德产出距离函数

谢泼德产出距离函数满足如下性质 (Färe and Primont, 1995)：

(i) 对于任意 $\boldsymbol{x} \in \Re_+^N$，有 $D_o(\boldsymbol{x}, 0) = 0$；

(ii) $D_o(\boldsymbol{x}, \boldsymbol{y})$ 关于 $\boldsymbol{y}$ 非递减，关于 $\boldsymbol{x}$ 非递增；

(iii) $D_o(\boldsymbol{x}, \boldsymbol{y})$ 关于 $\boldsymbol{y}$ 是线性齐次的；

(iv) $D_o(\boldsymbol{x}, \boldsymbol{y})$ 关于 $\boldsymbol{x}$ 是拟凸的，关于 $\boldsymbol{y}$ 是凸的；

(v) 如果 $\boldsymbol{y} \in P^-(\boldsymbol{x})$，那么 $D_o(\boldsymbol{x}, \boldsymbol{y}) \leqslant 1$；

(vi) 如果 $\boldsymbol{y}$ 位于生产前沿面上，则 $D_o(\boldsymbol{x}, \boldsymbol{y}) = 1$。

其中，性质 (i) 表明没有任何产出时，距离函数值为 0。性质 (ii) 表明增大产出不会致使距离函数值降低，而增加投入不会使距离函数值增大。这一性质反映产出距离函数值随无效程度增大而降低。性质 (iii) 说明产出变为原来的 k 倍时，产出距离函数值也变为原来的 k 倍[①]。性质 (iv) 说明产出距离函数是凸函数。性质 (v) 表明产出距离函数值不大于 1。性质 (vi) 表明有效生产者的产出距离函数值为 1。

与产出导向距离函数相对的，是谢泼德投入距离函数，其定义为

$$D_i(\boldsymbol{x}, \boldsymbol{y}) = \sup\{\phi : (\boldsymbol{x}/\phi) \in L^-(\boldsymbol{y})\} \tag{2.13}$$

式中，$L^-(\boldsymbol{y})$ 为不含非期望产出的投入需求集合；ϕ 为投入距离函数值，其倒数 $1/\phi$ 度量了给定产出水平下投入要素可以向前沿缩减的比例。ϕ 的取值范围为 $[1, +\infty)$。$\phi = 1$ 表明被评价单元位于生产前沿面上，$\phi > 1$ 表明投入存在缩减空间。利用图 2.7 所示的两投入需求集合对投入距离函数进行说明。易得出，位于投入集合边界上的 B 点的投入距离函数值为 1，而位于集合内部的 A 点的距离函数值为 $\phi = OA/OA'$，其值大于 1。

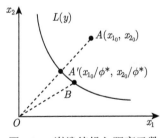

图 2.7   谢泼德投入距离函数

谢泼德投入距离函数满足以下性质 (Färe and Primont, 1995)：

(i) $D_i(\boldsymbol{x}, \boldsymbol{y})$ 关于 $\boldsymbol{x}$ 非递减，关于 $\boldsymbol{y}$ 非递增；

(ii) $D_i(\boldsymbol{x}, \boldsymbol{y})$ 关于 $\boldsymbol{x}$ 是线性齐次的；

---

① 该性质针对产出距离函数本身，不依赖生产技术性质。

(iii) $D_i(\boldsymbol{x}, \boldsymbol{y})$ 关于 $\boldsymbol{x}$ 是凹的, 关于 $\boldsymbol{y}$ 是拟凹的;

(iv) 如果 $\boldsymbol{x} \in L^-(\boldsymbol{y})$, 那么 $D_i(\boldsymbol{x}, \boldsymbol{y}) \geqslant 1$;

(v) 如果 $\boldsymbol{x}$ 位于投入集 (投入需求集合) 的前沿, 则 $D_i(\boldsymbol{x}, \boldsymbol{y}) = 1$.

其中, 性质 (i) 表明增加投入不会使距离函数值降低, 而增大产出不会使距离函数值增大。这一性质反映了投入距离函数值会随着无效程度的增大而增大。性质 (ii) 表明投入变为原来的 k 倍时, 投入距离函数值也变为原来的 k 倍[1]。性质 (iii) 说明投入距离函数是凹函数。性质 (iv) 表明投入距离函数值不小于 1。性质 (v) 指出有效生产者的投入距离函数值为 1。

谢泼德距离函数由于定义在不含非期望产出的生产技术上, 因而当同时存在期望产出和非期望产出时, 其可能会产生一些不合理的结果。比如, 在产出距离函数中, 同一比例扩张所有产出意味着非期望产出同期望产出一样被扩大。如此一来, 被评价单元将会以一个排放比其多的点作为参考点, 这在以减排为目标的现实中是不合理的。为了处理同时存在期望产出和非期望产出的情况, 可以基于双曲效率测度思想对距离函数作如下定义 (Färe et al., 1994):

$$D_o(\boldsymbol{x}, \boldsymbol{y}, \boldsymbol{b}) = \inf\{\theta : (y/\theta, \theta \boldsymbol{b}) \in P(\boldsymbol{x})\} \tag{2.14}$$

与式 (2.12) 不同, 式 (2.14) 中 $P(\boldsymbol{x})$ 表示考虑非期望产出的环境生产技术。该距离函数要求期望产出增加的比例与非期望产出减少的比例相同。以图 2.8 为例, 此时, A 点将以 A'' 点而不是 A' 点作为参考点。

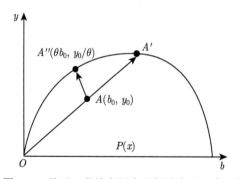

图 2.8　基于双曲效率测度思想的产出距离函数

2.2.2　方向距离函数

与谢泼德距离函数相比, 方向距离函数因方向向量的引入而更具灵活性。通过设定不同的方向向量, 方向距离函数不但能够用于投入或产出导向的绩效测度,

---

① 该性质针对投入距离函数本身, 不依赖生产技术性质。

还能够用于投入和产出变量同时调整的非导向型绩效测度。产出和投入同时调整的方向距离函数定义如下 (Chambers et al., 1998)：

$$\vec{D}(\boldsymbol{x}, \boldsymbol{y}; \boldsymbol{g}_x, \boldsymbol{g}_y) = \sup \left\{ \beta : (\boldsymbol{x} - \beta\boldsymbol{g}_x, \boldsymbol{y} + \beta\boldsymbol{g}_y) \in T^- \right\} \tag{2.15}$$

式中，T^- 为不含非期望产出的生产技术；$\boldsymbol{g}_x = (g_{x_1}, g_{x_2}, \cdots, g_{x_N})^{\mathrm{T}} \in \Re_+^N$, $\boldsymbol{g}_y = (g_{y_1}, g_{y_2}, \cdots, g_{y_M})^{\mathrm{T}} \in \Re_+^M$ 反映了方向距离函数的投射法则；β 是方向距离函数的取值，表示扩张期望产出同时缩减投入的最大比例。

方向距离函数满足以下性质 (Chambers et al., 1998)：

(i) 若 $(\boldsymbol{x}, \boldsymbol{y}) \in T^-$, 则 $\vec{D}(\boldsymbol{x}, \boldsymbol{y}; \boldsymbol{g}_x, \boldsymbol{g}_y) \geqslant 0$;

(ii) $\vec{D}(\boldsymbol{x} - \alpha\boldsymbol{g}_x, \boldsymbol{y} + \alpha\boldsymbol{g}_y; \boldsymbol{g}_x, \boldsymbol{g}_y) = \vec{D}(\boldsymbol{x}, \boldsymbol{y}; \boldsymbol{g}_x, \boldsymbol{g}_y) - \alpha$;

(iii) $\vec{D}(\boldsymbol{x}, \boldsymbol{y}; \lambda\boldsymbol{g}_x, \lambda\boldsymbol{g}_y) = (1/\lambda)\vec{D}(\boldsymbol{x}, \boldsymbol{y}; \boldsymbol{g}_x, \boldsymbol{g}_y), \lambda > 0$;

(iv) 如果 $\boldsymbol{y}' \geqslant \boldsymbol{y}$, 则 $\vec{D}(\boldsymbol{x}, \boldsymbol{y}; \boldsymbol{g}_x, \boldsymbol{g}_y) \geqslant \vec{D}(\boldsymbol{x}, \boldsymbol{y}'; \boldsymbol{g}_x, \boldsymbol{g}_y) \geqslant 0$;

(v) 如果 $\boldsymbol{x}' \geqslant \boldsymbol{x}$, 则 $\vec{D}(\boldsymbol{x}, \boldsymbol{y}; \boldsymbol{g}_x, \boldsymbol{g}_y) \leqslant \vec{D}(\boldsymbol{x}', \boldsymbol{y}; \boldsymbol{g}_x, \boldsymbol{g}_y) \geqslant 0$;

(vi) 如果 T^- 是凸的，那么 $\vec{D}(\boldsymbol{x}, \boldsymbol{y}; \boldsymbol{g}_x, \boldsymbol{g}_y)$ 对于 $(\boldsymbol{x}, \boldsymbol{y})$ 是凹的。

其中，性质 (i) 表明方向距离函数值为非负值。性质 (ii) 说明若决策单元沿原调整方向移动方向向量的 α 倍时，则方向距离函数值减少 α。性质 (iii) 表明若方向向量变为原来的 λ 倍，则方向距离函数变为原来的 $1/\lambda$ 倍。性质 (iv) 和性质 (v) 表明期望产出增大时，方向距离函数值减小，投入增大时，方向距离函数值增加。这两个性质均反映了方向距离函数值随无效程度提高而变大。性质 (vi) 表明生产技术凸集时，方向距离函数是凹函数。

以图 2.9 所示的单投入单产出为例，当取方向向量为 (1, 1) 时，A 点将沿 $(-1, 1)$ 的方向投影至 A' 点。需要注意的是，当方向向量取特定值时，方向距离函数可以与谢泼德距离函数值建立一定的数学关系。例如，当取方向向量为 $\boldsymbol{g} = (\boldsymbol{x}, 0)$ 时，有 $\vec{D}(\boldsymbol{x}, \boldsymbol{y}; \boldsymbol{x}, 0) = 1 - 1/D_i(\boldsymbol{x}, \boldsymbol{y})$，其中 $D_i(\boldsymbol{x}, \boldsymbol{y})$ 为投入导向谢泼德距离函数。当方向向量为 $\boldsymbol{g} = (0, \boldsymbol{y})$ 时，有 $\vec{D}(\boldsymbol{x}, \boldsymbol{y}; 0, \boldsymbol{y}) = 1/D_o(\boldsymbol{x}, \boldsymbol{y}) - 1$，其中 $D_o(\boldsymbol{x}, \boldsymbol{y})$ 为产出导向谢泼德距离函数。

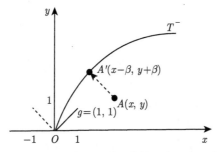

图 2.9 投入产出同时调整的方向距离函数

当考虑非期望产出时，Chung 等 (1997) 定义了产出导向的方向距离函数，即

$$\vec{D}(\boldsymbol{x}, \boldsymbol{y}, \boldsymbol{b}; \boldsymbol{g}_y, -\boldsymbol{g}_b) = \sup \left\{ \beta : (\boldsymbol{x}, \boldsymbol{y} + \beta \boldsymbol{g}_y, \boldsymbol{b} - \beta \boldsymbol{g}_b) \in T \right\} \qquad (2.16)$$

式中，T 为环境生产技术；$\boldsymbol{g}_y = (g_{y_1}, g_{y_2}, \cdots, g_{y_M})^{\mathrm{T}} \in \Re_+^M$ 和 $\boldsymbol{g}_b = (g_{b_1}, g_{b_2}, \cdots, g_{b_W})^{\mathrm{T}} \in \Re_+^W$ 反映了方向距离函数的投射法则；β 是方向距离函数的取值，表示扩张期望产出同时缩减非期望产出的最大比例。

方向距离函数的一大特点在于调整方向的灵活。以产出导向方向距离函数的方向向量 $(\boldsymbol{g}_y, -\boldsymbol{g}_b)$ 为例，其可以被设定为 $(1, -1)$、$(0, 1)$，也可以被设定为 $(1, 0)$ 和 $(1, 1)$ 等。其中，$(1, -1)$ 向量表示增大期望产出并减小非期望产出 (图 2.10 中 AA_1 方向)；$(0, 1)$ 指在期望产出不发生改变的情况下尽可能减少非期望产出 (AA_2 方向)；$(1, 0)$ 指在非期望产出不变的情况下最大程度增大期望产出 (AA_3 方向)；$(1, 1)$ 表示在最大程度上同时扩张期望产出和非期望产出 (AA_4 方向)。此外，在实际应用中方向向量也会依据现有的投入产出水平进行设定，即将方向设定为 $(\boldsymbol{y}, -\boldsymbol{b})$。

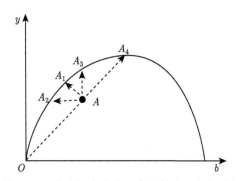

图 2.10　产出导向方向距离函数常见方向设定

在应用方向距离函数时需要注意的是，方向向量的灵活性是以客观性为代价的。对于选取何种方向向量目前并没有明确的标准，多数研究均采用经验做法。不过，内生方向可以有效地解决方向设定的主观性问题，已受到越来越多学者的重视 (Ma et al., 2019)。

2.3　全要素生产率指数

全要素生产率衡量的是在多投入多产出生产框架下的生产率。如果我们关注全要素生产率随时间的变动情况，则可通过定义全要素生产率指数加以衡量。全要素生产率指数有多种定义方法，比如产出变动与投入变动之比、利润率变化之比，或者观测值相对于最佳实践前沿的距离之比等 (Coelli et al., 2005)。本节主要介

绍第三种基于距离函数的全要素生产率指数。依据所采用的距离函数的不同，该指数可分为 Malmquist 生产率指数 (Caves et al., 1982) 及 Malmquist-Luenberger 生产率指数 (Chung et al., 1997)。

2.3.1 Malmquist 生产率指数

受 Malmquist 消费指数 (Malmquist，1953) 的启发，Caves 等 (1982) 利用谢泼德距离函数之比构建 Malmquist 生产率指数用以衡量全要素生产率的变动。本节分别基于产出导向距离函数和投入导向距离函数对 Malmquist 生产率指数的构建思想进行介绍。

1. 产出导向 Malmquist 生产率指数

首先，定义如下产出导向谢泼德距离函数：

$$D_o(\boldsymbol{x}, \boldsymbol{y}, \boldsymbol{b}) = \inf\{\theta : (\boldsymbol{x}, \boldsymbol{y}/\theta, \boldsymbol{b}/\theta) \in T\} \tag{2.17}$$

式中，T 为环境生产技术。

此处，我们依 Färe 等 (1989) 的做法扩张所有产出。设 t 时期和 $s(s > t)$ 时期决策单元观测值分别为 $(\boldsymbol{x}^t, \boldsymbol{y}^t, \boldsymbol{b}^t)$ 和 $(\boldsymbol{x}^s, \boldsymbol{y}^s, \boldsymbol{b}^s)$，则基于 t 时期生产技术的 Malmquist 生产率指数被定义为 s 时期距离函数与 t 时期距离函数之比，即

$$M_o^t = \frac{D_o^t(\boldsymbol{x}^s, \boldsymbol{y}^s, \boldsymbol{b}^s)}{D_o^t(\boldsymbol{x}^t, \boldsymbol{y}^t, \boldsymbol{b}^t)} \tag{2.18}$$

类似地，也可以定义基于 s 时期生产技术的 Malmquist 生产率指数，即

$$M_o^s = \frac{D_o^s(\boldsymbol{x}^s, \boldsymbol{y}^s, \boldsymbol{b}^s)}{D_o^s(\boldsymbol{x}^t, \boldsymbol{y}^t, \boldsymbol{b}^t)} \tag{2.19}$$

为消除时期选择对生产率指数的影响，产出导向的 Malmquist 生产率指数最终被定义为两个时期生产率指数的几何平均值，即

$$M_o = \left[\frac{D_o^t(\boldsymbol{x}^s, \boldsymbol{y}^s, \boldsymbol{b}^s)}{D_o^t(\boldsymbol{x}^t, \boldsymbol{y}^t, \boldsymbol{b}^t)} \times \frac{D_o^s(\boldsymbol{x}^s, \boldsymbol{y}^s, \boldsymbol{b}^s)}{D_o^s(\boldsymbol{x}^t, \boldsymbol{y}^t, \boldsymbol{b}^t)} \right]^{1/2} \tag{2.20}$$

式 (2.20) 包含 4 个产出导向距离函数，其中 2 个参考的是当期生产技术，而另外 2 个参考的是跨期生产技术。将参考当期生产技术的距离函数提取到中括号外，则上式可以分解成 2 个部分，即

$$M_o = \frac{D_o^s(\boldsymbol{x}^s, \boldsymbol{y}^s, \boldsymbol{b}^s)}{D_o^t(\boldsymbol{x}^t, \boldsymbol{y}^t, \boldsymbol{b}^t)} \times \left[\frac{D_o^t(\boldsymbol{x}^s, \boldsymbol{y}^s, \boldsymbol{b}^s)}{D_o^s(\boldsymbol{x}^s, \boldsymbol{y}^s, \boldsymbol{b}^s)} \times \frac{D_o^t(\boldsymbol{x}^t, \boldsymbol{y}^t, \boldsymbol{b}^t)}{D_o^s(\boldsymbol{x}^t, \boldsymbol{y}^t, \boldsymbol{b}^t)} \right]^{1/2}$$

$$= \text{MEFFCH} \times \text{MTECHCH} \tag{2.21}$$

式中,MEFFCH 衡量的是观测值相对于产出技术前沿的追赶效应,而 MTECHCH 衡量的是生产技术边界的变动。

2. 投入导向 Malmquist 生产率指数

投入导向的 Malmquist 生产率指数定义方式与产出导向的较为相似。首先,基于环境生产技术定义如下投入导向谢泼德距离函数:

$$D_i(\boldsymbol{x}, \boldsymbol{y}, \boldsymbol{b}) = \sup\{\theta : (\boldsymbol{x}/\theta, \boldsymbol{y}, \boldsymbol{b}) \in T\} \tag{2.22}$$

设 t 时期和 $s(s > t)$ 时期决策单元观测值分别为 $(\boldsymbol{x}^t, \boldsymbol{y}^t, \boldsymbol{b}^t)$ 和 $(\boldsymbol{x}^s, \boldsymbol{y}^s, \boldsymbol{b}^s)$,则基于 t 时期和 s 时期生产技术的 Malmquist 生产率指数分别为

$$M_i^t = \frac{D_i^t(\boldsymbol{x}^s, \boldsymbol{y}^s, \boldsymbol{b}^s)}{D_i^t(\boldsymbol{x}^t, \boldsymbol{y}^t, \boldsymbol{b}^t)} \tag{2.23}$$

和

$$M_i^s = \frac{D_i^s(\boldsymbol{x}^s, \boldsymbol{y}^s, \boldsymbol{b}^s)}{D_i^s(\boldsymbol{x}^t, \boldsymbol{y}^t, \boldsymbol{b}^t)} \tag{2.24}$$

同样地,为了消除时期选择对生产率指数的影响,投入导向的 Malmquist 生产率指数最终被定义为两个时期的几何平均值:

$$M_i = \left[\frac{D_i^t(\boldsymbol{x}^s, \boldsymbol{y}^s, \boldsymbol{b}^s)}{D_i^t(\boldsymbol{x}^t, \boldsymbol{y}^t, \boldsymbol{b}^t)} \times \frac{D_i^s(\boldsymbol{x}^s, \boldsymbol{y}^s, \boldsymbol{b}^s)}{D_i^s(\boldsymbol{x}^t, \boldsymbol{y}^t, \boldsymbol{b}^t)} \right]^{1/2} \tag{2.25}$$

将参考当期生产技术的距离函数提到中括号外,则式 (2.25) 可以分解成效率变动部分 (MEFFCH) 和技术变动部分 (MTECHCH) 两部分,即

$$\text{MEFFCH} = \frac{D_i^s(\boldsymbol{x}^s, \boldsymbol{y}^s, \boldsymbol{b}^s)}{D_i^t(\boldsymbol{x}^t, \boldsymbol{y}^t, \boldsymbol{b}^t)} \tag{2.26}$$

$$\text{MTECHCH} = \left[\frac{D_i^t(\boldsymbol{x}^s, \boldsymbol{y}^s, \boldsymbol{b}^s)}{D_i^s(\boldsymbol{x}^s, \boldsymbol{y}^s, \boldsymbol{b}^s)} \times \frac{D_i^t(\boldsymbol{x}^t, \boldsymbol{y}^t, \boldsymbol{b}^t)}{D_i^s(\boldsymbol{x}^t, \boldsymbol{y}^t, \boldsymbol{b}^t)} \right]^{1/2} \tag{2.27}$$

式中,效率变动部分衡量的是观测值相对于投入技术前沿的追赶效应,而技术变动部分衡量的是投入集合边界的变动。

注意到,产出导向和投入导向 Malmquist 生产率指数分解出的效率变动部分 (MEFFCH) 均是用 s 时期观测值计算的距离函数值比 t 时期观测值计算的距离函数值。由于产出效率等于产出距离函数,而投入效率等于投入距离函数的倒数,所以在产出导向 Malmquist 生产率指数中,效率变动部分 (MEFFCH) 大于 1 代表效率提升,而在投入导向 Malmquist 生产率指数中,效率变动小于 1 代表效率提升。

2.3.2 Malmquist-Luenberger 生产率指数

由 Chung 等 (1997) 提出的 Malmquist-Luenberger 生产率指数是定义在方向距离函数基础上的。该方向距离函数定义形式如 (2.16) 所示。

令方向向量为 $\boldsymbol{g} = (\boldsymbol{y}, -\boldsymbol{b})$，Malmquist-Luenberger 生产率指数定义为

$$\mathrm{ML} = \left[\frac{1 + \vec{D}_o^t\left(\boldsymbol{x}_0^t, \boldsymbol{y}_0^t, \boldsymbol{b}_0^t; \boldsymbol{y}_0^t, -\boldsymbol{b}_0^t\right)}{1 + \vec{D}_o^t\left(\boldsymbol{x}_0^s, \boldsymbol{y}_0^s, \boldsymbol{b}_0^s; \boldsymbol{y}_0^s, -\boldsymbol{b}_0^s\right)} \times \frac{1 + \vec{D}_o^s\left(\boldsymbol{x}_0^t, \boldsymbol{y}_0^t, \boldsymbol{b}_0^t; \boldsymbol{y}_0^t, -\boldsymbol{b}_0^t\right)}{1 + \vec{D}_o^s\left(\boldsymbol{x}_0^s, \boldsymbol{y}_0^s, \boldsymbol{b}_0^s; \boldsymbol{y}_0^s, -\boldsymbol{b}_0^s\right)} \right]^{1/2} \tag{2.28}$$

该式的提出是因观测到谢泼德产出距离函数与方向距离函数之间存在下述关系：$D_o(\boldsymbol{x}, \boldsymbol{y}, \boldsymbol{b}) = 1/(1 + \vec{D}(\boldsymbol{x}, \boldsymbol{y}, \boldsymbol{b}; \boldsymbol{y}, \boldsymbol{b}))$。但需注意的是，在 Malmquist-Luenberger 生产率指数中，方向向量由 $\boldsymbol{g} = (\boldsymbol{y}, \boldsymbol{b})$ 变为了 $\boldsymbol{g} = (\boldsymbol{y}, -\boldsymbol{b})$。

Malmquist-Luenberger 生产率指数在定义上也采用了两个时期生产率指数的几何平均值。该指数需要计算 4 个方向距离函数，其中 2 个为同期方向距离函数，另外 2 个为跨期方向距离函数。同样地，其也可以分解为效率变动和技术变动两部分，其中效率变动 MLEFFCH 为

$$\mathrm{MLEFFCH} = \frac{1 + \vec{D}_o^t(\boldsymbol{x}_0^t, \boldsymbol{y}_0^t, \boldsymbol{b}_0^t; \boldsymbol{y}_0^t, -\boldsymbol{b}_0^t)}{1 + \vec{D}_o^s(\boldsymbol{x}_0^s, \boldsymbol{y}_0^s, \boldsymbol{b}_0^s; \boldsymbol{y}_0^s, -\boldsymbol{b}_0^s)} \tag{2.29}$$

技术变动 MLTECHCH 为

$$\mathrm{MLTECHCH} = \left[\frac{1 + \vec{D}_o^s(\boldsymbol{x}_0^s, \boldsymbol{y}_0^s, \boldsymbol{b}_0^s; \boldsymbol{y}_0^s, -\boldsymbol{b}_0^s)}{1 + \vec{D}_o^t(\boldsymbol{x}_0^s, \boldsymbol{y}_0^s, \boldsymbol{b}_0^s; \boldsymbol{y}_0^s, -\boldsymbol{b}_0^s)} \times \frac{1 + \vec{D}_o^s(\boldsymbol{x}_0^t, \boldsymbol{y}_0^t, \boldsymbol{b}_0^t; \boldsymbol{y}_0^t, -\boldsymbol{b}_0^t)}{1 + \vec{D}_o^t(\boldsymbol{x}_0^t, \boldsymbol{y}_0^t, \boldsymbol{b}_0^t; \boldsymbol{y}_0^t, -\boldsymbol{b}_0^t)} \right]^{1/2} \tag{2.30}$$

2.4 弱可处置的经济含义

非期望产出满足弱可处置性是环境生产技术的一个重要特征。对于一个在传统生产理论之外新施加的假设，其是否具有合理的经济含义成为学者们关心的一大问题 (Kuosmanen and Matin，2011；Leleu，2013；Wu et al., 2020)。本节基于方向距离函数的对偶模型探究不同环境生产技术与不同导向下弱可处置性的经济含义。

2.4.1 产出间弱可处置的经济含义

首先基于生产技术 T_{VRS}^{MK} 定义一个非导向型的方向距离函数：

$$\vec{D}^K\left(\boldsymbol{x}, \boldsymbol{y}, \boldsymbol{b}; -\boldsymbol{g}_x, \boldsymbol{g}_y, -\boldsymbol{g}_b\right) = \max_\beta \left\{ \beta : \left(\boldsymbol{x} - \beta\boldsymbol{g}_x, \boldsymbol{y} + \beta\boldsymbol{g}_y, \boldsymbol{b} - \beta\boldsymbol{g}_b\right) \in T_{\mathrm{VRS}}^{MK} \right\} \tag{2.31}$$

其用 DEA 模型表示为

$$\vec{D}^K = \max_{\theta_i, z_i, \beta} \beta$$

$$\text{s.t.} -\sum_{i=1}^{I} \theta_i z_i \boldsymbol{y}_i + \beta \boldsymbol{g}_y \leqslant -\boldsymbol{y}_0,$$

$$\sum_{i=1}^{I} \theta_i z_i \boldsymbol{b}_i + \beta \boldsymbol{g}_b \leqslant \boldsymbol{b}_0,$$

$$\sum_{i=1}^{I} z_i \boldsymbol{x}_i + \beta \boldsymbol{g}_x \leqslant \boldsymbol{x}_0,$$

$$\sum_{i=1}^{I} z_i = 1,$$

$$0 \leqslant \theta_i \leqslant 1, z_i \geqslant 0, i = 1, 2, \cdots, I \tag{2.32}$$

为求解上述非线性模型的对偶模型以探究弱可处置性的经济含义，需将其转化为线性模型。具体做法是：令 $\lambda_i = \theta_i z_i$，接着将 z_i 分解为 λ_i 和 μ_i 两部分。此时，排放因子 θ_i 与 λ_i 和 μ_i 有如下关系：$\theta_i = \lambda_i/(\lambda_i + \mu_i)$。其中，$\lambda_i$ 代表生产用资源所占比例，μ_i 代表闲置资源所占比例，反映了非期望产出是弱可处置的 (Kuosmanen, 2005)。线性化后的 DEA 模型表示为

$$\vec{D}^K = \max_{\lambda_i, \mu_i, \beta} \beta$$

$$\text{s.t.} -\sum_{i=1}^{I} \lambda_i \boldsymbol{y}_i + \beta \boldsymbol{g}_y \leqslant -\boldsymbol{y}_0,$$

$$\sum_{i=1}^{I} \lambda_i \boldsymbol{b}_i + \beta \boldsymbol{g}_b \leqslant \boldsymbol{b}_0,$$

$$\sum_{i=1}^{I} (\lambda_i + \mu_i) \boldsymbol{x}_i + \beta \boldsymbol{g}_x \leqslant \boldsymbol{x}_0,$$

$$\sum_{i=1}^{I} (\lambda_i + \mu_i) = 1,$$

$$\lambda_i, \mu_i \geqslant 0, i = 1, 2, \cdots, I \tag{2.33}$$

设模型 (2.33) 中第一至三组约束条件所对应的对偶变量为 $\boldsymbol{\pi}_y = (\pi_{y_1}, \pi_{y_2}, \cdots, \pi_{y_M})^{\mathrm{T}}$、$\boldsymbol{\pi}_b = (\pi_{b_1}, \pi_{b_2}, \cdots, \pi_{b_W})^{\mathrm{T}}$ 和 $\boldsymbol{\pi}_x = (\pi_{x_1}, \pi_{x_2}, \cdots, \pi_{x_N})^{\mathrm{T}}$，分别代表期望产出、非期望产出及投入变量的虚拟价格列向量。第四组约束对应对偶变量 ϕ，代表被评估单元的目标利润。式 (2.33) 的对偶模型为

$$\min_{\boldsymbol{\pi}_y,\boldsymbol{\pi}_b,\boldsymbol{\pi}_x,\phi} \phi - \boldsymbol{y}_0^{\mathrm{T}}\boldsymbol{\pi}_y + \boldsymbol{b}_0^{\mathrm{T}}\boldsymbol{\pi}_b + \boldsymbol{x}_0^{\mathrm{T}}\boldsymbol{\pi}_x$$
$$\text{s.t. } \phi \geqslant \boldsymbol{y}_i^{\mathrm{T}}\boldsymbol{\pi}_y - \boldsymbol{b}_i^{\mathrm{T}}\boldsymbol{\pi}_b - \boldsymbol{x}_i^{\mathrm{T}}\boldsymbol{\pi}_x, \quad i=1,2,\cdots,I,$$
$$\phi \geqslant -\boldsymbol{x}_i^{\mathrm{T}}\boldsymbol{\pi}_x, \quad i=1,2,\cdots,I,$$
$$\boldsymbol{g}_y^{\mathrm{T}}\boldsymbol{\pi}_y + \boldsymbol{g}_b^{\mathrm{T}}\boldsymbol{\pi}_b + \boldsymbol{g}_x^{\mathrm{T}}\boldsymbol{\pi}_x = 1,$$
$$\boldsymbol{\pi}_y,\boldsymbol{\pi}_b,\boldsymbol{\pi}_x \geqslant 0 \tag{2.34}$$

模型中，第一组约束条件表示目标利润 ϕ 需不小于任意 DMU 的虚拟利润的最大值。第二组约束对应原问题中的变量 μ_i，体现了弱可处置性的经济含义。Kuosmanen (2005) 称之为有限责任约束 (limited liability condition)。第三组约束条件对应原问题中的方向向量，目的是使影子价格在给定的方向上实现标准化。为使该约束的经济含义更为直观，令模型 (2.34) 中的目标函数为 t。相应地，变换后的模型表示为

$$\min_{\boldsymbol{x}_y,\boldsymbol{\pi}_b,\boldsymbol{\pi}_x,t} t$$
$$\text{s.t. } \left(\boldsymbol{y}_i^{\mathrm{T}}\boldsymbol{\pi}_y - \boldsymbol{b}_i^{\mathrm{T}}\boldsymbol{\pi}_b - \boldsymbol{x}_i^{\mathrm{T}}\boldsymbol{\pi}_x\right) - \left(\boldsymbol{y}_0^{\mathrm{T}}\boldsymbol{\pi}_y - \boldsymbol{b}_0^{\mathrm{T}}\boldsymbol{\pi}_b - \boldsymbol{x}_0^{\mathrm{T}}\boldsymbol{\pi}_x\right) \leqslant t$$
$$\boldsymbol{y}_0^{\mathrm{T}}\boldsymbol{\pi}_y - \boldsymbol{b}_0^{\mathrm{T}}\boldsymbol{\pi}_b + t \geqslant \left(\boldsymbol{x}_0^{\mathrm{T}} - \boldsymbol{x}_i^{\mathrm{T}}\right)\boldsymbol{\pi}_x$$
$$\boldsymbol{g}_y^{\mathrm{T}}\boldsymbol{\pi}_y + \boldsymbol{g}_b^{\mathrm{T}}\boldsymbol{\pi}_b + \boldsymbol{g}_x^{\mathrm{T}}\boldsymbol{\pi}_x = 1,$$
$$\boldsymbol{\pi}_y,\boldsymbol{\pi}_b,\boldsymbol{\pi}_x \geqslant 0, \quad i=1,2,\cdots,I \tag{2.35}$$

模型中，t 测度的是被评估单元目标利润与观测利润之间的差值，又称为利润无效。第二组约束中 $\boldsymbol{y}_0^{\mathrm{T}}\boldsymbol{\pi}_y - \boldsymbol{b}_0^{\mathrm{T}}\boldsymbol{\pi}_b + t$ 表示被评价单元的最优收入。由此，弱可处置性约束了被评价单元的最优收入不应小于被评估单元与其他单元观测成本之差的最大值 (该最大值不小于 0)。换言之，若生产者的最优收入不能弥补其相对其他生产者增加的投入成本，那么生产就是不可行的。这揭示了弱可处置性的经济含义。

前文提到，尽管非期望产出的等式约束变为不等式约束，但并不意味着非期望产出是作为投入进行处理的。原因可通过非期望产出强可处置技术下的原模型和对偶模型进行说明。

原模型：

$$\max_{\lambda_i,\rho} \rho$$
$$\text{s.t. } -\sum_{i=1}^{I}\lambda_i\boldsymbol{y}_i + \rho\boldsymbol{g}_y \leqslant -\boldsymbol{y}_0,$$
$$\sum_{i=1}^{I}\lambda_i\boldsymbol{b}_i + \rho\boldsymbol{g}_b \leqslant \boldsymbol{b}_0,$$

$$\sum_{i=1}^{I} \lambda_i \boldsymbol{x}_i + \rho \boldsymbol{g}_x \leqslant \boldsymbol{x}_0,$$

$$\sum_{i=1}^{I} \lambda_i = 1,$$

$$\lambda_i \geqslant 0, i = 1, 2, \cdots, I \tag{2.36}$$

对偶模型：

$$\min_{\boldsymbol{\pi}_y, \boldsymbol{\pi}_b, \boldsymbol{\pi}_x, t} t$$

$$\text{s.t.} \ \left(\boldsymbol{y}_i^{\mathrm{T}} \boldsymbol{\pi}_y - \boldsymbol{b}_i^{\mathrm{T}} \boldsymbol{\pi}_b - \boldsymbol{x}_i^{\mathrm{T}} \boldsymbol{\pi}_x\right) - \left(\boldsymbol{y}_0^{\mathrm{T}} \boldsymbol{\pi}_y - \boldsymbol{b}_0^{\mathrm{T}} \boldsymbol{\pi}_b - \boldsymbol{x}_0^{\mathrm{T}} \boldsymbol{\pi}_x\right) \leqslant t,$$

$$\boldsymbol{g}_y^{\mathrm{T}} \boldsymbol{\pi}_y + \boldsymbol{g}_b^{\mathrm{T}} \boldsymbol{\pi}_b + \boldsymbol{g}_x^{\mathrm{T}} \boldsymbol{\pi}_x = 1,$$

$$\boldsymbol{\pi}_y, \boldsymbol{\pi}_b, \boldsymbol{\pi}_x \geqslant 0, i = 1, 2, \cdots, I \tag{2.37}$$

可以看出，式 (2.37) 相对于式 (2.35) 缺少反映弱可处置的第二组约束，故而存在本质差别。

在生产技术 T_{VRS}^{MK} 中，每个 DMU 均对应了一个减排因子，这使得整个生产技术满足凸性假设，然而对于是否有必要约束整个技术集具有凸性性质，Leleu (2013) 持不同观点，其认为没有信息表明整个生产技术需满足凸性假定。因此，其基于生产技术 T_{VRS}^{MS} 探究了弱可处置性的经济含义。具体地，定义一个产出方向距离函数：

$$\vec{D}_o^S \left(\boldsymbol{x}, \boldsymbol{y}, \boldsymbol{b}; \boldsymbol{g}_y, -\boldsymbol{g}_b\right) = \max_{\beta} \left\{\beta : \left(\boldsymbol{x}, \boldsymbol{y} + \beta \boldsymbol{g}_y, \boldsymbol{b} - \beta \boldsymbol{g}_b\right) \in T_{\text{VRS}}^{MS}\right\} \tag{2.38}$$

用 DEA 模型表示为

$$\vec{D}_o^S = \max_{z_i, \theta, \beta} \beta$$

$$\text{s.t.} \ -\theta \sum_{i=1}^{I} z_i \boldsymbol{y}_i + \beta \boldsymbol{g}_y \leqslant -\boldsymbol{y}_0,$$

$$\theta \sum_{i=1}^{I} z_i \boldsymbol{b}_i + \beta \boldsymbol{g}_b \leqslant \boldsymbol{b}_0,$$

$$\sum_{i=1}^{I} z_i \boldsymbol{x}_i \leqslant \boldsymbol{x}_0,$$

$$\sum_{i=1}^{I} z_i = 1,$$

$$0 \leqslant \theta \leqslant 1, z_i \geqslant 0, i = 1, 2, \cdots, I \tag{2.39}$$

令 $\lambda_i = \theta z_i$ 以及 $\sigma = 1 - \theta$，模型 (2.39) 的线性形式为

$$\vec{D}_o^S = \max_{\lambda_i, \sigma, \beta} \beta$$
$$\text{s.t.} \quad -\sum_{i=1}^{I} \lambda_i (\boldsymbol{y}_i - \boldsymbol{y}_0) + \sigma \boldsymbol{y}_0 + \beta \boldsymbol{g}_y \leqslant 0,$$
$$\sum_{i=1}^{I} \lambda_i (\boldsymbol{b}_i - \boldsymbol{b}_0) - \sigma \boldsymbol{b}_0 + \beta \boldsymbol{g}_b \leqslant 0,$$
$$\sum_{i=1}^{I} \lambda_i (\boldsymbol{x}_i - \boldsymbol{x}_0) \leqslant \boldsymbol{x}_0,$$
$$\sum_{i=1}^{I} \lambda_i + \sigma = 1,$$
$$\sigma \geqslant 0, z_i \geqslant 0, i = 1, 2, \cdots, I \tag{2.40}$$

模型中，变量 σ 体现了非期望产出的弱可处置性。设各组约束条件所对应的对偶变量分别为 $\boldsymbol{\pi}_y = (\pi_{y_1}, \pi_{y_2}, \cdots, \pi_{y_M})^{\mathrm{T}}$、$\boldsymbol{\pi}_b = (\pi_{b_1}, \pi_{b_2}, \cdots, \pi_{b_W})^{\mathrm{T}}$、$\boldsymbol{\pi}_x = (\pi_{x_1}, \pi_{x_2}, \cdots, \pi_{x_N})^{\mathrm{T}}$ 和 t，分别代表期望产出、非期望产出、投入的虚拟价格和被评估单元的利润无效，则模型 (2.40) 的对偶模型为

$$\min_{\boldsymbol{\pi}_y, \boldsymbol{\pi}_b, \boldsymbol{\pi}_x, t} t$$
$$\text{s.t.} \quad \left(\boldsymbol{y}_i^{\mathrm{T}} \boldsymbol{\pi}_y - \boldsymbol{b}_i^{\mathrm{T}} \boldsymbol{\pi}_b - \boldsymbol{x}_i^{\mathrm{T}} \boldsymbol{\pi}_x\right) - \left(\boldsymbol{y}_0^{\mathrm{T}} \boldsymbol{\pi}_y - \boldsymbol{b}_0^{\mathrm{T}} \boldsymbol{\pi}_b - \boldsymbol{x}_0^{\mathrm{T}} \boldsymbol{\pi}_x\right) \leqslant t,$$
$$\boldsymbol{y}_0^{\mathrm{T}} \boldsymbol{\pi}_y - \boldsymbol{b}_0^{\mathrm{T}} \boldsymbol{\pi}_b + t \geqslant 0,$$
$$\boldsymbol{g}_y^{\mathrm{T}} \boldsymbol{\pi}_y + \boldsymbol{g}_b^{\mathrm{T}} \boldsymbol{\pi}_b = 1,$$
$$\boldsymbol{\pi}_y, \boldsymbol{\pi}_b, \boldsymbol{\pi}_x \geqslant 0, i = 1, 2, \cdots, I \tag{2.41}$$

不难看出，模型目标同样是最小化被评估单元与最大利润单元之间的利润差。与此同时，第二组约束揭示了弱可处置性的经济含义，即被评估单元的目标收入需不小于 0。

基于 Leleu (2013) 的产出效率测度思路，本书进一步探究投入导向下弱可处置的经济含义。设 $\boldsymbol{g}_x = (g_{x_1}, g_{x_2}, \cdots, g_{x_N})^{\mathrm{T}}$，定义投入方向距离函数为

$$\vec{D}_i^S(\boldsymbol{x}, \boldsymbol{y}, \boldsymbol{b}, -\boldsymbol{g}_x) = \max_{\beta} \left\{\beta : (\boldsymbol{x} - \beta \boldsymbol{g}_x, \boldsymbol{y}, \boldsymbol{b}) \in T_{\mathrm{VRS}}^{MS}\right\} \tag{2.42}$$

相应的 DEA 模型为

$$\vec{D}_i^S = \max_{z_i, \theta, \beta} \beta$$

$$\text{s.t.} \quad -\theta \sum_{i=1}^{I} z_i \boldsymbol{y}_i \leqslant -\boldsymbol{y}_0,$$

$$\theta \sum_{i=1}^{I} z_i \boldsymbol{b}_i \leqslant \boldsymbol{b}_0,$$

$$\sum_{i=1}^{I} z_i \boldsymbol{x}_i + \beta \boldsymbol{g}_x \leqslant \boldsymbol{x}_0,$$

$$\sum_{i=1}^{I} z_i = 1,$$

$$0 \leqslant \theta \leqslant 1, z_i \geqslant 0, i = 1, 2, \cdots, I \tag{2.43}$$

式 (2.43) 的线性转化方法与产出导向距离函数模型有所不同，需首先令 $\tau = 1/\theta$，然后令 $\sigma = \tau - 1$。由 $0 \leqslant \theta \leqslant 1$ 可知，$\tau \geqslant 1$，进而有 $\sigma \geqslant 0$。线性化后的模型为

$$\vec{D}_i^S = \max_{z_i, \sigma, \beta} \beta$$

$$\text{s.t.} \quad -\sum_{i=1}^{I} z_i \boldsymbol{y}_i + \sigma \boldsymbol{y}_0 \leqslant -\boldsymbol{y}_0,$$

$$\sum_{i=1}^{I} z_i \boldsymbol{b}_i - \sigma \boldsymbol{b}_0 \leqslant \boldsymbol{b}_0,$$

$$\sum_{i=1}^{I} z_i \boldsymbol{x}_i + \beta \boldsymbol{g}_x \leqslant \boldsymbol{x}_0,$$

$$\sum_{i=1}^{I} z_i = 1,$$

$$\sigma \geqslant 0, z_i \geqslant 0, i = 1, 2, \cdots, I \tag{2.44}$$

式中，σ 依然体现了非期望产出是弱可处置的。设各约束所对应的对偶变量分别为 $\boldsymbol{\pi}_y = (\pi_{y_1}, \pi_{y_2}, \cdots, \pi_{y_M})^{\mathrm{T}}$、$\boldsymbol{\pi}_b = (\pi_{b_1}, \pi_{b_2}, \cdots, \pi_{b_W})^{\mathrm{T}}$、$\boldsymbol{\pi}_x = (\pi_{x_1}, \pi_{x_2}, \cdots, \pi_{x_N})^{\mathrm{T}}$ 和 ϕ，分别代表期望产出、非期望产出、投入的虚拟价格及被评估单元的目标利润。那么模型 (2.44) 的对偶模型可写作

$$\min_{\boldsymbol{\pi}_y, \boldsymbol{\pi}_b, \boldsymbol{\pi}_x, t} t$$

$$\text{s.t.} \quad \left(\boldsymbol{y}_i^{\mathrm{T}} \boldsymbol{\pi}_y - \boldsymbol{b}_i^{\mathrm{T}} \boldsymbol{\pi}_b - \boldsymbol{x}_i^{\mathrm{T}} \boldsymbol{\pi}_x\right) - \left(\boldsymbol{y}_0^{\mathrm{T}} \boldsymbol{\pi}_y - \boldsymbol{b}_0^{\mathrm{T}} \boldsymbol{\pi}_b - \boldsymbol{x}_0^{\mathrm{T}} \boldsymbol{\pi}_x\right) \leqslant t,$$

$$\boldsymbol{y}_0^{\mathrm{T}}\boldsymbol{\pi}_y - \boldsymbol{b}_0^{\mathrm{T}}\boldsymbol{\pi}_b \geqslant 0,$$

$$\boldsymbol{g}_x^{\mathrm{T}}\boldsymbol{\pi}_x = 1,$$

$$\boldsymbol{\pi}_y, \boldsymbol{\pi}_b, \boldsymbol{\pi}_x \geqslant 0, i = 1, 2, \cdots, I \tag{2.45}$$

式中, $t = \phi - \left(\boldsymbol{y}_0^{\mathrm{T}}\boldsymbol{\pi}_y - \boldsymbol{b}_0^{\mathrm{T}}\boldsymbol{\pi}_b - \boldsymbol{x}_0^{\mathrm{T}}\boldsymbol{\pi}_x\right)$, 代表了利润无效。与模型 (2.35) 和 (2.41) 一样, 模型 (2.45) 的目标也是最小化利润无效。

注意到, 在产出效率测度中, 弱可处置性对应的约束表明被评估单元的目标收入需不小于 0。而在投入效率测度中, 相应约束代表了被评估单元的观测收入需不小于 0。出现该差异的主要原因是, 在产出效率测度中产出是可以调整的, 而在投入效率测度中产出不能调整。考虑到这一点, 投入效率测度中弱可处置性的含义也可以解释为被评估单元的目标收入需不小于 0, 如此, 二者在经济含义上实现了一致。

2.4.2 能源与碳排放之间弱可处置的经济含义

为探究能源与碳排放之间弱可处置性的经济含义, 首先基于生产技术 $\tilde{T}_{\mathrm{VRS}}$ 定义一个能源与碳排放导向的方向距离函数:

$$\vec{D}^W\left(\boldsymbol{x}, \boldsymbol{e}, \boldsymbol{y}, \boldsymbol{b}; -\boldsymbol{g}_e, -\boldsymbol{g}_b\right) = \max_{\beta}\left\{\beta : \left(\boldsymbol{x}, \boldsymbol{e} - \beta\boldsymbol{g}_e, \boldsymbol{y}, \boldsymbol{b} - \beta\boldsymbol{g}_b\right) \in \tilde{T}_{\mathrm{VRS}}\right\} \tag{2.46}$$

式中, $\boldsymbol{g}_e = (g_{e_1}, g_{e_2}, \cdots, g_{e_L})^{\mathrm{T}}$; $\boldsymbol{g}_b = (g_{b_1}, g_{b_2}, \cdots, g_{b_W})^{\mathrm{T}}$.

其用 DEA 模型表示为

$$\vec{D}^W = \max \beta$$

$$\text{s.t.} \ \sum_{i=1}^{I} z_i \boldsymbol{y}_i \geqslant \boldsymbol{y}_0,$$

$$\sum_{i=1}^{I} \theta_i z_i \boldsymbol{b}_i = \boldsymbol{b}_0 - \beta\boldsymbol{g}_b,$$

$$\sum_{i=1}^{I} z_i \boldsymbol{x}_i \leqslant \boldsymbol{x}_0,$$

$$\sum_{i=1}^{I} \theta_i z_i \boldsymbol{e}_i = \boldsymbol{e}_0 - \beta\boldsymbol{g}_e,$$

$$\sum_{i=1}^{I} z_i = 1,$$

$$\theta_i \geqslant 1, z_i \geqslant 0, i = 1, 2, \cdots, I \tag{2.47}$$

令 $\lambda_i = \theta_i z_i$ 及 $z_i = \lambda_i - \mu_i$，上述模型可线性化为

$$\vec{D}^W = \max \beta$$

$$\text{s.t.} \quad \sum_{i=1}^{I} (\lambda_i - \mu_i)\, \boldsymbol{y}_i \geqslant \boldsymbol{y}_0,$$

$$\sum_{i=1}^{I} \lambda_i \boldsymbol{b}_i = \boldsymbol{b}_0 - \beta \boldsymbol{g}_b,$$

$$\sum_{i=1}^{I} (\lambda_i - \mu_i)\, \boldsymbol{x}_i \leqslant \boldsymbol{x}_0,$$

$$\sum_{i=1}^{I} \lambda_1 \boldsymbol{e}_i = \boldsymbol{e}_0 - \beta \boldsymbol{g}_e,$$

$$\sum_{i=1}^{I} (\lambda_i - \mu_i) = 1,$$

$$\lambda_i - \mu_i \geqslant 0,$$

$$\lambda_i, \mu_i \geqslant 0, i = 1, 2, \cdots, I \tag{2.48}$$

设各约束所对应的对偶变量分别为 $\boldsymbol{\pi}_y = (\pi_{y_1}, \pi_{y_2}, \cdots, \pi_{y_M})^{\mathrm{T}}$、$\boldsymbol{\pi}_b = (\pi_{b_1}, \pi_{b_2}, \cdots, \pi_{b_W})^{\mathrm{T}}$、$\boldsymbol{\pi}_x = (\pi_{x_1}, \pi_{x_2}, \cdots, \pi_{x_N})^{\mathrm{T}}$、$\boldsymbol{\pi}_e = (\pi_{e_1}, \pi_{e_2}, \cdots, \pi_{e_L})^{\mathrm{T}}$、$\varphi$ 及 ψ_i，则模型 (2.48) 的对偶模型可写作

$$\min \varphi - \left(\boldsymbol{y}_0^{\mathrm{T}} \boldsymbol{\pi}_y - \boldsymbol{b}_0^{\mathrm{T}} \boldsymbol{\pi}_b - \boldsymbol{x}_0^{\mathrm{T}} \boldsymbol{\pi}_x - \boldsymbol{e}_0^{\mathrm{T}} \boldsymbol{\pi}_e \right)$$

$$\text{s.t.} \quad \left(\boldsymbol{y}_i^{\mathrm{T}} \boldsymbol{\pi}_y - \boldsymbol{b}_i^{\mathrm{T}} \boldsymbol{\pi}_b - \boldsymbol{x}_i^{\mathrm{T}} \boldsymbol{\pi}_x - \boldsymbol{e}_i^{\mathrm{T}} \boldsymbol{\pi}_e \right) \leqslant \varphi - \psi_i, i = 1, 2, \cdots, I,$$

$$\varphi - \psi_i \leqslant \left(\boldsymbol{y}_i^{\mathrm{T}} \boldsymbol{\pi}_y - \boldsymbol{x}_i^{\mathrm{T}} \boldsymbol{\pi}_x \right), i = 1, 2, \cdots, I,$$

$$\boldsymbol{g}_e^{\mathrm{T}} \boldsymbol{\pi}_e + \boldsymbol{g}_b^{\mathrm{T}} \boldsymbol{\pi}_b = 1,$$

$$\psi_i \geqslant 0, i = 1, 2, \cdots, I,$$

$$\boldsymbol{\pi}_y, \boldsymbol{\pi}_x \geqslant 0,$$

$$\varphi, \boldsymbol{\pi}_b, \boldsymbol{\pi}_e \text{无约束} \tag{2.49}$$

尽管与前面一节对偶模型的约束条件有所不同，但目标函数均为最小化被评估单元的利润无效。注意到，第二组约束揭示了弱可处置性的经济含义，意味着能

源与碳排放的虚拟成本不能为负值，即 $\boldsymbol{b}_i^{\mathrm{T}}\boldsymbol{\pi}_b + \boldsymbol{e}_i^{\mathrm{T}}\boldsymbol{\pi}_e \geqslant 0$，否则 $(\boldsymbol{y}_i^{\mathrm{T}}\boldsymbol{\pi}_y - \boldsymbol{x}_i^{\mathrm{T}}\boldsymbol{\pi}_x) \leqslant$ $\varphi - \psi_i \leqslant (\boldsymbol{y}_i^{\mathrm{T}}\boldsymbol{\pi}_y - \boldsymbol{b}_i^{\mathrm{T}}\boldsymbol{\pi}_b - \boldsymbol{x}_i^{\mathrm{T}}\boldsymbol{\pi}_x - \boldsymbol{e}_i^{\mathrm{T}}\boldsymbol{\pi}_e)$ 将不能成立。与此同时，弱可处置约束还建立了能源与碳排放虚拟价格之比与碳排放系数之间的关联。

以图 2.11 所示的使用单一能源投入和单一非能源投入生产单一产出和排放的生产过程为例。图中，$SEABCDS'$ 为环境生产技术所刻画的边界，$\boldsymbol{b} = -\dfrac{\pi_e}{\pi_b}\boldsymbol{e} + \dfrac{c}{\pi_b}$ 为等成本线，c 为成本变量。可以发现，在 $\boldsymbol{\pi}_b\boldsymbol{b}_i + \boldsymbol{\pi}_e\boldsymbol{e}_i \geqslant 0$ 的约束下，即便能源或碳排放的虚拟价格变为负值，也依然需要保证边界上任意点的成本均为非负值。这意味着，当等成本线斜率为正且 $\boldsymbol{\pi}_b < 0$ 时，任意点成本线的截距为负；当等成本线斜率为正且 $\boldsymbol{\pi}_b > 0$ 时，任意点成本线的截距为正。相应地，能源与碳排放虚拟价格之比的绝对值不小于排放系数的最大值或不大于排放系数的最小值。

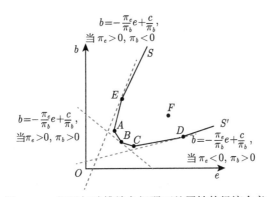

图 2.11　能源与碳排放之间弱可处置性的经济含义

2.5　本章小结

本章介绍了与能源和环境绩效测度相关的生产理论和效率测度理论。考虑非期望产出的生产技术可称为环境生产技术，文献中关于环境生产技术的刻画有不同的做法，这些做法最主要的区别是对非期望产出施加的可处置性假设不同。本章主要介绍了基于弱可处置性的环境生产技术，具体又分为常见的基于产出之间弱可处置的环境生产技术及非期望产出为二氧化碳时的环境生产技术。本章对这两类基于弱可处置性的环境生产技术的集合表示与非参数刻画进行了全面讨论。具体地，在集合表示中，不但介绍了技术集合表示法，还介绍了产出集合和投入集合表示法。在非参数刻画中，不但讨论了不同规模报酬、不同减排/扩张因子下的建模方法，还探讨了刻画环境生产技术的一些新的做法，比如放松非期望产出的等式约束，从而避免产生有争议的后弯的生产边界等。

　　在距离函数理论的介绍中，本章聚焦于谢泼德距离函数和方向距离函数，对它们的定义和性质进行了讨论。在全要素生产率指数的介绍中，本章讨论了环境生产技术框架下 Malmquist 生产率指数和 Malmquist-Luenberger 生产率指数的构建思想。此外，本章还基于对偶理论求解了距离函数的对偶模型，探讨了不同环境生产技术及不同导向下弱可处置假设的经济含义。

参 考 文 献

周鹏, 安超, 孙杰, 等. 2020. 非参数环境生产技术建模及应用研究综述. 系统工程理论与实践, 40(8): 2065-2075.

Caves D W, Christensen L R, Diewert W E. 1982. Multilateral comparisons of output, input and productivity using superlative index numbers. Economic Journal, 92(365): 73-86.

Chambers R G, Chung Y H, Färe R. 1998. Profit, directional distance functions, and Nerlovian efficiency. Journal of Optimization Theory and Applications, 98(2): 351-364.

Chen C M, Delmas M A. 2012. Measuring eco-inefficiency: A new frontier approach. Operations Research, 60(5): 1064-1079.

Chung Y H, Färe R, Grosskopf S. 1997. Productivity and undesirable outputs: A directional distance function approach. Journal of Environmental Management, 51(3): 229-240.

Coelli T, Lauwers L, van Huylenbroeck G. 2007. Environmental efficiency measurement and the materials balance condition. Journal of Productivity Analysis, 28(1-2): 3-12.

Coelli T J, Rao D, O'Donnell C J, et al. 2005. An Introduction to Efficiency and Productivity Analysis. New York: Springer.

Dakpo K H, Jeanneaux P, Latruffe L. 2016. Modelling pollution-generating technologies in performance benchmarking: Recent developments, limits and future prospects in the nonparametric framework. European Journal of Operational Research, 250(2): 347-359.

Färe R, Grosskopf S. 2010. Directional distance functions and slacks-based measures of efficiency. European Journal of Operational Research, 200(1): 320-322.

Färe R, Grosskopf S, Lovell C A K. 1994. Production Frontiers. Cambridge: Cambridge University Press.

Färe R, Grosskopf S, Lovell C A K, et al. 1989. Multilateral productivity comparisons when some outputs are undesirable: A nonparametric approach. Review of Economics and Statistics, 71(1): 90-98.

Färe R, Grosskopf S, Pasurka C A. 2007. Pollution abatement activities and traditional productivity. Ecological Economics, 62: 673-682.

Färe R, Grosskopf S, Pasurka C. 2016. Technical change and pollution abatement costs. European Journal of Operational Research, 248(2): 715-724.

Färe R, Lovell C A. 1978. Measuring the technical efficiency of production. Journal of Economic Theory, 19(1): 150-162.

Färe R, Primont D. 1995. Multi-output production and duality: Theory and applications. Journal of Economic Literature, 34(3): 1343-1344.

Hailu A, Veeman T S. 2001. Non-parametric productivity analysis with undesirable outputs: An application to the Canadian pulp and paper industry. American Journal of Agricultural Economics, 83(3): 605-616.

Hampf B, Rødseth K L. 2015. Carbon dioxide emission standards for U.S. power plants: An efficiency analysis perspective. Energy Economics, 50: 140-153.

Hoang V N, Coelli T. 2011. Measurement of agricultural total factor productivity growth incorporating environmental factors: A nutrients balance approach. Journal of Environmental Economics and Management, 62(3): 462-474.

Hu J L, Wang S C. 2006. Total-factor energy efficiency of regions in China. Energy Policy, 34(17): 3206-3217.

Kuosmanen T. 2005. Weak disposability in nonparametric production analysis with undesirable outputs. American Journal of Agricultural Economics, 87(4): 1077-1082.

Kuosmanen T, Matin R K. 2011. Duality of weakly disposable technology. Omega, 39(5): 504-512.

Kuosmanen T, Podinovski V V. 2009. Weak disposability in nonparametric production analysis: Reply to Färe and Grosskopf. American Journal of Agricultural Economics, 91(2): 539-545.

Leleu H. 2013. Shadow pricing of undesirable outputs in nonparametric analysis. European Journal of Operational Research, 231(2): 474-480.

Ma C, Hailu A, You C. 2019. A critical review of distance function based economic research on China's marginal abatement cost of carbon dioxide emissions. Energy Economics, 84: 104533.

Malmquist S. 1953. Index numbers and indifference surfaces. Trabajos de Estadistica 4: 209-242.

Murty S, Russell R R, Levkoff S B. 2012. On modeling pollution-generating technologies. Journal of Environmental Economics and Management, 64(1): 117-135.

Picazo-Tadeo A J, Castillo-Giménez J, Beltrán-Esteve M. 2014. An intertemporal approach to measuring environmental performance with directional distance functions: Greenhouse gas emissions in the European Union. Ecological Economics, 100: 173-182.

Podinovski V V, Kuosmanen T. 2011. Modelling weak disposability in data envelopment analysis under relaxed convexity assumptions. European Journal of Operational Research, 211(3): 577-585.

Rødseth K L. 2017. Axioms of a polluting technology: A materials balance approach. Environmental and Resource Economics, 67(1): 1-22.

Shephard R W. 1970. Theory of Cost and Production Functions. Princeton, United States: Princeton University Press.

Sueyoshi T, Goto M. 2012. Data envelopment analysis for environmental assessment: Comparison between public and private ownership in petroleum industry. European Journal of Operational Research, 216(3): 668-678.

Tone K. 2001. A slacks-based measure of efficiency in data envelopment analysis. European Journal of Operational Research, 130(3): 498-509.

Wang K, Wei Y M, Huang Z. 2018. Environmental efficiency and abatement efficiency measurements of China's thermal power industry: A data envelopment analysis based materials balance approach. European Journal of Operational Research, 269(1): 35-50.

Wu F, Fan L W, Zhou P, et al. 2012. Industrial energy efficiency with CO_2 emissions in China: A nonparametric analysis. Energy Policy, 49: 164-172.

Wu F, Zhou P, Zhou D Q. 2020. Modeling carbon emission performance under a new joint production technology with energy input. Energy Economics, 92: 104963.

Yang H, Pollitt M. 2009. Incorporating both undesirable outputs and uncontrollable variables into DEA: The performance of Chinese coal-fired power plants. European Journal of Operational Research, 197(3): 1095-1105.

Zhou P, Ang B W, Poh K L. 2006. Slacks-based efficiency measures for modeling environmental performance. Ecological Economics, 60: 111-118.

Zhou P, Ang B W, Poh K L. 2008a. A survey of data envelopment analysis in energy and environmental studies. European Journal of Operational Research, 189(1): 1-18.

Zhou P, Ang B W, Poh K L. 2008b. Measuring environmental performance under different environmental DEA technologies. Energy Economics, 30(1): 1-14.

Zhou P, Ang B W, Wang H. 2012. Energy and CO_2 emission performance in electricity generation: A non-radial directional distance function approach. European Journal of Operational Research, 221(3): 625-635.

Zhou P, Delmas M A, Kohli A. 2017. Constructing meaningful environmental indices: A nonparametric frontier approach. Journal of Environmental Economics and Management, 85: 21-34.

Zhou P, Poh K L, Ang B W. 2007. A non-radial DEA approach to measuring environmental performance. European Journal of Operational Research, 178(1): 1-9.

第 3 章　能源绩效测度

在能源经济学中，能源绩效可以用只考虑能源投入和单个产出的单要素能源效率指数 (如能源强度、能源生产率、能源价格与国内生产总值之比等) 来测度 (Patterson，1996)，也可以用考虑多种投入多种产出的全要素能源效率 (total-factor energy efficiency，TFEE) 指数来测度 (Hu and Wang, 2006)。鉴于单要素能源效率忽视了其他投入要素与能源投入的替代作用，无法全面反映能源利用的技术效率，故而本章重点研究全要素能源效率，对全要素能源效率绩效指数的不同建模方法进行系统梳理。

在全要素能源效率研究中，DEA 方法因对多投入多产出生产过程具有良好适应性而成为能源绩效评估的有力工具。自 Boyd 和 Pang (2000) 及 Ramanathan (2000) 应用该方法对玻璃行业的能源利用效率进行研究之后，其已被广泛应用于各行业、部门、企业及国家的静动态能源绩效评价中 (Zhou et al., 2008)。

基于 DEA 方法的全要素能源效率测度一般将能源效率定义为提供同等能源服务的最小能源投入与实际能源投入的比值。对于最小能源投入量的测算，文献中有着不同做法。例如，Blomberg 等 (2012) 和 Bampatsou 等 (2013) 通过同比例缩减能源投入和非能源投入来测算实现技术有效时的能源消耗量，而 Hu 和 Wang(2006) 则主张在实现技术有效时进一步计算能源松弛量。这些全要素能源效率测度方法原理清晰，易于应用。如，Hu 和 Kao(2007) 测算了亚太经济合作组织 (Asia-Pacific Economic Cooperation，APEC) 国家的全要素能源效率及节能潜力。Honma 和 Hu(2008) 及 Munkherjee(2008a, 2008b, 2010) 分别研究了日本、发展中国家、印度和美国的全要素能源效率。Wei 等 (2007) 测算了中国钢铁部门的全要素能源效率的动态变动。Chang 和 Hu(2010) 考察了中国各省区的全要素能源效率变动趋势。

尽管便于应用，但这些全要素能源效率评估仅考虑了好的产出，忽视了二氧化碳、二氧化硫和其他有毒物质等非期望产出。这一做法可能会导致绩效评估结果出现偏差，进而对政策制定产生误导 (Pittman, 1983; Färe et al., 1989)。因而，越来越多的学者主张在全要素能源效率测度模型中纳入非期望产出。关于非期望产出的纳入方法，学者们有不同的做法。如，Yeh 等 (2010) 采用数据转化法将非期望产出转化成期望产出，Shi 等 (2010) 直接将非期望产出视为投入进行处理。这两类处理方法被认为不符合实际生产过程，违背了物质平衡原理和经济交

换 (trade-off) 规律 (Hampf and Rødseth, 2015; Murty et al., 2012)。为此，Zhou 和 Ang(2008) 基于环境生产技术构建了若干能源导向的全要素能源效率绩效指数。此后，基于环境生产技术，Wu 等 (2012) 构建了考虑二氧化碳的全要素能源效率静动态指数；Wang 等 (2013a) 构建了考虑减排目标及经济目标的动态能源效率模型；Bian 等 (2013) 提出了能源效率的非径向模型，并测度了中国区域的节能目标和减排潜力；Wang 和 Wei(2014) 采用方向距离函数方法测算了中国区域工业的能源效率和减排成本；Duan 等 (2016) 采用靴代 (bootstrapped) 技术探究了方向距离函数方法下能源效率指数的统计性质；Bi 等 (2014) 提出了基于松弛测度方法 (SBM) 的能源效率指数模型，并评估了环境管制下中国热电厂的能源效率；Zhang 等 (2013)、Wang 等 (2013b)、Hang 等 (2015) 及 Li 和 Lin(2015) 等考察了生产技术的异质性，提出了基于共同前沿模型的能源效率指数。

概括来讲，考虑非期望产出的全要素能源效率测度模型虽然多样，但一般基于以下视角进行建模：① 技术效率视角，即在保持产出不变的情形下同比例缩减能源投入与非能源投入，经调整后被评价单元实现技术有效。② 能源投入最小化视角，即在保持产出和非能源投入不变的同时最大限度地缩减能源投入。该做法考虑了能源要素与非能源要素之间的替代关系。③ 投入产出协同优化视角，即允许投入和产出同时变动，以测量实现生产有效时的最佳能源利用量。本章首先对这三种视角下的全要素能源效率测度模型进行介绍，接着探讨动态能源绩效模型的构建，最后给出两个案例应用。

3.1　技术效率视角下的能源绩效测度

技术效率视角下测度全要素能源效率绩效的基本过程是，首先构建 DEA 模型求出所有投入同时缩减时能源的径向缩减量及能源松弛量，然后加总径向缩减量和松弛量以获得最大节能潜力，最后将全要素能源效率绩效指数定义为目标能源投入与实际能源投入之比。

为展示具体的建模过程，考虑一个多投入多产出的生产过程。其中，非能源投入和能源投入分别用向量表示为 $\boldsymbol{x} = (x_1, x_2, \cdots, x_N)^{\mathrm{T}} \in \Re_+^N$ 和 $\boldsymbol{e} = (e_1, e_2, \cdots, e_L)^{\mathrm{T}} \in \Re_+^L$。期望产出和非期望产出分别用向量表示为 $\boldsymbol{y} = (y_1, y_2, \cdots, y_M)^{\mathrm{T}} \in \Re_+^M$ 和 $\boldsymbol{b} = (b_1, b_2, \cdots, b_W)^{\mathrm{T}} \in \Re_+^W$。规模报酬不变 (CRS) 情形下，基于环境生产技术 T_{CRS} 可构建如下 DEA 模型：

$$\beta^* = \min \beta$$
$$\text{s.t.} \sum_{i=1}^{I} z_i \boldsymbol{y}_i - \boldsymbol{s}_y^+ = \boldsymbol{y}_0,$$

$$\sum_{i=1}^{I} z_i \boldsymbol{b}_i = \boldsymbol{b}_0,$$

$$\sum_{i=1}^{I} z_i \boldsymbol{x}_i + \boldsymbol{s}_x^- = \beta \boldsymbol{x}_0,$$

$$\sum_{i=1}^{I} z_i \boldsymbol{e}_i + \boldsymbol{s}_e^- = \beta \boldsymbol{e}_0,$$

$$z_i, \boldsymbol{s}_y^+, \boldsymbol{s}_x^-, \boldsymbol{s}_e^- \geqslant 0, i = 1, 2, \cdots, I \tag{3.1}$$

在规模报酬可变 (VRS) 情形下，有

$$\beta^* = \min \beta$$

$$\text{s.t.} \sum_{i=1}^{I} \theta_i z_i \boldsymbol{y}_i - \boldsymbol{s}_y^+ = \boldsymbol{y}_0,$$

$$\sum_{i=1}^{I} \theta_i z_i \boldsymbol{b}_i = \boldsymbol{b}_0,$$

$$\sum_{i=1}^{I} z_i \boldsymbol{x}_i + \boldsymbol{s}_x^- = \beta \boldsymbol{x}_0,$$

$$\sum_{i=1}^{I} z_i \boldsymbol{e}_i + \boldsymbol{s}_e^- = \beta \boldsymbol{e}_0,$$

$$\sum_{i=1}^{I} z_i = 1,$$

$$0 \leqslant \theta_i \leqslant 1, z_i, \boldsymbol{s}_y^+, \boldsymbol{s}_x^-, \boldsymbol{s}_e^- \geqslant 0, i = 1, 2, \cdots, I \tag{3.2}$$

式中，$z_i(i = 1, 2, \cdots, I)$ 为权重。$\boldsymbol{s}_y^+ = (s_{y_1}^+, s_{y_2}^+, \cdots, s_{y_M}^+)^{\mathrm{T}} \in \Re_+^M$、$\boldsymbol{s}_x^- = (s_{x_1}^-, s_{x_2}^-, \cdots, s_{x_N}^-)^{\mathrm{T}} \in \Re_+^N$ 及 $\boldsymbol{s}_e^- = (s_{e_1}^-, s_{e_2}^-, \cdots, s_{e_L}^-)^{\mathrm{T}} \in \Re_+^L$ 分别为期望产出、非能源投入和能源投入对应的松弛变量。为对模型进行一般化，本节设定 VRS 假设下的减排因子为 θ_i。令所有减排因子相等时，θ_i 可写为 θ。

以上模型在保持期望产出和非期望产出不变的情况下，径向缩减所有投入。依据目标函数最优值 β^*，可求得能源的径向缩减量为 $(1 - \beta^*)\boldsymbol{e}_0$。进一步地，依据能源约束对应的松弛变量的最优值 $\boldsymbol{s}_e^{-*}$，可获得被评价单元消除技术无效后能源的进一步调整量。图 3.1 可用于对上述模型进行解释。图中，$SABS'$ 表示的是投入需求集合的边界。对无效单元 C 来说，其能源投入的径向缩减量为 $\beta^* = OC'/OC$。由于能源投入和非能源投入以相同比例缩减，故而 β^* 也代表着无效单元 C 的技术效率值。注意到，当 C 消除技术无效移动到 C' 点后，其仍能在不影响产出和其他投入的情况下继续减少能源投入至 B 点。其中，BC' 就代表了能源投入的松弛量。最终，C 点的最佳能源投入等于 B 点的能源投入。

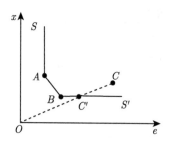

图 3.1   技术效率视角下的全要素能源效率

在求得 β^* 和 $\boldsymbol{s}_e^{-*}$ 后，能源最大节约量 (energy saving potential，ESP) 可表示为

$$\text{ESP} = (1 - \beta^*)\boldsymbol{e}_0 + \boldsymbol{s}_e^{-*} \tag{3.3}$$

从而，TFEE 绩效指数可定义为 (Hu and Wang，2006)

$$\text{TFEE} = 1 - \frac{\text{ESP}}{\boldsymbol{e}_0} = \beta^* - \frac{\boldsymbol{s}_e^{-*}}{\boldsymbol{e}_0} \tag{3.4}$$

式中，仅当 $\beta^* = 1$ 且 $\boldsymbol{s}_e^{-*} = 0$ 时，有 TFEE $= 1$，代表能源利用是有效的；否则，TFEE < 1，表明能源效率存在提升空间。

3.2   能源投入最小化视角下的能源绩效测度

技术效率视角下的能源绩效测度模型在缩减能源投入的同时也缩减了非能源投入，这意味着需消除所有投入无效来节约能源。现实中，我们也可以假设非能源投入实现有效利用，进而最大限度地缩减能源投入 (Zhou and Ang，2008)，以构建能源效率绩效指数 (energy efficiency performance index，EEPI)。这种情况下，非能源投入保持不变，被评价单元一般可获得更大的节能空间。如图 3.2 所示，当保持非能源投入不变，最大限度缩减 C 点的能源投入时，所能实现的最优能源利用量位于 C'' 点。

当存在多种能源投入时，既可以令所有能源投入以相同比例缩减，也可以令它们以不同比例缩减。相应地，能源绩效测度模型会有不同的形式。其中，所有能源投入以相同比例缩减时，可基于规模报酬不变的环境生产技术 T_{CRS} 构建如下模型：

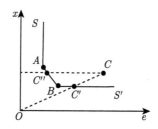

图 3.2 能源投入最小化视角下的全要素能源效率

$$\text{EEPI}_1(\boldsymbol{x}_0, \boldsymbol{e}_0, \boldsymbol{y}_0, \boldsymbol{b}_0) = \min \beta$$

$$\text{s.t.} \quad \sum_{i=1}^{I} z_i \boldsymbol{y}_i \geqslant \boldsymbol{y}_0,$$

$$\sum_{i=1}^{I} z_i \boldsymbol{b}_i = \boldsymbol{b}_0,$$

$$\sum_{i=1}^{I} z_i \boldsymbol{x}_i \leqslant \boldsymbol{x}_0,$$

$$\sum_{i=1}^{I} z_i \boldsymbol{e}_i \leqslant \beta \boldsymbol{e}_0,$$

$$z_i \geqslant 0, i = 1, 2, \cdots, I \tag{3.5}$$

式中，EEPI_1 代表全要素能源效率绩效指数，等于 β 的最小值。$0 < \text{EEPI}_1 < 1$ 意味着能源投入存在浪费，技术上生产者可以在不影响产出及非能源投入的情况下减少能源投入。$\text{EEPI}_1 = 1$ 意味着等比例缩减所有能源投入是不可行的。

同理，也可以在规模报酬可变的环境生产技术 T_{VRS} 下测度绩效指数，相应模型为

$$\text{EEPI}_1(\boldsymbol{x}_0, \boldsymbol{e}_0, \boldsymbol{y}_0, \boldsymbol{b}_0) = \min \beta$$

$$\text{s.t.} \quad \sum_{i=1}^{I} \theta_i z_i \boldsymbol{y}_i \geqslant \boldsymbol{y}_0,$$

$$\sum_{i=1}^{I} \theta_i z_i \boldsymbol{b}_i = \boldsymbol{b}_0,$$

$$\sum_{i=1}^{I} z_i \boldsymbol{x}_i \leqslant \boldsymbol{x}_0,$$

$$\sum_{i=1}^{I} z_i \boldsymbol{e}_i \leqslant \beta \boldsymbol{e}_0,$$

$$\sum_{i=1}^{I} z_i = 1,$$

$$z_i \geqslant 0, 0 \leqslant \theta_i \leqslant 1, i = 1, 2, \cdots, I \tag{3.6}$$

上述模型假设所有能源品种均按相同比例进行缩减，测度方法简便直观，但没有考虑不同能源品种的内在差异。当考虑能源品种差异时，不同能源品种可能以不同比例进行缩减。以不变规模报酬为例，相应的能源效率绩效指数 EEPI_2 可通过下式进行计算：

$$\mathrm{EEPI}_2(\boldsymbol{x}_0, \boldsymbol{e}_0, \boldsymbol{y}_0, \boldsymbol{b}_0) = \min \frac{1}{L} \sum_{l=1}^{L} \beta_l$$

$$\mathrm{s.t.} \ \sum_{i=1}^{I} z_i y_{mi} \geqslant y_{m0}, m = 1, 2, \cdots, M,$$

$$\sum_{i=1}^{I} z_i b_{wi} = b_{w0}, w = 1, 2, \cdots, W,$$

$$\sum_{i=1}^{I} z_i x_{ni} \leqslant x_{n0}, n = 1, 2, \cdots, N,$$

$$\sum_{i=1}^{I} z_i e_{li} \leqslant \beta_l e_{l0}, l = 1, 2, \cdots, L,$$

$$z_i \geqslant 0, i = 1, 2, \cdots, I \tag{3.7}$$

上式对每一类能源均施加了一个缩减系数 β_l，求解目标是使所有缩减系数的算数平均值最小。基于类似思想，能源效率指数也可以通过计算各能源品种的松弛量来求得。相应的计算过程为，首先通过下式计算松弛量之和的最大值：

$$\mathrm{PES}(\boldsymbol{x}_0, \boldsymbol{e}_0, \boldsymbol{y}_0, \boldsymbol{b}_0) = \max \sum_{l=1}^{L} s_l$$

$$\mathrm{s.t.} \ \sum_{i=1}^{I} z_i y_{mi} \geqslant y_{m0}, m = 1, 2, \cdots, M,$$

$$\sum_{i=1}^{I} z_i b_{wi} = b_{w0}, w = 1, 2, \cdots, W,$$

$$\sum_{i=1}^{I} z_i x_{ni} \leqslant x_{n0}, n = 1, 2, \cdots, N,$$

$$\sum_{i=1}^{I} z_i e_{li} + s_l \leqslant e_{l0}, l = 1, 2, \cdots, L,$$

$$z_i \geqslant 0, i = 1, 2, \cdots, I \tag{3.8}$$

在求得最大松弛量之和后,接着计算松弛量 (即能源无效量) 在能源消费总量中所占的比例,进而求得相应的能源效率绩效指数 $\mathrm{EEPI_3}$:

$$\mathrm{EEPI_3}(\boldsymbol{x}_0, \boldsymbol{e}_0, \boldsymbol{y}_0, \boldsymbol{b}_0) = 1 - \frac{\mathrm{PES}(\boldsymbol{x}_0, \boldsymbol{e}_0, \boldsymbol{y}_0, \boldsymbol{b}_0)}{\sum\limits_{l}^{L} e_{l0}} \tag{3.9}$$

注意到,$\mathrm{EEPI_3}$ 的计算等价于一个赋权的非径向指数模型,即模型 (3.10)。其中,权重为各类能源的消耗比例,模型目标为非径向缩减系数的加权和最小。

$$
\begin{aligned}
\mathrm{EEPI_3}(\boldsymbol{x}_0, \boldsymbol{e}_0, \boldsymbol{y}_0, \boldsymbol{b}_0) = \min & \sum_{l}^{L} \left(e_{l0} \bigg/ \sum_{l=1}^{L} e_{l0} \right) \beta_l \\
\mathrm{s.t.} \quad & \sum_{i=1}^{I} z_i y_{mi} \geqslant y_{m0}, m = 1, 2, \cdots, M, \\
& \sum_{i=1}^{I} z_i b_{wi} = b_{w0}, w = 1, 2, \cdots, W, \\
& \sum_{i=1}^{I} z_i x_{ni} \leqslant x_{n0}, n = 1, 2, \cdots, N, \\
& \sum_{i=1}^{I} z_i e_{li} \leqslant \beta_l e_{l0}, l = 1, 2, \cdots, L, \\
& z_i \geqslant 0, i = 1, 2, \cdots, I
\end{aligned} \tag{3.10}
$$

本节提出的三种全要素能源效率绩效指数各有优势。Zhou 和 Ang (2008) 指出,当仅关注能源的技术效率时,可以使用 $\mathrm{EEPI_1}$;若需要考虑能源的混合效应时,$\mathrm{EEPI_2}$ 和 $\mathrm{EEPI_3}$ 更为适合。$\mathrm{EEPI_2}$ 和 $\mathrm{EEPI_3}$ 的选择主要取决于数据可得性及研究目的。如果各能源投入具有相同的测度单位,并且需要测量节能潜力时,那么 $\mathrm{EEPI_3}$ 优于 $\mathrm{EEPI_2}$;否则,可选择 $\mathrm{EEPI_2}$。

3.3 投入产出协同优化视角下的能源绩效测度

当投入和产出同时进行优化时,也存在着不同情形。比如,增加期望产出,减少能源;同时减少非期望产出和能源;增加期望产出的同时减少非期望产出和能源等。方向距离函数方法在测度不同优化情境下的能源效率时具有明显优势。本节介绍 Zhou 等 (2012) 所提出的基于非径向方向距离函数的能源绩效测度模型,该模型可通过简单调整转化为径向方向距离函数模型。

为简化起见,考虑只含一个期望产出、一个非期望产出、一个非能源投入及一个能源投入的生产过程。令 $\boldsymbol{g} = (g_y, -g_b, -g_x, -g_e)$ 为方向向量,$\boldsymbol{\omega} = (\omega_y, \omega_b, \omega_x, \omega_e)^{\mathrm{T}}$ 为标准化的权重向量。基于环境生产技术 T_{CRS} 建立如下非径向方向距离函数模型:

$$\vec{D}(y_0, b_0, x_0, e_0; \boldsymbol{g}) = \max \ \omega_y \beta_y + \omega_b \beta_b + \omega_x \beta_x + \omega_e \beta_e$$

$$\text{s.t.} \ \sum_{i=1}^{I} z_i y_i \geqslant y_0 + \beta_y g_y,$$

$$\sum_{i=1}^{I} z_i b_i = b_0 - \beta_b g_b,$$

$$\sum_{i=1}^{I} z_i x_i \leqslant x_0 - \beta_x g_x,$$

$$\sum_{i=1}^{I} z_i e_i \leqslant e_0 - \beta_e g_e,$$

$$z_i \geqslant 0, i = 1, 2, \cdots, I \tag{3.11}$$

上述模型表示的是在给定方向下,最大限度地优化各投入与产出。方向向量可以反映不同的优化情形,比如,$\boldsymbol{g} = (g_y, 0, 0, -g_e)$ 表示非期望产出和非能源投入不变,增大期望产出同时减少能源投入;$\boldsymbol{g} = (g_y, -g_b, 0, -g_e)$ 表示非能源投入不变,增大期望产出同时减少非期望产出和能源投入。

设 β_e^* 为模型最优解,相应的能源效率绩效指数 EEPI_4 被定义为实际能源生产率与最优能源生产率的比值,即

$$\mathrm{EEPI}_4 = \frac{y_0/e_0}{(y_0 + \beta_y^* g_y)/(e_0 - \beta_e^* g_e)} \tag{3.12}$$

注意到,若将模型中的 β_y、β_b、β_x 和 β_e 全部更换为 β,则模型 (3.11) 变为径向方向距离函数模型。再进一步地,若设定方向向量为 $\boldsymbol{g} = (0, 0, 0, -e_0)$,则模型变为能源导向的径向方向距离函数模型,其与能源导向的谢泼德距离函数有如下关系:

$$D_e(\boldsymbol{x}_0, \boldsymbol{e}_0, \boldsymbol{y}_0, \boldsymbol{b}_0) = 1/(1 - \vec{D}_e(\boldsymbol{x}_0, \boldsymbol{e}_0, \boldsymbol{y}_0, \boldsymbol{b}_0; -\boldsymbol{e}_0)) \tag{3.13}$$

3.4 动态能源绩效测度

以上章节定义的能源效率绩效指数均反映了被评价单元在某一时期的静态能源绩效。若关注被评价单元能源绩效随时间的变动情况,则可依据 Malmquist 生

产率指数 (Caves et al., 1982) 或 Malmquist-Luenberger 生产率指数 (Chung et al., 1997) 的构造思想来构建动态能源绩效指数。动态能源绩效指数的构建需要计算 4 个能源导向的距离函数，具体又可分为能源导向的谢泼德距离函数及能源导向的方向距离函数。

3.4.1 基于谢泼德距离函数的动态能源绩效测度

为测度动态能源绩效，首先定义一个能源导向的谢泼德距离函数：

$$D_e(\boldsymbol{x}, \boldsymbol{e}, \boldsymbol{y}, \boldsymbol{b}) = \sup\{\theta : (\boldsymbol{x}, \boldsymbol{e}/\theta, \boldsymbol{y}, \boldsymbol{b}) \in T\} \tag{3.14}$$

基于 Malmquist 生产率指数的构建思想，动态能源绩效指数 (MEEPI) 可表示为

$$\mathrm{MEEPI}_t^s = \left[\frac{D_e^s(\boldsymbol{x}_0^t, \boldsymbol{e}_0^t, \boldsymbol{y}_0^t, \boldsymbol{b}_0^t)}{D_e^s(\boldsymbol{x}_0^s, \boldsymbol{e}_0^s, \boldsymbol{y}_0^s, \boldsymbol{b}_0^s)} \times \frac{D_e^t(\boldsymbol{x}_0^t, \boldsymbol{e}_0^t, \boldsymbol{y}_0^t, \boldsymbol{b}_0^t)}{D_e^t(\boldsymbol{x}_0^s, \boldsymbol{e}_0^s, \boldsymbol{y}_0^s, \boldsymbol{b}_0^s)} \right]^{1/2} \tag{3.15}$$

式中，$(\boldsymbol{x}_0^s, \boldsymbol{e}_0^s, \boldsymbol{y}_0^s, \boldsymbol{b}_0^s)$ 和 $(\boldsymbol{x}_0^t, \boldsymbol{e}_0^t, \boldsymbol{y}_0^t, \boldsymbol{b}_0^t)$ 分别为被评价单元 DMU_0 在 s 时期和 t 时期的观测值 $(s > t)$；D_e^s 和 D_e^t 分别表示以 s 时期和 t 时期生产技术计算的能源导向谢泼德距离函数值。由于参考不同时期生产技术时所计算的绩效变动值不同，为避免因选择时期不同而造成指数偏误，动态能源绩效指数被定义为两个时期能源绩效变动指数的几何平均值。MEEPI_t^s 为非负值，其值等于 1 意味着能源绩效没有发生变动，大于 1 意味着能源绩效提升，小于 1 意味着能源绩效降低。

基于 Malmquist 生产率指数分解思想，MEEPI_t^s 可进一步分解为效率变动 MEFFCH 和技术变动 MTECHCH 两部分，即

$$\mathrm{MEEPI}_t^s = \underbrace{\frac{D_e^t(\boldsymbol{x}_0^t, \boldsymbol{e}_0^t, \boldsymbol{y}_0^t, \boldsymbol{b}_0^t)}{D_e^s(\boldsymbol{x}_0^s, \boldsymbol{e}_0^s, \boldsymbol{y}_0^s, \boldsymbol{b}_0^s)}}_{\mathrm{MEFFCH}}$$

$$\times \underbrace{\left[\frac{D_e^s(\boldsymbol{x}_0^t, \boldsymbol{e}_0^t, \boldsymbol{y}_0^t, \boldsymbol{b}_0^t)}{D_e^t(\boldsymbol{x}_0^t, \boldsymbol{e}_0^t, \boldsymbol{y}_0^t, \boldsymbol{b}_0^t)} \times \frac{D_e^s(\boldsymbol{x}_0^s, \boldsymbol{e}_0^s, \boldsymbol{y}_0^s, \boldsymbol{b}_0^s)}{D_e^t(\boldsymbol{x}_0^s, \boldsymbol{e}_0^s, \boldsymbol{y}_0^s, \boldsymbol{b}_0^s)} \right]^{1/2}}_{\mathrm{MTECHCH}} \tag{3.16}$$

式中，效率变动 MEFFCH 反映了被评估单元相对于技术前沿的追赶效应。其恰等于 s 时期与 t 时期静态能源效率绩效指数 EEPI_1 的比值，即

$$\mathrm{MEFFCH} = \frac{D_e^t(\boldsymbol{x}_0^t, \boldsymbol{e}_0^t, \boldsymbol{y}_0^t, \boldsymbol{b}_0^t)}{D_e^s(\boldsymbol{x}_0^s, \boldsymbol{e}_0^s, \boldsymbol{y}_0^s, \boldsymbol{b}_0^s)} = \frac{\mathrm{EEPI}_1(\boldsymbol{x}_0^s, \boldsymbol{e}_0^s, \boldsymbol{y}_0^s, \boldsymbol{b}_0^s)}{\mathrm{EEPI}_1(\boldsymbol{x}_0^t, \boldsymbol{e}_0^t, \boldsymbol{y}_0^t, \boldsymbol{b}_0^t)} \tag{3.17}$$

MEFFCH 值大于 1 表明能源效率提高，其值小于 1 表明能源效率降低，等于 1 意味着能源效率未发生变化。

式 (3.16) 中，MTECHCH 衡量的是其他要素不变时能源需求集合边界的变动，即以能源投入来衡量的生产技术的变动。其值大于 1，表明生产技术进步，意味着在 t 时期生产同样的产出可以消耗更少的能源；反之，其值小于 1 表明生产技术退步；其值等于 1，表明生产技术未发生改变。

图 3.3 是对上述分解思想的图形说明。假设被评估单元在 t 时期和 s 时期分别位于 M 和 N 点，那么依据式 (3.16) 可得

效率变动 $\text{MEFFCH} = \dfrac{AM/AC}{DN/DE}$

技术变动 $\text{MTECHCH} = \left[\dfrac{AM/AB}{AM/AC} \times \dfrac{DN/DE}{DN/DF} \right]^{1/2}$

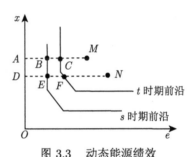

图 3.3   动态能源绩效

3.4.2   基于方向距离函数的动态能源绩效测度

能源导向谢泼德距离函数与能源导向方向距离函数之间具有如下关系：

$$D_e(\boldsymbol{x}, \boldsymbol{e}, \boldsymbol{y}, \boldsymbol{b}) = 1/(1 - \vec{D}_e(\boldsymbol{x}, \boldsymbol{e}, \boldsymbol{y}, \boldsymbol{b}; -\boldsymbol{e})) \tag{3.18}$$

那么，参考 Malmquist-Luenberger 生产率指数思想，可将式 (3.15) 中的能源导向谢泼德距离函数替换为能源导向方向距离函数，进而得到如下动态能源绩效指数 (MLEEPI)：

$$\text{MLEEPI}_t^s = \left[\frac{1 - \vec{D}_e^s(\boldsymbol{x}_0^s, \boldsymbol{e}_0^s, \boldsymbol{y}_0^s, \boldsymbol{b}_0^s; -\boldsymbol{e}_0^s)}{1 - \vec{D}_e^s(\boldsymbol{x}_0^t, \boldsymbol{e}_0^t, \boldsymbol{y}_0^t, \boldsymbol{b}_0^t; -\boldsymbol{e}_0^t)} \times \frac{1 - \vec{D}_e^t(\boldsymbol{x}_0^s, \boldsymbol{e}_0^s, \boldsymbol{y}_0^s, \boldsymbol{b}_0^s; -\boldsymbol{e}_0^s)}{1 - \vec{D}_e^t(\boldsymbol{x}_0^t, \boldsymbol{e}_0^t, \boldsymbol{y}_0^t, \boldsymbol{b}_0^t; -\boldsymbol{e}_0^t)} \right]^{1/2}$$

$$\tag{3.19}$$

式中，$(\boldsymbol{x}_0^s, \boldsymbol{e}_0^s, \boldsymbol{y}_0^s, \boldsymbol{b}_0^s)$ 和 $(\boldsymbol{x}_0^t, \boldsymbol{e}_0^t, \boldsymbol{y}_0^t, \boldsymbol{b}_0^t)$ 分别为 DMU_0 在 s 时期和 t 时期的投入产出组合 $(s > t)$。$\boldsymbol{g} = -\boldsymbol{e}_0^s$ 和 $\boldsymbol{g} = -\boldsymbol{e}_0^t$ 分别为 s 时期和 t 时期的方向向量。$\vec{D}_e^t$ 和 $\vec{D}_e^s$ 分别为参考 t 时期和 s 时期生产技术计算的能源导向方向距离函数。

同样，为避免因参考时期不同而造成指数结果出现偏差，式 (3.19) 采用了两个时期能源效率指数的几何平均值。$\text{MLEEPI}_t^s > 1$ 说明被评估单元的能源绩效获得了提升；其值小于 1 说明被评估单元的能源绩效发生了退步；而其值等于 1 说明能源绩效维持不变。

MLEEPI_t^s 可以进一步分解为效率变动 MLEFFCH 和技术变动 MLTECHCH 两部分，即

$$\text{MLEFFCH} = \frac{1 - \vec{D}_e^s(\boldsymbol{x}_0^s, \boldsymbol{e}_0^s, \boldsymbol{y}_0^s, \boldsymbol{b}_0^s; -\boldsymbol{e}_0^s)}{1 - \vec{D}_e^t(\boldsymbol{x}_0^t, \boldsymbol{e}_0^t, \boldsymbol{y}_0^t, \boldsymbol{b}_0^t; -\boldsymbol{e}_0^t)} \tag{3.20}$$

和

$$\text{MLTECHCH} = \left[\frac{1 - \vec{D}_e^t(\boldsymbol{x}_0^t, \boldsymbol{e}_0^t, \boldsymbol{y}_0^t, \boldsymbol{b}_0^t; -\boldsymbol{e}_0^t)}{1 - \vec{D}_e^s(\boldsymbol{x}_0^t, \boldsymbol{e}_0^t, \boldsymbol{y}_0^t, \boldsymbol{b}_0^t; -\boldsymbol{e}_0^t)} \times \frac{1 - \vec{D}_e^t(\boldsymbol{x}_0^s, \boldsymbol{e}_0^s, \boldsymbol{y}_0^s, \boldsymbol{b}_0^s; -\boldsymbol{e}_0^s)}{1 - \vec{D}_e^s(\boldsymbol{x}_0^s, \boldsymbol{e}_0^s, \boldsymbol{y}_0^s, \boldsymbol{b}_0^s; -\boldsymbol{e}_0^s)}\right]^{1/2}$$

$$\tag{3.21}$$

式中，MLEFFCH 等于 DMU_0 在 t 时期和 s 时期的静态能源效率之比，被称为效率变动部分，反映的是 DMU_0 对于能源利用前沿的追赶情况；MLTECHCH 称为技术变动部分，反映的是前沿面的变动情况。若 MLEFFCH > 1 (或 ML-TECHCH > 1)，则效率变动 (或技术变动) 对能源效率的提升起到了推动作用；MLEFFCH < 1 (或 MLTECHCH < 1) 说明效率变动 (或技术变动) 对能源效率的提升起到了阻碍作用；MLEFFCH = 1 (或 MLTECHCH = 1) 说明相对效率和技术均未发生变动。

3.5 案 例 应 用

3.5.1 OECD 国家能源绩效评估

利用 3.3 节提出的规模报酬不变模型，即式 (3.5)、式 (3.7) 和式 (3.10)，分析 21 个经济合作与发展组织 (OECD) 国家 1997~2001 年的静态能源效率绩效。遵循宏观经济效率分析实践，我们采用资本存量和劳动力作为非投入能源，采用 GDP 作为期望产出，采用 CO_2 排放量作为非期望产出。劳动力、GDP 和 CO_2 排放量数据分别来自 OECD 和国际能源署 (IEA)。资本存量数据通过 GDP 乘以"资本存量占实际 GDP 的百分比"计算。将煤、石油、天然气和其他能源四类能源消耗作为投入，单位为千万亿英热单位 (Btu)[①]。表 3-1 显示了上述八个变量在 1997~2001 年的统计摘要。

四种能源投入具有相同计量单位，因而 EEPI_3 是衡量和比较这些国家能源效率表现的推荐指标。表 3-2 给出了 EEPI_1 及 EEPI_3 的值，以做比较。EEPI_2 的结果与 EEPI_3 的结果具有较高相关性，故而未给出。

---

① 1 英热单位 (Btu) = 1055.06 焦耳 (J)。

表 3-1　　1997~2001 年 21 个 OECD 国家的投入产出变量汇总统计

变量	1997 年	1998 年	1999 年	2000 年	2001 年
非投入能源 1——资本存量（十亿美元，2000 年购买力平价值）	3095.4 (1090.4)	3169.0 (1123.3)	3257.5 (1163.1)	3351.7 (1201.6)	3452.8 (1243.4)
非投入能源 2——劳动力（千人）	19444.0 (6894.7)	19616.7 (6948.7)	19758.8 (7009.4)	20004.3 (7138.2)	20116.0 (7182.5)
投入能源 1——煤（千万亿 Btu）	1.77(1.01)	1.77(1.02)	1.77(1.02)	1.86(1.07)	1.84(1.04)
投入能源 2——石油（千万亿 Btu）	3.88(1.72)	3.93(1.74)	3.98(1.79)	3.98(1.81)	3.99(1.80)
投入能源 3——天然气（千万亿 Btu）	2.05(1.09)	2.05(1.07)	2.12(1.08)	2.18(1.12)	2.16(1.07)
投入能源 4——其他能源（千万亿 Btu）	1.75(0.68)	1.74(0.67)	1.78(0.70)	1.80(0.69)	1.78(0.66)
期望产出——国内生产总值（十亿美元，2000 年购买力平价值）	1054.4 (417.2)	1084.4 (432.3)	1119.7 (449.8)	1160.8 (466.1)	1176.0 (469.4)
非期望产出——CO_2 排放量（百万 t）	505.3(256.2)	508.4(257.0)	512.0(259.1)	522.5(266.6)	521.9(263.0)

注：括号内为标准误差的样本均值。

表 3-2　　1997~2001 年 21 个 OECD 国家的 $EEPI_1$ 和 $EEPI_3$

国家	$EEPI_1$					$EEPI_3$				
	1997 年	1998 年	1999 年	2000 年	2001 年	1997 年	1998 年	1999 年	2000 年	2001 年
澳大利亚	1.00	1.00	1.00	1.00	1.00	1.00	1.00	1.00	1.00	1.00
奥地利	1.00	1.00	1.00	1.00	1.00	0.82	0.84	0.89	0.88	0.83
比利时	0.92	0.94	0.83	0.82	0.88	0.71	0.70	0.66	0.65	0.66
加拿大	1.00	1.00	1.00	1.00	1.00	0.58	0.63	0.64	0.68	0.62
丹麦	1.00	1.00	1.00	1.00	1.00	0.88	0.91	0.92	0.93	0.92
芬兰	1.00	1.00	1.00	1.00	1.00	0.74	0.66	0.66	0.65	0.71
法国	1.00	1.00	1.00	1.00	1.00	1.00	1.00	1.00	1.00	1.00
德国	0.99	1.00	1.00	1.00	1.00	0.81	0.85	0.84	0.85	0.85
希腊	1.00	1.00	1.00	1.00	1.00	0.96	0.96	0.97	0.95	0.97
爱尔兰	1.00	1.00	1.00	1.00	1.00	1.00	1.00	1.00	1.00	1.00
意大利	1.00	1.00	1.00	1.00	1.00	1.00	1.00	1.00	1.00	1.00
日本	0.94	0.94	0.93	0.94	0.93	0.82	0.82	0.80	0.79	0.79
荷兰	0.98	0.98	0.88	0.92	0.89	0.64	0.66	0.66	0.66	0.66
新西兰	1.00	0.99	0.95	1.00	0.94	0.53	0.53	0.53	0.53	0.54
挪威	1.00	1.00	1.00	1.00	1.00	1.00	1.00	1.00	1.00	1.00
葡萄牙	1.00	1.00	1.00	1.00	1.00	1.00	1.00	1.00	0.99	1.00
西班牙	0.93	0.92	0.92	0.90	0.88	0.84	0.84	0.83	0.81	0.79
瑞典	1.00	1.00	1.00	1.00	1.00	1.00	1.00	1.00	1.00	1.00
瑞士	1.00	1.00	1.00	1.00	1.00	1.00	1.00	1.00	1.00	1.00
英国	1.00	1.00	1.00	1.00	1.00	0.80	0.82	0.82	0.83	0.84
美国	1.00	1.00	1.00	1.00	1.00	1.00	1.00	1.00	1.00	1.00
平均值	0.99	0.99	0.98	0.98	0.98	0.86	0.87	0.87	0.87	0.87

　　可以看出，$EEPI_1$ 和 $EEPI_3$ 的结果存在明显差异。基于 $EEPI_1$ 值，大约四分之三的国家被视为能源有效国家，但根据 $EEPI_3$ 值，有效国家比例不足一半。

EEPI$_3$ 识别出的所有能源有效国家也被 EEPI$_1$ 识别为有效,反之则不然。这说明 EEPI$_3$ 比 EEPI$_1$ 有更高的辨别能力,原因在于前者不仅考虑了技术效率,还考虑了燃料混合效应,而后者仅考虑了能量投入的径向调整。样本期内,一些国家的能源效率有所提高,而另一些国家的能源效率出现下降。总体而言,无论 EEPI$_1$ 还是 EEPI$_3$,它们都显示出这些国家的平均能源效率随时间变化不大。

图 3.4 是 2001 年 EEPI$_3$ 与总能源强度 (即能源/GDP) 的散点图。总能源强度的反比通常用于衡量经济整体的能源效率。可以发现,如果忽略 EEPI$_3$ 为 1 的国家,两个指标之间存在负相关关系。这表明总能源强度可以部分反映基于 DEA 的能源效率评价结果。

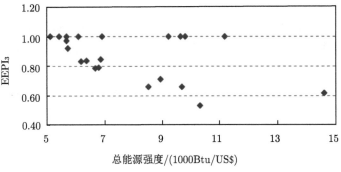

图 3.4　2001 年 EEPI$_3$ 与总能源强度散点图

虽然图 3.4 所示的两个指标之间的负相关关系大致合理,但具体结果存在显著差异。一般来说,若以总能源强度作为衡量能源效率的指标,那么日本表现良好,而美国表现糟糕。然而,DEA 模型评价结果却截然相反。忽略数据上的偏差,这种矛盾主要是由于能源效率评价指标存在较大差异。总能源强度将能源和 GDP 作为唯一的投入和产出,而 DEA 模型是在多投入多产出的生产框架下评估能源效率的。由于资本存量、劳动力和能源投入之间存在替代效应,较低的总能源强度可能来自生产国内生产总值的能源投入向非能源投入的转变,而不是来自能源效率的提高 (Berndt, 1978; Hu and Wang, 2006)。这一替代效应不能反映在总能源强度上,但可以在多投入 DEA 模型中有所体现。因而,总能源强度与基于 DEA 的能源效率指数之间可能会出现矛盾。

图 3.5 显示了 1997~2001 年以 EEPI$_3$ 计算的 "能源效率低下" 国家的潜在节能总量 (TPES)。可以发现,在不改变非能源投入、二氧化碳排放及 GDP 的情况下,加拿大节能潜力最大,其次是日本。总体而言,这些国家有潜力在 5 年内减少约 8.6 万亿 Btu 的能源消耗,占 21 个 OECD 国家能源消耗总量的 8.5%。

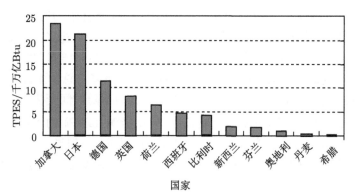

图 3.5　1997~2001 年 "能源效率低下" 国家的潜在节能总量

根据每个国家的潜在节能总量，我们可以进一步得出 OECD 国家作为一个整体的年度节能潜力。用 1 减去节能总量与总能耗的比值，进而得出 OECD 国家总能源效率绩效指数 (EEPI)。1997~2001 年的计算结果如图 3.6 所示。可以看出，作为一个整体，21 个 OECD 国家整体能源效率绩效变化不大，而且这一趋势与表 3-2 中 $EEPI_3$ 的平均值相似。

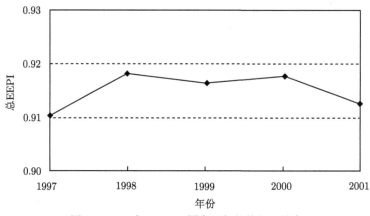

图 3.6　21 个 OECD 国家历年整体能源效率

3.5.2　中国工业行业静动态能源绩效评估

本节应用模型 (3.5) 和模型 (3.16) 评估 1997~2008 年中国各省份工业部门的静动态能源绩效。构建模型的投入变量为资本存量 (K)、劳动力 (L)、能源 (E)，产出变量为工业增加值 (Y) 和 CO_2 排放量 (C)。表 3-3 描述了数据来源和整理过程，表 3-4 提供了投入和产出变量的描述统计。

表 3-3　数据来源与数据整理

变量	数据来源	数据整理
资本存量 (K)	《中国统计年鉴》(1998—2009 年) 及《中国固定资产投资统计年鉴》(1998—2009 年)	使用永续盘存法计算工业资本存量；公式是 $K_t = K_{t-1}(1-\delta)+I_t$。其中，$K_t$ 和 K_{t-1} 分别为第 t 年和 $t-1$ 年的工业资本存量，I_t 为第 t 年工业固定资产形成额，由于数据难以获得，改用工业固定资产投资额代替。参考 Zhang 等 (2004) 的研究，资本存量折旧率 δ 设定为 10%。最后，资本存量数据依据工业固定资产投资的价格指数被转换成 1997 年不变价格值
劳动力 (L)	《中国统计年鉴》(1998—2009 年)	按规模以上工业企业年平均从业人数计算
能源消耗 (E)	《中国能源统计年鉴》(1997—1999 年，2000—2002 年，2004—2009 年)	包括原煤、洗精煤、其他洗煤、型煤、焦炭、焦炉煤气、其他煤气、原油、汽油、煤油、柴油、燃料油、液化石油气、炼厂干气、天然气、其他石油产品、热力、电力和其他能源的消耗。所有这些能源根据相应的折算系数换算成标准煤当量
工业增加值 (Y)	《中国统计年鉴》(1998—2009 年)《新中国六十年统计资料汇编》	采用规模以上工业企业的工业增加值指标衡量，并通过工业品出厂价格指数将其折算成 1997 年不变价格值
CO_2 排放 (C)	《中国能源统计年鉴》(1997—1999 年，2000—2002 年，2004—2009 年)	根据《2006 年 IPCC 国家温室气体清单指南》，终端能耗的二氧化碳排放量通过下式计算：$$CO_2 = \sum_{i=1}^{n}(\alpha_i - \beta_i)\,E_i \times \eta_i \times \frac{44}{12}$$式中，E 为表观能耗；α 为碳排放系数；β 为碳储存系数；η 为碳氧化系数

表 3-4　投入和产出变量描述统计

变量	单位	最小值	最大值	平均值	标准差
K	亿元	522.51	26401.73	4441.27	4007.92
L	万人	12.37	1493.38	231.17	220.61
E	万 t 标准煤	304.35	14724.48	3594.51	2666.39
Y	亿元	43.51	17832.61	1846.53	2481.20
C	万 t	921.91	63512.00	14305.05	10996.54

1. 静态能源绩效

表 3-5 给出了由模型 (3.5) 计算得到的各省工业静态能源效率绩效。可以看出，样本期内静态能源效率平均得分为 0.816。这意味着，从整体上看消除各省能源无效可以将工业能耗降低 18.4%。不同地区的工业静态能源效率不尽相同。就东部地区而言，上海、广东得分最高，为 1.000 分，辽宁得分最低，为 0.704 分；中部地区的指数分值为 0.666~0.910；西部地区，内蒙古得分最高，而青海和广西得分最低。

表 3-5　1997~2008 年各省份工业静态能源效率

省份	1997年	1998年	1999年	2000年	2001年	2002年	2003年	2004年	2005年	2006年	2007年	2008年	平均值
(E) 北京	0.702	0.642	0.667	1.000	0.641	0.630	0.808	1.000	1.000	1.000	1.000	0.855	0.829
(E) 天津	0.918	0.903	0.954	0.854	0.866	0.913	0.933	0.923	1.000	1.000	1.000	1.000	0.939
(E) 河北	0.908	0.815	0.848	0.995	0.785	0.787	0.918	0.840	0.745	0.689	0.605	0.641	0.798
(E) 辽宁	0.753	0.724	0.731	0.614	0.670	0.721	0.655	0.847	0.746	0.727	0.622	0.638	0.704
(E) 上海	1.000	1.000	1.000	1.000	1.000	1.000	1.000	1.000	1.000	1.000	1.000	1.000	1.000
(E) 江苏	0.997	0.939	0.971	0.891	1.000	0.986	0.961	0.920	0.930	0.957	0.895	0.869	0.943
(E) 浙江	0.993	0.981	0.992	0.880	0.964	0.962	0.985	0.957	0.922	1.000	1.000	1.000	0.970
(E) 福建	1.000	0.823	0.855	0.966	0.841	0.868	0.902	0.967	0.689	0.736	0.828	0.842	0.860
(E) 山东	0.966	0.851	0.866	1.000	0.772	0.888	0.989	0.992	0.910	0.932	0.916	0.899	0.915
(E) 广东	1.000	1.000	1.000	1.000	1.000	1.000	1.000	1.000	1.000	1.000	1.000	1.000	1.000
(C) 山西	1.000	1.000	0.838	0.792	0.776	0.784	1.000	1.000	1.000	1.000	1.000	0.724	0.910
(C) 吉林	0.866	0.895	1.000	0.835	0.991	1.000	1.000	0.921	0.888	0.804	0.704	0.780	0.890
(C) 黑龙江	1.000	0.975	0.930	0.657	1.000	0.885	0.922	0.923	1.000	0.911	0.771	0.862	0.903
(C) 安徽	1.000	0.720	0.718	0.496	0.714	0.592	0.924	0.900	0.847	0.793	0.752	0.845	0.775
(C) 江西	1.000	0.750	0.762	0.983	0.788	0.749	0.940	0.841	0.777	0.737	0.620	0.610	0.796
(C) 河南	0.898	0.837	0.801	0.986	0.823	0.813	0.913	0.777	0.762	0.725	0.743	0.703	0.815
(C) 湖北	0.772	0.719	0.687	0.534	0.680	0.688	0.774	0.768	0.640	0.692	0.642	0.601	0.683
(C) 湖南	0.740	0.661	0.688	1.000	0.559	0.605	0.735	0.647	0.594	0.623	0.591	0.552	0.666
(W) 内蒙古	1.000	1.000	1.000	1.000	1.000	1.000	1.000	1.000	1.000	1.000	1.000	1.000	1.000
(W) 广西	0.639	0.691	0.575	0.612	0.516	0.511	0.556	0.628	0.585	0.586	0.536	0.521	0.580
(W) 重庆	0.683	0.570	0.557	0.388	0.589	0.540	0.725	0.793	0.581	0.973	0.602	0.542	0.629
(W) 四川	0.708	0.666	0.640	0.680	0.637	0.667	0.759	0.732	0.695	0.656	0.667	0.643	0.679
(W) 贵州	0.752	0.751	0.701	0.611	0.684	0.662	0.920	0.770	0.816	1.000	1.000	0.862	0.794
(W) 云南	1.000	1.000	1.000	1.000	1.000	1.000	1.000	0.619	0.673	0.713	0.615	0.602	0.852
(W) 陕西	0.811	0.722	0.823	0.808	0.677	0.769	0.956	0.873	0.712	0.790	0.797	0.806	0.795
(W) 甘肃	0.703	0.651	0.636	0.568	0.701	0.773	0.980	0.800	0.699	0.670	0.618	0.637	0.703
(W) 青海	0.667	0.627	0.533	0.501	0.696	0.641	0.731	0.586	0.564	0.512	0.460	0.423	0.578
(W) 新疆	1.000	1.000	0.846	1.000	1.000	0.718	0.745	0.913	0.763	0.731	0.653	0.654	0.835
平均值	0.874	0.818	0.808	0.809	0.799	0.791	0.883	0.855	0.805	0.820	0.773	0.754	0.816

注：括号内 E、C 和 W 分别代表东部、中部和西部，反映各省份所在的区域；海南、宁夏、西藏、香港、澳门和台湾因数据不可得或统计口径不一致等原因而未纳入样本集。

广东和上海工业行业的静态能源效率最高，这一点与之前一些不考虑非期望产出的研究如 Shi 等 (2010) 得出的结论一致。然而，其他一些省份，如内蒙古和山西，不考虑非期望产出所得结果与考虑非期望产出所得结果出现较大差异。不考虑非期望产出时，内蒙古和山西表现出较低的能源效率，而在考虑非期望产出时它们表现出较高的能源效率。这可能是因为生产框架中包含 CO_2 排放，从而使这两个省更接近生产前沿。

图 3.7 描绘了样本期内东、中、西三个区域的静态能源效率。可以发现，东部地区能源效率较为稳定，而中部和西部地区的能源效率呈现较明显的波动，且多年间呈下降趋势，与东部地区差距逐渐加大。总体来讲，东部地区的工业静态

能源效率表现最好，中部地区次之，西部地区最差。这三个地区的能源效率排名和中国经济发展状况一致。可能原因是，东部地区较为发达，能够促进新技术更有效地传播，而西部地区吸收新技术的能力相对较弱，对外开放程度较低，抑制了工业能源效率的提升。

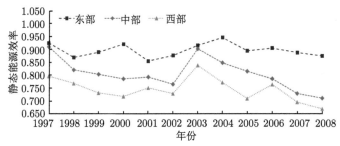

图 3.7　样本期内不同地区静态能源效率

2. 动态能源绩效

表 3-6 显示了应用模型 (3.16) 所得的各省工业动态能源绩效指数。由于前一年的生产边界可能无法包含第二年的所有观测值，因此一些混合时期的线性规划模型会出现不可行解。为解决这个问题，我们采用 Färe 等 (2007) 的方法，用三年期的窗口 DEA 模型建立环境生产技术，即 t 期的环境生产技术是由 t、$t-1$ 及 $t-2$ 三个时期的观测值构建的。对于一些采用窗口 DEA 方法依然不可行的规划模型，我们根据 Zhou 等 (2010) 的研究，将这些不可行规划模型的目标值设为 1。表 3-6 给出了 1997~2008 年各省份动态能源绩效指数。

表 3-6　各省份工业动态能源绩效指数

省份	1997~1998 年	1998~1999 年	1999~2000 年	2000~2001 年	2001~2002 年	2002~2003 年	2003~2004 年	2004~2005 年	2005~2006 年	2006~2007 年	2007~2008 年	平均值
(E) 北京	1.085	1.064	1.892	1.163	1.468	1.668	1.401	1.234	1.169	1.139	0.839	1.254
(E) 天津	1.043	1.098	1.497	1.019	1.119	1.202	0.986	1.103	1.000	1.000	1.000	1.089
(E) 河北	0.993	1.042	1.590	0.602	1.049	1.107	0.789	0.940	0.955	1.014	1.051	0.987
(E) 辽宁	1.022	1.038	1.423	0.831	1.114	0.872	1.133	0.912	0.995	0.969	1.025	1.020
(E) 上海	1.070	1.000	1.192	1.052	1.050	1.075	1.000	1.000	1.000	1.022	0.994	1.040
(E) 江苏	1.002	1.076	1.625	1.122	1.059	1.081	0.927	1.040	1.027	0.968	0.984	1.071
(E) 浙江	1.046	1.052	1.413	1.059	1.096	1.120	0.953	0.985	1.084	1.063	1.034	1.077
(E) 福建	1.030	1.150	1.713	0.949	1.169	1.084	1.093	0.746	1.074	1.135	1.022	1.086
(E) 山东	0.941	1.059	1.433	0.717	1.197	1.104	0.922	0.951	1.030	1.045	0.983	1.021
(E) 广东	1.029	1.023	1.000	1.000	1.042	1.002	1.000	1.000	1.000	1.011	1.020	1.011
(C) 山西	0.958	1.010	1.428	0.742	1.023	1.144	0.761	1.002	0.977	1.053	0.847	0.980
(C) 吉林	1.099	1.155	1.204	0.914	1.055	1.028	0.796	1.013	0.930	0.989	1.105	1.020
(C) 黑龙江	1.073	0.971	1.300	1.208	0.926	1.041	0.842	1.120	0.931	0.971	1.111	1.037
(C) 安徽	0.842	1.015	1.236	1.096	0.857	1.504	0.834	0.975	0.954	1.060	1.129	1.030
(C) 江西	0.870	1.029	1.748	0.613	0.971	1.160	0.729	0.957	0.968	0.951	0.983	0.966

续表

省份	1997~1998年	1998~1999年	1999~2000年	2000~2001年	2001~2002年	2002~2003年	2003~2004年	2004~2005年	2005~2006年	2006~2007年	2007~2008年	平均值
(C) 河南	0.967	0.995	2.155	0.655	1.003	1.073	0.710	1.011	0.970	1.134	0.946	1.008
(C) 湖北	0.997	0.984	1.392	1.024	1.041	1.109	0.866	0.861	1.098	1.037	0.938	1.023
(C) 湖南	0.948	1.077	1.902	0.451	1.082	1.168	0.758	0.945	1.068	1.061	0.931	0.984
(W) 内蒙古	1.000	1.000	1.336	0.768	1.033	1.275	1.101	1.000	1.000	1.077	1.000	1.044
(W) 广西	1.145	0.860	1.804	0.655	1.016	1.011	0.920	0.964	1.026	1.043	0.970	1.009
(W) 重庆	0.885	0.986	1.492	1.155	0.931	1.356	0.970	0.753	1.700	0.675	0.901	1.033
(W) 四川	0.981	0.998	1.845	0.762	1.062	1.096	0.828	0.983	0.948	1.071	0.963	1.022
(W) 贵州	1.190	0.940	1.485	0.850	0.972	1.296	0.705	1.114	1.141	1.058	0.916	1.040
(W) 云南	1.017	1.000	1.419	1.000	1.394	1.423	0.682	1.354	1.276	0.986	0.973	1.113
(W) 陕西	0.932	1.183	1.731	0.672	1.118	1.217	0.770	0.845	1.122	1.100	1.007	1.032
(W) 甘肃	0.970	1.014	1.564	0.954	1.108	1.172	0.664	0.902	0.986	1.068	1.022	1.019
(W) 青海	0.992	0.873	1.764	1.059	0.972	1.093	0.685	0.998	0.929	1.016	0.918	1.002
(W) 新疆	1.089	0.832	1.619	1.000	0.620	1.007	1.070	0.903	0.992	1.035	0.993	0.991
平均值	1.008	1.019	1.543	0.896	1.055	1.160	0.889	0.986	1.048	1.027	0.986	1.045

注：括号内 E、C 和 W 分别代表东部、中部和西部，反映各省份所在的区域；海南、宁夏、西藏、香港、澳门和台湾因数据不可得或统计口径不一致等原因未纳入样本集。

可以看出，样本内 28 个省份的历年平均动态能源绩效指数为 1.045，这意味着自 1997 年以来，工业能源效率每年提高 4.5%。省级平均动态能源绩效 (由同省份历年动态能源绩效的几何平均值计算得到) 显示，除了河北、山西、江西、湖南和新疆，其他省份的工业能源绩效都有所提高。其中，东部地区的北京和西部地区的云南年平均增长率最高，超过了 10%。

图 3.8 描绘了不同地区在样本期内的动态能源绩效，由位于同一区域的各省份动态能源绩效的算数平均值计算得到。可以看出，三个地区逐渐向同一水平靠拢，并且中部地区和西部地区有相同变动趋势。

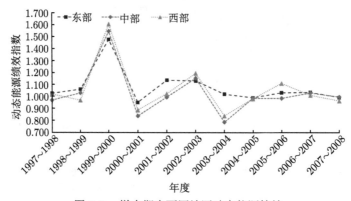

图 3.8　样本期内不同地区动态能源绩效

为确定工业能源绩效改变的驱动因素并量化其影响，我们将动态能源绩效分解为效率变动 (EFFCH) 和技术变动 (TECHCH) 两部分，以反映能源效率的追赶效应以及生产前沿的移动效应。

表 3-7 展示了各省份效率变动情况。其中，上海、广东和内蒙古一直处于生产前沿上。剩余 25 个省区中，有 21 个省份的平均得分小于 1.000，表明这些省份离最佳生产前沿越来越远。

表 3-7　各省份效率变动部分

省份	1997~1998 年	1998~1999 年	1999~2000 年	2000~2001 年	2001~2002 年	2002~2003 年	2003~2004 年	2004~2005 年	2005~2006 年	2006~2007 年	2007~2008 年	平均值
(E) 北京	0.916	1.038	1.499	0.641	0.983	1.283	1.238	1.000	1.000	1.000	0.855	1.018
(E) 天津	0.983	1.056	0.895	1.015	1.054	1.022	0.989	1.084	1.000	1.000	1.000	1.008
(E) 河北	0.897	1.041	1.173	0.789	1.002	1.166	0.915	0.888	0.925	0.878	1.059	0.969
(E) 辽宁	0.961	1.011	0.840	1.091	1.075	0.909	1.293	0.881	0.974	0.856	1.025	0.985
(E) 上海	1.000	1.000	1.000	1.000	1.000	1.000	1.000	1.000	1.000	1.000	1.000	1.000
(E) 江苏	0.942	1.034	0.917	1.122	0.986	0.975	0.958	1.010	1.029	0.935	0.971	0.988
(E) 浙江	0.987	1.011	0.887	1.096	0.998	1.024	0.971	0.964	1.085	1.000	1.000	1.001
(E) 福建	0.823	1.039	1.130	0.870	1.031	1.039	1.072	0.713	1.067	1.125	1.017	0.984
(E) 山东	0.880	1.017	1.155	0.772	1.151	1.113	1.003	0.917	1.024	0.983	0.982	0.993
(E) 广东	1.000	1.000	1.000	1.000	1.000	1.000	1.000	1.000	1.000	1.000	1.000	1.000
(C) 山西	1.000	0.838	0.945	0.979	1.010	1.276	1.000	1.000	1.000	1.000	0.724	0.971
(C) 吉林	1.033	1.118	0.830	1.188	1.009	1.000	0.920	0.965	0.900	0.876	1.109	0.990
(C) 黑龙江	0.975	0.953	0.707	1.522	0.885	1.042	1.001	1.084	0.911	0.846	1.119	0.987
(C) 安徽	0.720	0.998	0.690	1.441	0.829	1.561	0.973	0.942	0.936	0.948	1.124	0.985
(C) 江西	0.750	1.016	1.291	0.801	0.950	1.255	0.895	0.924	0.948	0.841	0.984	0.956
(C) 河南	0.932	0.958	1.230	0.835	0.987	1.123	0.851	0.980	0.952	1.025	0.946	0.978
(C) 湖北	0.932	0.955	0.778	1.274	1.012	1.124	0.993	0.833	1.080	0.929	0.936	0.978
(C) 湖南	0.894	1.041	1.454	0.559	1.081	1.216	0.881	0.918	1.049	0.948	0.934	0.974
(W) 内蒙古	1.000	1.000	1.000	1.000	1.000	1.000	1.000	1.000	1.000	1.000	1.000	1.000
(W) 广西	1.082	0.831	1.065	0.844	0.990	1.089	1.128	0.932	1.002	0.915	0.972	0.982
(W) 重庆	0.834	0.977	0.696	1.520	0.917	1.342	1.094	0.732	1.676	0.619	0.899	0.979
(W) 四川	0.941	0.961	1.063	0.936	1.048	1.137	0.965	0.950	0.943	1.017	0.965	0.991
(W) 贵州	0.998	0.934	0.872	1.119	0.967	1.390	0.837	1.060	1.226	1.000	0.862	1.012
(W) 云南	1.000	1.000	1.000	1.000	1.000	1.000	0.618	1.088	1.059	0.864	0.978	0.955
(W) 陕西	0.891	1.139	0.983	0.837	1.137	1.242	0.914	0.815	1.109	1.008	1.011	0.999
(W) 甘肃	0.926	0.977	0.893	1.236	1.102	1.268	0.816	0.873	0.959	0.922	1.031	0.991
(W) 青海	0.940	0.850	0.940	1.389	0.921	1.141	0.801	0.963	0.908	0.899	0.920	0.960
(W) 新疆	1.000	0.846	1.183	1.000	0.718	1.037	1.226	0.836	0.958	0.893	1.002	0.962
平均值	0.937	0.987	1.004	1.031	0.994	1.135	0.977	0.941	1.026	0.940	0.979	0.994

注：括号内 E、C 和 W 分别代表东部、中部和西部，反映各省份所在的区域；海南、宁夏、西藏、香港、澳门和台湾因数据不可得或统计口径不一致等原因而未纳入样本集。

图 3.9 展示了三大区域在样本期内的效率变动值。其中，最小值为 0.905，最大值为 1.200，大部分小于 1.000，表明能源效率的追赶效应并不明显。据此，我

们可以推测效率变化不是中国区域工业能源绩效提高的主要贡献者。

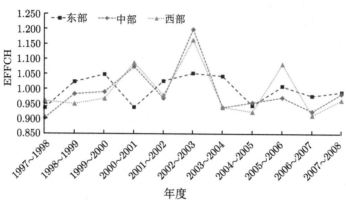

图 3.9   样本期内不同地区效率变动

表 3-8 呈现了各省份技术变动结果。在 308 个计算结果中，只有 83 个值小于 1.000，体现了技术退步。从平均值上来看，28 个省份在样本期内都出现了技术进步，值得一提的是，北京、福建和云南的年增长率超过 10%。各时段中，只有两个时期，即 2000~2001 年和 2003~2004 年出现了技术倒退。

表 3-8   各省份技术变动部分

省份	1997~ 1998 年	1998~ 1999 年	1999~ 2000 年	2000~ 2001 年	2001~ 2002 年	2002~ 2003 年	2003~ 2004 年	2004~ 2005 年	2005~ 2006 年	2006~ 2007 年	2007~ 2008 年	平均值
(E) 北京	1.185	1.024	1.262	1.814	1.494	1.300	1.132	1.234	1.169	1.139	0.981	1.231
(E) 天津	1.061	1.040	1.673	1.005	1.062	1.176	0.997	1.018	1.000	1.000	1.000	1.081
(E) 河北	1.107	1.000	1.355	0.763	1.047	0.949	0.862	1.059	1.033	1.156	0.992	1.019
(E) 辽宁	1.064	1.026	1.693	0.762	1.036	0.960	0.876	1.035	1.021	1.131	1.000	1.035
(E) 上海	1.070	1.000	1.192	1.052	1.050	1.075	1.000	1.000	1.000	1.022	0.994	1.040
(E) 江苏	1.064	1.040	1.771	1.000	1.075	1.109	0.968	1.029	0.998	1.035	1.014	1.084
(E) 浙江	1.060	1.040	1.594	0.966	1.097	1.094	0.982	1.022	0.999	1.063	1.034	1.076
(E) 福建	1.252	1.107	1.515	1.090	1.134	1.043	1.019	1.047	1.007	1.009	1.005	1.103
(E) 山东	1.068	1.041	1.240	0.929	1.040	0.992	0.919	1.037	1.005	1.064	1.001	1.028
(E) 广东	1.029	1.023	1.000	1.000	1.042	1.002	1.000	1.000	1.000	1.011	1.020	1.011
(C) 山西	0.958	1.205	1.511	0.758	1.013	0.896	0.761	1.002	0.977	1.053	1.169	1.009
(C) 吉林	1.063	1.033	1.443	0.770	1.046	1.028	0.864	1.050	1.028	1.129	0.996	1.029
(C) 黑龙江	1.100	1.018	1.839	0.794	1.046	0.999	0.841	1.033	1.023	1.147	0.993	1.051
(C) 安徽	1.169	1.017	1.792	0.761	1.034	0.963	0.857	1.035	1.019	1.118	1.004	1.046
(C) 江西	1.160	1.013	1.354	0.765	1.022	0.925	0.815	1.036	1.020	1.130	0.999	1.010
(C) 河南	1.038	1.039	1.752	0.783	1.016	0.955	0.834	1.032	1.019	1.106	0.999	1.030
(C) 湖北	1.070	1.031	1.790	0.804	1.029	0.986	0.873	1.034	1.017	1.117	1.003	1.047
(C) 湖南	1.060	1.035	1.309	0.806	1.001	0.961	0.860	1.029	1.019	1.118	0.997	1.010
(W) 内蒙古	1.000	1.000	1.336	0.768	1.033	1.275	1.101	1.000	1.000	1.077	1.000	1.044
(W) 广西	1.058	1.035	1.694	0.776	1.026	0.929	0.815	1.035	1.024	1.140	0.998	1.028

续表

省份	1997~1998年	1998~1999年	1999~2000年	2000~2001年	2001~2002年	2002~2003年	2003~2004年	2004~2005年	2005~2006年	2006~2007年	2007~2008年	平均值
(W) 重庆	1.061	1.010	2.143	0.760	1.016	1.011	0.886	1.028	1.015	1.091	1.002	1.056
(W) 四川	1.043	1.038	1.736	0.814	1.013	0.964	0.858	1.035	1.005	1.053	0.998	1.031
(W) 贵州	1.192	1.007	1.703	0.759	1.005	0.932	0.842	1.051	0.931	1.058	1.062	1.027
(W) 云南	1.017	1.000	1.419	1.000	1.394	1.423	1.103	1.245	1.205	1.142	0.995	1.165
(W) 陕西	1.046	1.039	1.761	0.803	0.983	0.980	0.843	1.036	1.012	1.091	0.996	1.033
(W) 甘肃	1.048	1.037	1.752	0.772	1.006	0.924	0.814	1.033	1.028	1.159	0.992	1.028
(W) 青海	1.056	1.028	1.876	0.762	1.055	0.958	0.856	1.036	1.023	1.131	0.998	1.044
(W) 新疆	1.089	0.984	1.369	1.000	0.863	0.972	0.873	1.081	1.035	1.159	0.991	1.030
平均值	1.078	1.033	1.567	0.887	1.060	1.028	0.909	1.047	1.023	1.095	1.008	1.056

注：括号内 E、C 和 W 分别代表东部、中部和西部，反映各省份所在的区域；海南、宁夏、西藏、香港、澳门和台湾因数据不可得或统计口径不一致等原因而未纳入样本集。

图 3.10 显示了三大区域历年技术变动值。可以发现，近年来中西部地区技术变动对能源绩效的推动作用逐渐赶超东部地区。33 个 TECHCH 数值的平均值为 1.065，且只有 6 个值小于 1.000。据此可以得出，中国区域工业能源绩效的提升在很大程度上归功于技术进步。

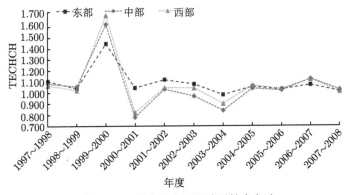

图 3.10 样本期内不同地区技术变动

3.6 本章小结

能源绩效评估是分析能源利用状况、制定节能减排目标的必要举措。本书作者基于环境生产技术发展了一系列静动态全要素能源绩效测度模型，相关研究成果已发表在 *European Journal of Operational Research*、*Energy Economics* 和 *Energy Policy* 等期刊，并受到学者的广泛关注。本章对这些研究工作做了系统梳理。

首先，从三种不同视角对静态全要素能源效率绩效模型进行了梳理。其中，技术效率视角下的模型对所有投入进行缩减，同时考虑了能源松弛；能源投入最小化视角下的模型仅对能源投入缩减，具体分为能源投入以相同比例缩减和不同比例缩减两种情况；投入产出协同优化视角下的模型允许投入和产出同时变动，利用了非径向方向距离函数。三种视角下的模型虽有不同，但能源效率绩效指数的定义是一致的，本质上都是实际能源生产率与最优能源生产率之比，或最优能源强度与实际能源强度之比。

其次，参考 Malmquist 生产率指数与 Malmquist-Luenberger 生产率指数思想，构建了两种基于不同类型距离函数的动态能源绩效测度模型，并对其进行了分解，以分析能源绩效随时间的变动情况及相应的驱动因素。

最后，利用 OECD 国家数据比较了不同静态能源绩效测度模型的评估结果，利用中国各省区工业数据展示了动态能源绩效测度结果，这些案例截取于 Zhou 和 Ang (2008) 及 Wu 等 (2012)。

本章所有的能源绩效测度模型采用的均是期望产出和非期望产出之间满足弱可处置的环境生产技术，但其构建思想也适用于采用其他环境生产技术时的能源绩效测度。在建模时，仅需对模型相关约束进行修改即可。

参 考 文 献

Bampatsou C, Papadopoulos S, Zervas E. 2013. Technical efficiency of economic systems of EU-15 countries based on energy consumption. Energy Policy, 55: 426-434.

Berndt E R. 1978. Aggregate energy, efficiency, and productivity measurement. Annual Review of Energy, 3: 225-273.

Bi G B, Song W, Zhou P, et al. 2014. Does environmental regulation affect energy efficiency in China's thermal power generation? Empirical evidence from a slacks-based DEA model. Energy Policy, 66: 537-546.

Bian Y, He P, Xu H. 2013. Estimation of potential energy saving and carbon dioxide emission reduction in China based on an extended non-radial DEA approach. Energy Policy, 63: 962-971.

Blomberg J, Henriksson E, Lundmark R. 2012. Energy efficiency and policy in Swedish pulp and paper mills: A data envelopment analysis approach. Energy Policy, 42: 569-579.

Boyd G A, Pang J X. 2000. Estimating the linkage between energy efficiency and productivity. Energy Policy, 28(5): 289-296.

Caves D W, Christensen L R, Diewert W E. 1982. Multilateral comparisons of output, input and productivity using superlative index numbers. Economic Journal, 92: 73-86.

Chang T P, Hu J L. 2010. Total-factor energy productivity growth, technical progress, and efficiency change: An empirical study of China. Applied Energy, 87(10): 3262-3270.

Chung Y H, Färe R, Grosskopf S. 1997. Productivity and undesirable outputs: A directional distance function approach. Journal of Environmental Management, 51(3): 229-240.

Duan N, Guo J P, Xie B C. 2016. Is there a difference between the energy and CO_2 emission performance for China's thermal power industry? A bootstrapped directional distance function approach. Applied Energy, 162: 1552-1563.

Energy Information Administration (EIA). 2005. International Energy Annual 2005. Washington, DC: US Department of Energy.

Färe R, Grosskopf S, Lovell C A K, et al. 1989. Multilateral productivity comparisons when some outputs are undesirable: A nonparametric approach. Review of Economics and Statistics, 71(1): 90-98.

Färe R, Grosskopf S, Pasurka Jr C A. 2007. Pollution abatement activities and traditional productivity. Ecological Economics, 62: 673-682.

Hampf B, Rødseth K L. 2015. Carbon dioxide emission standards for U.S. power plants: An efficiency analysis perspective. Energy Economics, 50: 140-153.

Hang Y, Sun J, Wang Q, et al. 2015. Measuring energy inefficiency with undesirable outputs and technology heterogeneity in Chinese cities. Economic Modelling, 49: 46-52.

Honma S, Hu J L. 2008. Total-factor energy efficiency of regions in Japan. Energy Policy, 36(2): 821-833.

Hu J L, Kao C H. 2007. Efficient energy-saving targets for APEC economies. Energy Policy, 35(1): 373-382.

Hu J L, Wang S C. 2006. Total-factor energy efficiency of regions in China. Energy Policy, 34(17): 3206-3217.

Li K, Lin B. 2015. Metafroniter energy efficiency with CO_2 emissions and its convergence analysis for China. Energy Economics, 48: 230-241.

Mukherjee K. 2008a. Energy use efficiency in the Indian manufacturing sector: An interstate analysis. Energy Policy, 36(2): 662-672.

Mukherjee K. 2008b. Energy use efficiency in U.S. manufacturing: A nonparametric analysis. Energy Economics, 30(1): 76-96.

Mukherjee K. 2010. Measuring energy efficiency in the context of an emerging economy: The case of Indian manufacturing. European Journal of Operational Research, 201(3): 933-941.

Murty S, Russell R R, Levkoff S B. 2012. On modeling pollution-generating technologies. Journal of Environmental Economics and Management, 64(1): 117-135.

Patterson M G. 1996. What is energy efficiency?: Concepts, indicators and methodological issues. Energy Policy, 24(5): 377-390.

Pittman R W. 1983. Multilateral productivity comparisons with undesirable outputs. Economic Journal, 93(372): 883-891.

Ramanathan R. 2000. A holistic approach to compare energy efficiencies of different transport modes. Energy Policy, 28(11): 743-747.

Shi G M, Bi J, Wang J N. 2010. Chinese regional industrial energy efficiency evaluation based on a DEA model of fixing non-energy inputs. Energy Policy, 38(10): 6172-6179.

Wang H, Zhou P, Zhou D Q. 2013a. Scenario-based energy efficiency and productivity in China: A non-radial directional distance function analysis. Energy Economics, 40: 795-803.

Wang K, Wei Y M. 2014. China's regional industrial energy efficiency and carbon emissions abatement costs. Applied Energy, 130: 617-631.

Wang Q, Zhao Z, Zhou P, et al. 2013b. Energy efficiency and production technology heterogeneity in China: A meta-frontier DEA approach. Economic Modelling, 35: 283-289.

Wei Y M, Liao H, Fan Y. 2007. An empirical analysis of energy efficiency in China's iron and steel sector. Energy, 32(12): 2262-2270.

Wu F, Fan L W, Zhou P, et al. 2012. Industrial energy efficiency with CO_2 emissions in China: A nonparametric analysis. Energy Policy, 49: 164-172.

Yeh T, Chen T, Lai P. 2010. A comparative study of energy utilization efficiency between Taiwan and China. Energy Policy, 38(5): 2386-2394.

Zhang J, Wu G Y, Zhang J P. 2004. Chinese provincial capital stock estimation: 1952-2000. Economic Research, 10: 35-44.

Zhang N, Zhou P, Choi Y. 2013. Energy efficiency, CO_2 emission performance and technology gaps in fossil fuel electricity generation in Korea: A meta-frontier non-radial directional distance function analysis. Energy Policy, 56: 653-662.

Zhou P, Ang B W. 2008. Linear programming models for measuring economy-wide energy efficiency performance. Energy Policy, 36(8): 2911-2916.

Zhou P, Ang B W, Han J Y. 2010. Total factor carbon emission performance: A Malmquist index analysis. Energy Economics, 32: 194-201.

Zhou P, Ang B W, Poh K L. 2008. A survey of data envelopment analysis in energy and environmental studies. European Journal of Operational Research, 189(1): 1-18.

Zhou P, Ang B W, Wang H. 2012. Energy and CO_2 emission performance in electricity generation: A non-radial directional distance function approach. European Journal of Operational Research, 221(3): 625-635.

第 4 章 环境绩效测度

正确认识能源与环境问题，不仅需要对能源利用的绩效进行准确把握，还需要对能源利用所带来的环境影响进行科学评估，环境绩效测度为解答这一问题提供了途径。在环境绩效的测度方法中，DEA 发挥着关键作用。不同于基于多属性决策的综合指数方法，DEA 立足于生产过程中的投入产出关系，通过投入产出数据构建生产前沿面，然后评价决策单元相对生产前沿的有效性。DEA 方法无须人为设定指标权重和生产函数形式，无须收集价格信息，尤为适用于多投入多产出的生产过程，并且模型形式易于拓展，因而被广泛应用于各时期、国家及行业的环境绩效评价研究中，特别是碳排放绩效评价。

基于 DEA 的环境绩效评估多是基于弱可处置的环境生产技术，但是在效率测度方式的选择上存在着多种做法。比如，Zhou 等 (2008) 构建了评估静动态环境绩效的非径向谢泼德距离函数模型；Zhou 等 (2010) 和王群伟等 (2010) 发展了基于径向谢泼德距离函数的碳排放静动态绩效模型；Zhou 等 (2006) 和 Bi 等 (2014) 构建了基于松弛测度的环境绩效模型；Sueyoshi 等 (2010) 和 Zhou 等 (2017) 发展了环境绩效测度的范围调整型 (range adjust measure，RAM) 模型；Cooper 等 (2011) 构建了比 RAM 模型更为灵活的 BAM(bounded adjusted measure) 模型；Boussemart 等 (2015)、Halkos 和 Tzeremes (2013) 和 Wu 等 (2020) 基于方向距离函数和条件方向距离函数建立了环境绩效和碳排放绩效测度模型；Zhou 等 (2012)、Wang 等 (2016) 和 Zhang 等 (2018) 基于非径向方向距离函数及共同前沿理论对环境绩效模型做了进一步拓展。

总的来说，因投影方式的不同，环境绩效测度模型呈现多样性，但在环境绩效指数的定义上则基本趋于一致。本章讨论三类环境绩效测度模型，即基于谢泼德距离函数的环境绩效测度模型、基于方向距离函数的环境绩效测度模型及基于 SBM 模型的环境绩效测度模型。同时，本章还对动态环境绩效测度、环境绩效与分解分析进行系统梳理。

4.1 基于谢泼德距离函数的环境绩效测度

考虑一个多投入多产出的生产过程，其中投入向量 (含能源投入和非能源投入) 表示为 $\boldsymbol{x} = (x_1, x_2, \cdots, x_N)^{\mathrm{T}} \in \Re_+^N$，期望产出向量表示为 $\boldsymbol{y} = (y_1, y_2, \cdots, y_M)^{\mathrm{T}} \in \Re_+^M$，非期望产出向量表示为 $\boldsymbol{b} = (b_1, b_2, \cdots, b_W)^{\mathrm{T}} \in \Re_+^W$。被评价单

元 DMU_0 的投入产出向量表示为 $(\boldsymbol{x}_0, \boldsymbol{y}_0, \boldsymbol{b}_0)$。依目标函数的不同，环境绩效指数模型可分为仅优化非期望产出的纯环境绩效指数 (pure environmental performance index，PEI) 模型及将期望产出和非期望产出同时优化的混合环境绩效指数 (mixed environmental performance index，MEI) 模型 (Zhou et al., 2008)。

4.1.1　纯环境绩效测度模型

基于产出之间弱可处置的环境生产技术，规模报酬不变 (CRS) 假设下的纯环境绩效指数 $\mathrm{PEI_{CRS}}$ 可通过如下模型求解

$$\mathrm{PEI_{CRS}} = \min \lambda$$

$$\mathrm{s.t.} \quad \sum_{i=1}^{I} z_i y_{mi} \geqslant y_{m0}, m = 1, 2, \cdots, M,$$

$$\sum_{i=1}^{I} z_i b_{wi} = \lambda b_{w0}, w = 1, 2, \cdots, W,$$

$$\sum_{i=1}^{I} z_i x_{ni} \leqslant x_{n0}, n = 1, 2, \cdots, N,$$

$$z_i \geqslant 0, i = 1, 2, \cdots, I \tag{4.1}$$

式中，$\boldsymbol{z} = (z_1, z_2, \cdots, z_I)$ 为权重向量。

模型 (4.1) 在保持其他变量不变的情形下以同一比例最大限度地缩减所有非期望产出，其目标值等于非期望产出导向的径向谢泼德距离函数值，即

$$\mathrm{PEI} = D_o^r(\boldsymbol{x}, \boldsymbol{y}, \boldsymbol{b}) = \min \{\lambda : \boldsymbol{x}, \boldsymbol{y}, \lambda\boldsymbol{b}) \in T_{\mathrm{CRS}}\} \tag{4.2}$$

环境绩效指数模型也可以施加不同的规模报酬假设。若环境生产技术表现出明显的非增规模报酬 (NIRS)，则需在模型 (4.1) 的基础上增加约束 $\sum\limits_{i=1}^{I} z_i \leqslant 1$，相应的纯环境绩效指数 $\mathrm{PEI_{NIRS}}$ 可通过下式求得

$$\mathrm{PEI_{NIRS}} = \min \lambda$$

$$\mathrm{s.t.} \quad \sum_{i=1}^{I} z_i y_{mi} \geqslant y_{m0}, m = 1, 2, \cdots, M,$$

$$\sum_{i=1}^{I} z_i b_{wi} = \lambda b_{w0}, w = 1, 2, \cdots, W,$$

$$\sum_{i=1}^{I} z_i x_{ni} \leqslant x_{n0}, n = 1, 2, \cdots, N,$$

$$\sum_{i=1}^{I} z_i \leqslant 1,$$

$$z_i \geqslant 0, i = 1, 2, \cdots, I \qquad (4.3)$$

类似地，若规模报酬可变 (VRS) 假设更为适合，则可对模型做如下调整。首先，引入减排因子 θ，以保证技术上期望产出和非期望产出可以等比例缩减。其次，施加约束 $\sum_{i=1}^{I} z_i = 1$，以保证技术是规模报酬可变的。相应的纯环境绩效指数 $\mathrm{PEI}_{\mathrm{VRS}}$ 可通过下式求得

$$\mathrm{PEI}_{\mathrm{VRS}} = \min \lambda$$

$$\text{s.t. } \theta \sum_{i=1}^{I} z_i y_{mi} \geqslant y_{m0}, m = 1, 2, \cdots, M,$$

$$\theta \sum_{i=1}^{I} z_i b_{wi} = \lambda b_{w0}, w = 1, 2, \cdots, W,$$

$$\sum_{i=1}^{I} z_i x_{ni} \leqslant x_{n0}, n = 1, 2, \cdots, N,$$

$$\sum_{i=1}^{I} z_i = 1,$$

$$z_i \geqslant 0, 0 < \theta \leqslant 1, i = 1, 2, \cdots, I \qquad (4.4)$$

其等价线性形式为

$$\mathrm{PEI}_{\mathrm{VRS}} = \min \lambda$$

$$\text{s.t. } \sum_{i=1}^{I} z_i y_{mi} \geqslant y_{m0}, m = 1, 2, \cdots, M,$$

$$\sum_{i=1}^{I} z_i b_{wi} = \lambda b_{w0}, w = 1, 2, \cdots, W,$$

$$\sum_{i=1}^{I} z_i x_{ni} \leqslant \beta x_{n0}, n = 1, 2, \cdots, N,$$

$$\sum_{i=1}^{I} z_i = \beta,$$

$$z_i \geqslant 0, \beta \leqslant 1, i = 1, 2, \cdots, I \tag{4.5}$$

在构建规模报酬可变的环境绩效测度模型时，需要注意的是减排因子的引入。具体地，既可以如上述模型所示对所有 DMU 施加相同的减排因子 θ(Färe et al., 1989)，也可以对每个 DMU 施加各自的减排因子 θ_i(Kuosmanen，2005)。二者的区别在于前者使产出集合具有凸性，但整个技术集合不一定满足凸性假定，而后者则能使产出集合及整个技术集合满足凸性。

另外，也可以基于非径向距离函数模型测度纯环境绩效指数 (non-radial pure environmental performance index，NRPEI)。此时，NRPEI 与非径向距离函数有如下关系：

$$\text{NRPEI} = D_o^{nr}(\boldsymbol{x}, \boldsymbol{y}, \boldsymbol{b}) = \min \left\{ \boldsymbol{\omega}^{\mathrm{T}} \boldsymbol{\lambda} : (\boldsymbol{x}, \boldsymbol{y}, \boldsymbol{\lambda b}) \in T \right\} \tag{4.6}$$

式中，$\boldsymbol{\lambda} = (\lambda_1, \cdots, \lambda_W)^{\mathrm{T}}$ 为各污染物的缩减比例；$\boldsymbol{\omega} = (\omega_1, \cdots, \omega_W)^{\mathrm{T}}$ 为施加在各污染物上的权重，且满足 $\sum_{w=1}^{W} \omega_w = 1$，其反映了决策者对于各污染物的调整意愿。当某污染物出于某些原因不能调整时，可令相应权重为 0。

以规模报酬不变假设为例，NRPEI 可用如下模型测度 (Zhou et al., 2007)：

$$\text{NRPEI}_{\text{CRS}} = \min \sum_{w=1}^{W} \omega_w \lambda_w$$

$$\text{s.t.} \ \sum_{i=1}^{I} z_i y_{mi} \geqslant y_{m0}, m = 1, 2, \cdots, M,$$

$$\sum_{i=1}^{I} z_i b_{wi} = \lambda_w b_{w0}, w = 1, 2, \cdots, W,$$

$$\sum_{i=1}^{I} z_i x_{ni} \leqslant x_{n0}, n = 1, 2, \cdots, N,$$

$$z_i \geqslant 0, i = 1, 2, \cdots, I \tag{4.7}$$

不难发现，非径向模型与径向模型存在一定的关联，具体表现为当令 $\lambda_1 = \cdots = \lambda_W$ 时，模型 (4.7) 等价于模型 (4.1)。另外，PEI 和 NRPEI 均为位于 $(0, 1]$ 区间的标准指数。其值越高，意味着环境绩效越佳。

4.1.2 混合环境绩效测度模型

以上环境绩效测度模型仅允许非期望产出变动，在实际问题中，若决策目标是同时实现期望产出和非期望产出的优化，则可建立允许期望产出和非期望产出同时变动的模型，即混合环境绩效指数 MEI 模型。MEI 值等于期望产出和非期望产出混合导向的距离函数值，即

$$\text{MEI} = D_o^{\text{mix}}(\boldsymbol{x}, \boldsymbol{y}, \boldsymbol{b}) = \min\left\{\lambda/\eta : \boldsymbol{x}, \eta\boldsymbol{y}, \lambda\boldsymbol{b}\right) \in T\} \tag{4.8}$$

以规模报酬可变为例，相应模型为

$$\text{MEI}_{\text{VRS}} = \min \frac{\lambda}{\eta}$$

$$\text{s.t.} \quad \theta\sum_{i=1}^{I} z_i y_{mi} \geqslant \eta y_{m0}, m = 1, 2, \cdots, M,$$

$$\theta\sum_{i=1}^{I} z_i b_{wi} = \lambda b_{w0}, w = 1, 2, \cdots, W,$$

$$\sum_{i=1}^{I} z_i x_{ni} \leqslant x_{n0}, n = 1, 2, \cdots, N,$$

$$\sum_{i=1}^{I} z_i = 1,$$

$$\eta, z_i \geqslant 0, 0 < \theta \leqslant 1, i = 1, 2, \cdots, I \tag{4.9}$$

在该模型中，θ 的存在使得模型产生无数最优解。考虑到去掉 θ 不会对模型的最优值产生影响，故模型 (4.9) 可简化为 (Zhou et al., 2008)

$$\text{MEI}_{\text{VRS}} = \min \frac{\lambda}{\eta}$$

$$\text{s.t.} \quad \sum_{i=1}^{I} z_i y_{mi} \geqslant \eta y_{m0}, m = 1, 2, \cdots, M,$$

$$\sum_{i=1}^{I} z_i b_{wi} = \lambda b_{w0}, w = 1, 2, \cdots, W,$$

$$\sum_{i=1}^{I} z_i x_{ni} \leqslant x_{n0}, n = 1, 2, \cdots, N,$$

$$\sum_{i=1}^{I} z_i = 1,$$

$$\eta, z_i \geqslant 0, i = 1, 2, \cdots, I \tag{4.10}$$

模型 (4.10) 与传统模型中求解最优生产规模的模型较为相似，区别在于传统模型调整投入和产出，而模型 (4.10) 调整期望产出和非期望产出。

MEI 是一个位于 $(0,1]$ 区间的标准指数。若 MEI=1，则被评价单元在给定投入水平下实现了最小污染强度水平，处于最佳的环境规模；若 MEI < 1，则被评价单元未处于最佳环境规模，污染强度存在降低空间。模型 (4.10) 为非线性模型，为便于求解，在实际中可将其转化为如下线性形式：

$$\mathrm{MEI_{VRS}} = \min \lambda$$

$$\mathrm{s.t.} \sum_{i=1}^{I} z_i y_{mi} \geqslant y_{m0}, m = 1, 2, \cdots, M,$$

$$\sum_{i=1}^{I} z_i b_{wi} = \lambda b_{w0}, w = 1, 2, \cdots, W,$$

$$\sum_{i=1}^{I} z_i x_{ni} \leqslant \beta x_{n0}, n = 1, 2, \cdots, N,$$

$$\sum_{i=1}^{I} z_i = \beta,$$

$$z_i \geqslant 0, i = 1, 2, \cdots, I \tag{4.11}$$

4.2 基于方向距离函数的环境绩效测度

方向距离函数在测度环境绩效时的优势在于优化路径的灵活性。具体地，在构建模型时，其既可以同时调整投入和产出，也可以仅调整产出。此外，在测度方式上，既可以采用径向测度，也可以采用非径向测度。

4.2.1 基于径向方向距离函数的环境绩效测度

定义产出导向径向方向距离函数为

$$\vec{D}_o^r \left(\boldsymbol{x}, \boldsymbol{y}, \boldsymbol{b}; \boldsymbol{g}_y, -\boldsymbol{g}_b\right) = \max_{\beta} \left\{\beta : (\boldsymbol{x}, \boldsymbol{y} + \beta\boldsymbol{g}_y, \boldsymbol{b} - \beta\boldsymbol{g}_b) \in T\right\} \tag{4.12}$$

式中，$(\boldsymbol{g}_y, -\boldsymbol{g}_b) = ((g_{1y}, g_{2y}, \cdots, g_{My})', (-g_{1b}, -g_{2b}, \cdots, -g_{Wb})')$ 为方向向量。当 $(\boldsymbol{g}_y, -\boldsymbol{g}_b) = (0, -\boldsymbol{g}_b)$ 时，期望产出保持不变，非期望产出按照给定的方向向量进行调整；当 $\boldsymbol{g}_y$ 和 $\boldsymbol{g}_b$ 均为非零向量时，期望产出和非期望产出可以同时调整。其

中，CRS 假设下的方向距离函数可通过下式求解：

$$\vec{D}_o^r\left(\boldsymbol{x},\boldsymbol{y},\boldsymbol{b};\boldsymbol{g}_y,-\boldsymbol{g}_b\right)=\max_{z_i,\beta}\beta$$

$$\text{s.t.}\ \sum_{i=1}^{I}z_iy_{mi}\geqslant y_{m0}+\beta g_{my}, m=1,\cdots,M,$$

$$\sum_{i=1}^{I}z_ib_{wi}=b_{w0}-\beta g_{wb}, w=1,\cdots,W,$$

$$\sum_{i=1}^{I}z_ix_{ni}\leqslant x_{n0}, n=1,\cdots,N,$$

$$z_i\geqslant 0, i=1,\cdots,I \tag{4.13}$$

若对生产技术施加规模报酬可变 (VRS) 假设，那么相应的方向距离函数模型可表示为

$$\vec{D}_o^r\left(\boldsymbol{x},\boldsymbol{y},\boldsymbol{b};\boldsymbol{g}_y,-\boldsymbol{g}_b\right)=\max_{z_i,\beta}\beta$$

$$\text{s.t.}\ \theta\sum_{i=1}^{I}z_iy_{mi}\geqslant y_{m0}+\beta g_{my}, m=1,\cdots,M,$$

$$\theta\sum_{i=1}^{I}z_ib_{wi}=b_{w0}-\beta g_{wb}, w=1,\cdots,W,$$

$$\sum_{i=1}^{I}z_ix_{ni}\leqslant x_{n0},\ n=1,\cdots,N,$$

$$\sum_{i=1}^{I}z_i=1,$$

$$z_i\geqslant 0, 0\leqslant\theta\leqslant 1, i=1,\cdots,I \tag{4.14}$$

该模型为非线性模型，可令 $\lambda_i=\theta\cdot z_i$，然后将其转化为如下线性形式：

$$\vec{D}_o^r\left(\boldsymbol{x},\boldsymbol{e},\boldsymbol{y},\boldsymbol{b};\boldsymbol{g}_y,-\boldsymbol{g}_b\right)=\max_{\lambda_i,\beta}\beta$$

$$\text{s.t.}\ \sum_{i=1}^{I}\lambda_iy_{mi}\geqslant y_{m0}+\beta g_{my}, m=1,\cdots,M,$$

$$\sum_{i=1}^{I}\lambda_ib_{wi}=b_{w0}-\beta g_{wb}, w=1,\cdots,W,$$

$$\sum_{i=1}^{I} \lambda_i x_{ni} \leqslant \theta x_{n0}, n = 1, \cdots, N,$$

$$\sum_{i=1}^{I} \lambda_i = \theta, 0 \leqslant \theta \leqslant 1,$$

$$\lambda_i \geqslant 0, i = 1, \cdots, I \tag{4.15}$$

设 β^* 为径向方向距离函数的最优值,则相应的径向方向距离函数环境绩效指数 (directional environmental performacne index, DEI) 可定义为最优排放强度与实际排放强度之比,有

$$\mathrm{DEI} = \frac{(b_{w0} - \beta^* g_{wb})/(y_{m0} + \beta^* g_{my})}{b_{w0}/y_{m0}} \tag{4.16}$$

DEI 是一个位于 $(0, 1]$ 区间的标准指数。其值等于 1 意味着期望产出和非期望产出均没有调整空间,环境绩效处于最优。式 (4.16) 的一个特点是当选择不同的期望产出和非期望产出组合时,得到的环境绩效值可能不同。但当方向向量设为 $(\boldsymbol{y}, -\boldsymbol{b})$ 时,式 (4.16) 可简化为 $\mathrm{DEI} = (1 - \beta^*)/(1 + \beta^*)$,此时环境绩效值不受变量选择的影响,文献中多采用这种做法。

4.2.2 基于非径向方向距离函数的环境绩效测度

环境绩效测度模型也可以基于非径向方向距离函数建立,以便当存在多个期望产出和非期望产出时,各个产出可以以不同比例进行调整。此时,可定义非径向方向距离函数为

$$\vec{D}_o^{nr}\left(\boldsymbol{x}, \boldsymbol{y}, \boldsymbol{b}; \boldsymbol{g}_y, -\boldsymbol{g}_b\right) = \max\left\{\boldsymbol{\omega}'\boldsymbol{\beta} : (\boldsymbol{y}, \boldsymbol{b}) + (\boldsymbol{g}_y, -\boldsymbol{g}_b) \cdot \mathrm{diag}(\boldsymbol{\beta}) \in P(\boldsymbol{x})\right\} \tag{4.17}$$

式中,$\boldsymbol{\omega} = (\boldsymbol{\omega}_y, \boldsymbol{\omega}_b)' = (\omega_{1y}, \omega_{2y}, \cdots, \omega_{My}, \omega_{1b}, \omega_{2b}, \cdots, \omega_{Wb})'$ 为权重向量,且满足 $\sum_{m=1}^{M} \omega_{my} + \sum_{w=1}^{W} \omega_{wb} = 1$;$(\boldsymbol{g}_y, -\boldsymbol{g}_b) = ((g_{1y}, g_{2y}, \cdots, g_{My})', (-g_{1b}, -g_{2b}, \cdots, -g_{Wb})')$ 为方向向量;$\boldsymbol{\beta} = (\boldsymbol{\beta}_y, \boldsymbol{\beta}_b)' = (\beta_{1y}, \beta_{2y}, \cdots, \beta_{My}, \beta_{1b}, \beta_{2b}, \cdots, \beta_{Wb})' \geqslant 0$ 为各污染物在给定方向向量下的调整幅度。在 CRS 假设下,非径向方向距离函数可通过下式求解:

$$\vec{D}_o^{nr}\left(\boldsymbol{x}, \boldsymbol{y}, \boldsymbol{b}; \boldsymbol{g}_y, -\boldsymbol{g}_b\right) = \max \sum_{m=1}^{M} \omega_{my}\beta_{my} + \sum_{w=1}^{W} \omega_{wb}\beta_{wb}$$

$$\mathrm{s.t.} \ \sum_{i=1}^{I} z_i y_{mi} \geqslant y_{m0} + \beta_{my} g_{my}, m = 1, \cdots, M,$$

$$\sum_{i=1}^{I} z_i b_{wi} = b_{w0} - \beta_{wb} g_{wb}, w = 1, \cdots, W,$$

$$\sum_{i=1}^{I} z_i x_{ni} \leqslant x_{n0}, n = 1, \cdots, N,$$

$$z_i \geqslant 0, i = 1, \cdots, I,$$

$$\beta_{my}, \beta_{wb} \geqslant 0 \tag{4.18}$$

在 VRS 假设下，经线性化的模型为

$$\vec{D}_o^{nr}\left(\boldsymbol{x}, \boldsymbol{y}, \boldsymbol{b}; \boldsymbol{g}_y, -\boldsymbol{g}_b\right) = \max \sum_{m=1}^{M} \omega_{my} \beta_{my} + \sum_{w=1}^{W} \omega_{wb} \beta_{wb}$$

$$\text{s.t.} \sum_{i=1}^{I} \lambda_i y_{mi} \geqslant y_{m0} + \beta_{my} g_{my}, m = 1, \cdots, M,$$

$$\sum_{i=1}^{I} \lambda_i b_{wi} = b_{w0} - \beta_{wb} g_{wb}, w = 1, \cdots, W,$$

$$\sum_{i=1}^{I} \lambda_i x_{ni} \leqslant \theta x_{n0}, n = 1, \cdots, N,$$

$$\sum_{i=1}^{I} \lambda_i = \theta, 0 \leqslant \theta \leqslant 1,$$

$$\lambda_i \geqslant 0, i = 1, \cdots, I,$$

$$\beta_{my}, \beta_{wb} \geqslant 0 \tag{4.19}$$

设 $\boldsymbol{\beta}^*$ 为 $\boldsymbol{\beta}$ 最优值，则非径向方向距离函数环境绩效指数 (non-radial directional environmental performacne index, NRDEI) 可定义为

$$\text{NRDEI} = \frac{y_{m0}/b_{w0}}{(y_{m0} + \beta_{my}^* g_{my})/(b_{w0} - \beta_{wb}^* g_{wb})} \tag{4.20}$$

同样的，NRDEI 也是一个位于 $(0,1]$ 区间的标准指数。其值等于 1 意味着期望产出和非期望产出均没有调整空间，环境绩效处于最优。与 DEI 类似，在选择不同的期望产出和非期望产出组合进行计算时，NRDEI 的值也可能不同。文献中，方向向量通常设为 $(\boldsymbol{y}, -\boldsymbol{b})$，此时上式可简化为 NRDEI $= (1 - \beta_{my}^*)/(1 + \beta_{wb}^*)$。注意到，该指数值依然受产出变量选择的影响。但若仅有一个期望产出和一个非期望产出时，则不存在上述问题。

4.3　基于 SBM 模型的环境绩效测度

考虑到径向环境绩效测度模型会忽略投入与产出松弛，导致在投入产出上占优的决策单元在环境绩效上并不占优。为此，基于松弛测度的环境绩效测度模型逐渐受到关注。本节介绍 Zhou 等 (2006) 提出的两种测度思路。其中，第一种测度思路是，首先通过优化非期望产出将被评价单元投影至生产前沿，然后再通过松弛测度计算非期望产出已经实现最小化排放情况下的经济无效，最后将基于松弛测度的环境绩效指数 (slacks-based environmental performance index, SBEI) 定义为纯环境绩效指数 λ^* 与经济效率 ρ^* 的乘积。具体地，λ^* 可通过模型 (4.1) 求解，而 ρ^* 可通过下式求解：

$$\rho^* = \min \frac{1 - \dfrac{1}{N} \sum_{n=1}^{N} s_n^- \Big/ x_{n0}}{1 + \dfrac{1}{M} \sum_{m=1}^{M} s_m^+ \Big/ y_{m0}}$$

$$\text{s.t.} \sum_{i=1}^{I} z_i y_{mi} - s_m^+ = y_{m0}, m = 1, \cdots, M,$$

$$\sum_{i=1}^{I} z_i b_{wi} = \lambda^* b_{w0}, w = 1, \cdots, W,$$

$$\sum_{i=1}^{I} z_i x_{ni} + s_n^- = x_{n0}, n = 1, \cdots, N,$$

$$z_i \geqslant 0, i = 1, \cdots, I,$$

$$s_n^-, s_m^+ \geqslant 0 \tag{4.21}$$

式中，松弛变量 $s_n^-, s_m^+ (n=1, \cdots, N; m=1, \cdots, M)$ 用于测量非期望产出实现最小后投入和期望产出的无效量。ρ^* 的取值范围为 $(0,1]$，且满足单位不变性和单调性。若 $s_n^- = s_m^+ = 0$，则 ρ^* 取值为 1，说明不存在经济无效。ρ^* 数值越小，说明经济无效程度越大。通过测量纯环境绩效和经济无效，基于松弛测度的环境绩效指数 (SBEI) 可被定义为

$$\text{SBEI}_1 = \lambda^* \times \rho^* \tag{4.22}$$

注意到，模型 (4.21) 为分数规划问题，为降低求解困难，可利用 Tone(2001) 提出的转换方法将其转换为线性模型。具体地，令 $z_i' = t z_i$, $S_n^- = t s_n^-$, $S_m^+ = t s_m^+$,

转化后的线性模型为

$$\rho^* = \min \left\{ t - \frac{1}{N} \sum_{n=1}^{N} S_n^- / x_{n0} \right\}$$

$$\text{s.t.} \quad \sum_{i=1}^{I} z_i' y_{mi} - S_m^+ = t y_{m0}, m = 1, \cdots, M,$$

$$\sum_{i=1}^{I} z_i' b_{wi} = t \lambda^* b_{w0}, w = 1, \cdots, W,$$

$$\sum_{i=1}^{I} z_i' x_{ni} + S_n^- = t x_{n0}, n = 1, \cdots, N,$$

$$t + \frac{1}{M} \sum_{m=1}^{M} S_m^+ / y_{m0} = 1$$

$$z_i' \geqslant 0, i = 1, \cdots, I,$$

$$S_n^-, S_m^+ \geqslant 0 \tag{4.23}$$

构建基于松弛测度的环境绩效测度模型的另一种思路是利用松弛测度方法分别计算不包含非期望产出时被评价单元的经济绩效 θ_1^* 及含有非期望产出时被评价单元的经济绩效 θ_2^*，然后计算二者的比值。具体地，θ_1^* 可通过下式求得：

$$\theta_1^* = \min \frac{1 - \dfrac{1}{N} \sum_{n=1}^{N} s_n^- / x_{n0}}{1 + \dfrac{1}{M} \sum_{m=1}^{M} s_m^+ / y_{m0}}$$

$$\text{s.t.} \quad \sum_{i=1}^{I} z_i y_{mi} - s_m^+ = y_{m0}, m = 1, \cdots, M,$$

$$\sum_{i=1}^{I} z_i x_{ni} + s_n^- = x_{n0}, n = 1, \cdots, N,$$

$$z_i \geqslant 0, i = 1, \cdots, I,$$

$$s_n^-, s_m^+ \geqslant 0 \tag{4.24}$$

其等价线性规划模型为 (Tone，2001)

$$\theta_1^* = \min\left\{ t - \frac{1}{N}\sum_{n=1}^{N} S_n^- / x_{n0} \right\}$$

$$\text{s.t.} \quad \sum_{i=1}^{I} z_i' y_{mi} - S_m^+ = t y_{m0}, m = 1, \cdots, M,$$

$$\sum_{i=1}^{I} z_i' x_{ni} + S_n^- = t x_{n0}, n = 1, \cdots, N,$$

$$t + \frac{1}{M}\sum_{m=1}^{M} S_m^+ / y_{m0} = 1,$$

$$z_i' \geqslant 0, i = 1, \cdots, I,$$

$$S_n^-, S_m^+ \geqslant 0 \tag{4.25}$$

当非期望产出被考虑在内时，被评价单元的经济绩效可被定义为

$$\theta_2^* = \min \frac{1 - \dfrac{1}{N}\displaystyle\sum_{n=1}^{N} s_n^- / x_{n0}}{1 + \dfrac{1}{M} s_m^+ / y_{m0}}$$

$$\text{s.t.} \quad \sum_{i=1}^{I} z_i y_{mi} - s_m^+ = y_{m0}, m = 1, \cdots, M,$$

$$\sum_{i=1}^{I} z_i b_{wi} = b_{w0}, w = 1, \cdots, W,$$

$$\sum_{i=1}^{I} z_i x_{ni} + s_n^- = x_{n0}, n = 1, \cdots, N,$$

$$z_i \geqslant 0, i = 1, \cdots, I,$$

$$s_n^-, s_m^+ \geqslant 0 \tag{4.26}$$

同理，将非线性模型 (4.26) 转换为如下线性规划模型：

$$\theta_2^* = \min\left\{ t - \frac{1}{N}\sum_{n=1}^{N} S_n^- / x_{n0} \right\}$$

$$\text{s.t.} \quad \sum_{i=1}^{I} z_i' y_{mi} - S_m^+ = t y_{m0}, m = 1, \cdots, M,$$

$$\sum_{i=1}^{I} z_i' b_{wi} = t b_{w0}, w = 1, \cdots, W,$$

$$\sum_{i=1}^{I} z_i' x_{ni} + S_n^- = t x_{n0}, n = 1, \cdots, N,$$

$$t + \frac{1}{M} \sum_{m=1}^{M} S_m^+ / y_{m0} = 1,$$

$$z_i' \geqslant 0, i = 1, \cdots, I,$$

$$S_n^-, S_m^+ \geqslant 0 \tag{4.27}$$

通过测量两种情形下的经济效率, 基于松弛测度的环境绩效指数可被定义为

$$\text{SBEI}_2 = \theta_1^* / \theta_2^* \tag{4.28}$$

SBEI$_2$ 的取值范围为 $(0, 1]$。SBEI$_2 = 1$ 表明由传统生产技术向环境生产技术转换没有对被评价单元的经济效率造成影响。当 SBEI$_2 < 1$ 时, θ_1^* 小于 θ_2^*, 表明环境管制存在时, 被评价单元所能达到的最佳生产实践水平低于不考虑环境管制时的生产实践水平。换言之, 环境管制造成了投入浪费及产出损失。因而, SBEI$_2$ 除了可以反映环境绩效外, 也可以反映环境管制对经济效益的影响程度。

4.4 动态环境绩效测度

动态环境绩效反映了环境绩效随时间的变动情况。一般来说,其需要计算四个距离函数, 并且可以依据这四个距离函数对导致绩效发生变动的因素做进一步分解。动态环境绩效指数的构建同样可以依据 Malmquist 生产率指数或 Malmquist-Luenberger 生产率指数思想进行构建。由于 Malmquist 生产率指数是定义在传统谢泼德距离函数上的,其中产出距离函数同时扩大期望产出和非期望产出, 这与减少非期望产出的愿景相违背, 故本节采用非期望产出导向的距离函数, 对相应的动态环境绩效指数进行构建。

4.4.1 基于谢泼德距离函数的动态环境绩效测度

首先, 定义一个非期望产出导向谢泼德距离函数:

$$D_b(\boldsymbol{x}, \boldsymbol{y}, \boldsymbol{b}) = \sup\{\theta : (\boldsymbol{x}, \boldsymbol{y}, \boldsymbol{b}/\theta) \in T\} \tag{4.29}$$

那么, 依据 Zhou 等 (2010), 相应的动态环境绩效指数 (MEPI) 为

$$\text{MEPI}_t^s = \left[\frac{D_b^s(\boldsymbol{x}_0^t, \boldsymbol{y}_0^t, \boldsymbol{b}_0^t)}{D_b^s(\boldsymbol{x}_0^s, \boldsymbol{y}_0^s, \boldsymbol{b}_0^s)} \times \frac{D_b^t(\boldsymbol{x}_0^t, \boldsymbol{y}_0^t, \boldsymbol{b}_0^t)}{D_b^t(\boldsymbol{x}_0^s, \boldsymbol{y}_0^s, \boldsymbol{b}_0^s)} \right]^{1/2} \tag{4.30}$$

式中，$(\boldsymbol{x}_0^s, \boldsymbol{y}_0^s, \boldsymbol{b}_0^s)$ 和 $(\boldsymbol{x}_0^t, \boldsymbol{y}_0^t, \boldsymbol{b}_0^t)$ 分别为被评价单元 DMU$_0$ 在 s 和 t 时期的观测值 $(s>t)$；D_b^s 和 D_b^t 分别表示以 s 时期和 t 时期生产技术计算的非期望产出导向谢泼德距离函数值。为避免因参考时期不同而导致指数差异，上式以 t 时期和 s 时期距离函数变动的几何平均值来定义动态环境绩效指数。

基于分解思想，式 (4.30) 可整理成

$$\mathrm{MEPI}_t^s = \frac{D_b^t(\boldsymbol{x}_0^t, \boldsymbol{y}_0^t, \boldsymbol{b}_0^t)}{D_b^s(\boldsymbol{x}_0^s, \boldsymbol{y}_0^s, \boldsymbol{b}_0^s)} \times \left[\frac{D_b^s(\boldsymbol{x}_0^s, \boldsymbol{y}_0^s, \boldsymbol{b}_0^s)}{D_b^t(\boldsymbol{x}_0^s, \boldsymbol{y}_0^s, \boldsymbol{b}_0^s)} \times \frac{D_b^s(\boldsymbol{x}_0^t, \boldsymbol{y}_0^t, \boldsymbol{b}_0^t)}{D_b^t(\boldsymbol{x}_0^t, \boldsymbol{y}_0^t, \boldsymbol{b}_0^t)} \right]^{1/2} \quad (4.31)$$

从而，动态环境绩效指数可以分解为效率变动 MEFFCH 和技术变动 MTECHCH 两部分，即

$$\mathrm{MEFFCH} = \frac{D_b^t(\boldsymbol{x}_0^t, \boldsymbol{y}_0^t, \boldsymbol{b}_0^t)}{D_b^s(\boldsymbol{x}_0^s, \boldsymbol{y}_0^s, \boldsymbol{b}_0^s)} \quad (4.32)$$

$$\mathrm{MTECHCH} = \left[\frac{D_b^s(\boldsymbol{x}_0^s, \boldsymbol{y}_0^s, \boldsymbol{b}_0^s)}{D_b^t(\boldsymbol{x}_0^s, \boldsymbol{y}_0^s, \boldsymbol{b}_0^s)} \times \frac{D_b^s(\boldsymbol{x}_0^t, \boldsymbol{y}_0^t, \boldsymbol{b}_0^t)}{D_b^t(\boldsymbol{x}_0^t, \boldsymbol{y}_0^t, \boldsymbol{b}_0^t)} \right]^{1/2} \quad (4.33)$$

式中，MEFFCH 为 s 时期与 t 时期静态环境绩效之比，反映了被评估单元相对于技术前沿的追赶效应。其值大于 1 表明环境绩效提高；小于 1 表明环境绩效降低。另一部分 MTECHCH 测度的是其他要素不变时产出集合 (生产可能性集合) 边界的变动。其值大于 1 表明生产技术进步，意味着生产同等期望产出时，s 时期的排放水平更低；其值小于 1 表明生产技术退步；其值等于 1 表明生产技术未发生变动。

图 4.1 是对上述分解思想的图形说明。考虑一个仅有一个期望产出和一个非期望产出的生产活动，并假设被评估单元在 t 时期和 s 时期分别位于 M 和 N 点。那么依据式 (4.32) 和式 (4.33) 可得

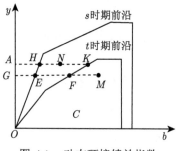

图 4.1　动态环境绩效指数

效率变动：$\mathrm{MEFFCH} = \dfrac{AH/AN}{GF/GM}$

技术变动：$\text{MTHCH} = \left[\dfrac{AK/AN}{AH/AN} \times \dfrac{GF/GM}{GE/GM}\right]^{1/2}$

注意，上述动态环境绩效指数的构建和分解方法也适用于非期望产出导向的非径向距离函数，相关讨论可参见 Zhou 等 (2007)。

4.4.2 基于方向距离函数的动态环境绩效测度

基于方向距离函数的环境绩效指数可以分为两种情况，一种仅调整非期望产出，一种同时调整期望产出和非期望产出。本节对此分别进行讨论。

首先定义一个非期望产出导向的方向距离函数：

$$\vec{D}_b(\boldsymbol{x}, \boldsymbol{y}, \boldsymbol{b}; 0, -\boldsymbol{b}) = \sup\ \{\beta : (\boldsymbol{x}, \boldsymbol{y}, (1-\beta)\boldsymbol{b} \in T\} \tag{4.34}$$

其在保持投入和期望产出不变的情况下，最大限度地缩减非期望产出。其与非期望产出导向的谢泼德距离函数具有如下关系：

$$D_b(\boldsymbol{x}, \boldsymbol{e}, \boldsymbol{y}, \boldsymbol{b}) = 1/(1 - \vec{D}_b(\boldsymbol{x}, \boldsymbol{y}, \boldsymbol{b}; 0, -\boldsymbol{b})) \tag{4.35}$$

将该式代入式 (4.30)，可得动态环境绩效指数的又一表达形式，即

$$\text{MLEPI}_t^s = \left[\frac{1 - \vec{D}_b^s(\boldsymbol{x}_0^s, \boldsymbol{y}_0^s, \boldsymbol{b}_0^s; 0, -\boldsymbol{b}_0^s)}{1 - \vec{D}_b^s(\boldsymbol{x}_0^t, \boldsymbol{y}_0^t, \boldsymbol{b}_0^t; 0, -\boldsymbol{b}_0^t)} \times \frac{1 - \vec{D}_b^t(\boldsymbol{x}_0^s, \boldsymbol{y}_0^s, \boldsymbol{b}_0^s; 0, -\boldsymbol{b}_0^s)}{1 - \vec{D}_b^t(\boldsymbol{x}_0^t, \boldsymbol{y}_0^t, \boldsymbol{b}_0^t; 0, -\boldsymbol{b}_0^t)}\right]^{1/2} \tag{4.36}$$

式中，$(\boldsymbol{x}_0^s, \boldsymbol{y}_0^s, \boldsymbol{b}_0^s)$ 和 $(\boldsymbol{x}_0^t, \boldsymbol{y}_0^t, \boldsymbol{b}_0^t)$ 分别为被评价单元 DMU_0 在 s 和 t 时期的观测值 $(s>t)$；$\vec{D}_b^s$ 和 $\vec{D}_b^t$ 分别表示以 s 时期和 t 时期生产技术计算的非期望产出导向谢泼德距离函数值。为避免因参考时期不同导致指数差异，上式以 s 时期和 t 时期距离函数变动的几何平均值来定义动态环境绩效指数。

同样地，MLEPI_t^s 可以分解为效率变动 MLEFFCH 和技术变动 MLTECHCH 两部分：

$$\text{MLEFFCH} = \frac{1 - \vec{D}_b^s(\boldsymbol{x}_0^s, \boldsymbol{y}_0^s, \boldsymbol{b}_0^s; 0, -\boldsymbol{b}_0^s)}{1 - \vec{D}_b^t(\boldsymbol{x}_0^t, \boldsymbol{y}_0^t, \boldsymbol{b}_0^t; 0, -\boldsymbol{b}_0^t)} \tag{4.37}$$

$$\text{MLTECHCH}_t^s = \left[\frac{1 - \vec{D}_b^t(\boldsymbol{x}_0^t, \boldsymbol{y}_0^t, \boldsymbol{b}_0^t; 0, -\boldsymbol{b}_0^t)}{1 - \vec{D}_b^s(\boldsymbol{x}_0^t, \boldsymbol{y}_0^t, \boldsymbol{b}_0^t; 0, -\boldsymbol{b}_0^t)} \times \frac{1 - \vec{D}_b^t(\boldsymbol{x}_0^s, \boldsymbol{y}_0^s, \boldsymbol{b}_0^s; 0, -\boldsymbol{b}_0^s)}{1 - \vec{D}_b^s(\boldsymbol{x}_0^s, \boldsymbol{y}_0^s, \boldsymbol{b}_0^s; 0, -\boldsymbol{b}_0^s)}\right]^{1/2} \tag{4.38}$$

类似地，我们也可以定义一个期望产出和非期望产出联合导向的方向距离函数：

$$D_o(\boldsymbol{x}, \boldsymbol{y}, \boldsymbol{b}; \boldsymbol{y}, -\boldsymbol{b}) = \sup\{\beta : (\boldsymbol{x}, (1+\beta)\boldsymbol{y}, (1-\beta)\boldsymbol{b}) \in T\} \tag{4.39}$$

此时，相应的动态环境绩效指数为 (Chung et al., 1997)

$$\text{MLEPI}_t^s = \left[\frac{1 + \vec{D}_o^t(\boldsymbol{x}_0^t, \boldsymbol{y}_0^t, \boldsymbol{b}_0^t; \boldsymbol{y}_0^t, -\boldsymbol{b}_0^t)}{1 + \vec{D}_o^t(\boldsymbol{x}_0^s, \boldsymbol{y}_0^s, \boldsymbol{b}_0^s; \boldsymbol{y}_0^s, -\boldsymbol{b}_0^s)} \times \frac{1 + \vec{D}_o^s(\boldsymbol{x}_0^t, \boldsymbol{y}_0^t, \boldsymbol{b}_0^t; \boldsymbol{y}_0^t, -\boldsymbol{b}_0^t)}{1 + \vec{D}_o^s(\boldsymbol{x}_0^s, \boldsymbol{y}_0^s, \boldsymbol{b}_0^s; \boldsymbol{y}_0^s, -\boldsymbol{b}_0^s)} \right]^{1/2}$$

(4.40)

式中，$(\boldsymbol{x}_0^s, \boldsymbol{y}_0^s, \boldsymbol{b}_0^s)$ 和 $(\boldsymbol{x}_0^t, \boldsymbol{y}_0^t, \boldsymbol{b}_0^t)$ 分别为 s 和 t 时期的观测值；$\boldsymbol{g} = (\boldsymbol{y}_0^s, -\boldsymbol{b}_0^s)$ 和 $\boldsymbol{g} = (\boldsymbol{y}_0^t, -\boldsymbol{b}_0^t)$ 分别为 s 和 t 时期的方向向量；$\vec{D}_o^s$ 和 $\vec{D}_o^t$ 分别表示以 s 时期和 t 时期生产技术计算的方向距离函数值。

类似 MEPI，MLEPI 也可以分解为效率变动 MLEFFCH 和技术变动 MLTECHCH 两部分：

$$\text{MLEFFCH} = \frac{1 + \vec{D}_o^t(\boldsymbol{x}^t, \boldsymbol{e}^t, \boldsymbol{y}^t, \boldsymbol{b}^t; \boldsymbol{y}^t, -\boldsymbol{b}^t)}{1 + \vec{D}_o^{t+1}(\boldsymbol{x}^{t+1}, \boldsymbol{e}^{t+1}, \boldsymbol{y}^{t+1}, \boldsymbol{b}^{t+1}; \boldsymbol{y}^{t+1}, -\boldsymbol{b}^{t+1})}$$

(4.41)

$$\text{MLTECHCH} = \left[\frac{1 + \vec{D}_o^{t+1}(\boldsymbol{x}^t, \boldsymbol{e}^t, \boldsymbol{y}^t, \boldsymbol{b}^t; \boldsymbol{y}^t, -\boldsymbol{b}^t)}{1 + \vec{D}_o^t(\boldsymbol{x}^t, \boldsymbol{e}^t, \boldsymbol{y}^t, \boldsymbol{b}^t; \boldsymbol{y}^t, -\boldsymbol{b}^t)} \right.$$
$$\left. \times \frac{1 + \vec{D}_o^{t+1}(\boldsymbol{x}^{t+1}, \boldsymbol{e}^{t+1}, \boldsymbol{y}^{t+1}, \boldsymbol{b}^{t+1}; \boldsymbol{y}^{t+1}, -\boldsymbol{b}^{t+1})}{1 + \vec{D}_o^t(\boldsymbol{x}^{t+1}, \boldsymbol{e}^{t+1}, \boldsymbol{y}^{t+1}, \boldsymbol{b}^{t+1}; \boldsymbol{y}^{t+1}, -\boldsymbol{b}^{t+1})} \right]^{1/2}$$

(4.42)

本节中，MLEFFCH 等于 DMU$_0$ 在 t 时期和 s 时期的静态环境绩效之比，被称为效率变动部分，反映的是 DMU$_0$ 对于技术前沿的追赶情况；MLTECHCH 称为技术变动部分，反映的是前沿面的变动情况。若 MLEFFCH >1(或 MLTECHCH >1)，则效率变动 (或技术变动) 对环境绩效的提升起到了推动作用；MLEFFCH <1 (或 MLTECHCH<1) 说明效率变动 (或技术变动) 对环境绩效提升起到了阻碍作用；MLEFFCH=1(或 MLTECHCH =1) 说明相对效率和技术均未发生变动。

4.5　环境绩效与分解分析

在能源与环境研究中，分解分析是一类较为流行的分析技术。常用的分解分析方法包括以统计指数理论为基础的指数分解分析 (index decomposition analysis，IDA)、以投入产出理论为基础的结构分解分析 (structural decomposition analysis，SDA) 和以生产理论为基础的生产分解分析 (production-theoretical decomposition analysis，PDA)。其中，PDA 方法主要用于生产理论框架下聚合指标 (如碳排放、碳强度、能源消耗、能源强度等) 的分解。其借助距离函数能将聚合指标分解为若干相关组分，如技术效率、技术进步、投入要素增长和产出结构变化等。本节对 PDA 的基础模型及拓展模型进行简要介绍。

4.5.1 PDA 基础模型

1. 基于谢泼德产出距离函数的 PDA 模型

PDA 思想最早由 Pasurka(2006) 提出并用于非期望产出的分解。在 Pasurka (2006) 的研究中，非期望产出满足弱可处置性，且期望产出和非期望产出以同等比例扩张。其模型具体构建过程如下。

考虑一个投入为 $\boldsymbol{x} = (x_1, x_2, \cdots, x_N)^{\mathrm{T}} \in \Re_+^N$，期望产出和非期望产出分别为 $\boldsymbol{y} = (y_1, y_2, \cdots, y_M)^{\mathrm{T}} \in \Re_+^M$ 和 $\boldsymbol{b} = (b_1, b_2, \cdots, b_W)^{\mathrm{T}} \in \Re_+^W$ 的生产过程。环境生产技术定义为

$$T^t\left(x^t\right) = \left\{ (\boldsymbol{y}^t, \boldsymbol{b}^t) : \sum_{i=1}^{I} z_i \boldsymbol{y}_i^t \geqslant \boldsymbol{y}^t, \right.$$

$$\sum_{i=1}^{I} z_i \boldsymbol{b}_i^t = \boldsymbol{b}^t,$$

$$\sum_{i=1}^{I} z_i \boldsymbol{x}_i^t \leqslant \boldsymbol{x}^t,$$

$$\left. z_i \geqslant 0, i = 1, 2, \cdots, I \right\} \tag{4.43}$$

基于该环境生产技术，分别定义同期产出导向距离函数：

$$D^t\left(\boldsymbol{x}^t, \boldsymbol{y}^t, \boldsymbol{b}^t\right) = \inf\left\{\theta : \left(\boldsymbol{x}^t, \boldsymbol{y}^t/\theta, \boldsymbol{b}^t/\theta\right) \in T^t(\boldsymbol{x}^t)\right\} \tag{4.44}$$

$$D^s\left(\boldsymbol{x}^s, \boldsymbol{y}^s, \boldsymbol{b}^s\right) = \inf\left\{\theta : \left(\boldsymbol{x}^s, \boldsymbol{y}^s/\theta, \boldsymbol{b}^s/\theta\right) \in T^s(\boldsymbol{x}^s)\right\} \tag{4.45}$$

混合时期产出导向距离函数：

$$D^t\left(\boldsymbol{x}^s, \boldsymbol{y}^s, \boldsymbol{b}^s\right) = \inf\left\{\theta : \left(\boldsymbol{x}^s, \boldsymbol{y}^s/\theta, \boldsymbol{b}^s/\theta\right) \in T^t(\boldsymbol{x}^s)\right\} \tag{4.46}$$

$$D^s\left(\boldsymbol{x}^t, \boldsymbol{y}^t, \boldsymbol{b}^t\right) = \inf\left\{\theta : \left(\boldsymbol{x}^t, \boldsymbol{y}^t/\theta, \boldsymbol{b}^t/\theta\right) \in T^s(\boldsymbol{x}^t)\right\} \tag{4.47}$$

以及如下产出距离函数：

$$D^s\left(\boldsymbol{x}^s, \boldsymbol{y}^t, \boldsymbol{b}^t\right) = \inf\left\{\theta : \left(\boldsymbol{x}^s, \boldsymbol{y}^t/\theta, \boldsymbol{b}^t/\theta\right) \in T^s(\boldsymbol{x}^s)\right\} \tag{4.48}$$

$$D^t\left(\boldsymbol{x}^t, \boldsymbol{y}^s, \boldsymbol{b}^s\right) = \inf\left\{\theta : \left(\boldsymbol{x}^t, \boldsymbol{y}^s/\theta, \boldsymbol{b}^s/\theta\right) \in T^t(\boldsymbol{x}^t)\right\} \tag{4.49}$$

记决策单元 i 从 t 时期到 $s(s>t)$ 时期非期望产出的增量为 $\Delta U_i = b_i^s/b_i^t$。依据 Pasurka(2006)，该增量可作如下分解：

$$\Delta U_i = \frac{b_i^s}{b_i^t} = \frac{D^s(\boldsymbol{x}^s, \boldsymbol{y}^s, \boldsymbol{b}^s) \cdot [b_i^s/D^s(\boldsymbol{x}^s, \boldsymbol{y}^s, \boldsymbol{b}^s)]}{D^t(\boldsymbol{x}^t, \boldsymbol{y}^t, \boldsymbol{b}^t) \cdot [b_i^t/D^t(\boldsymbol{x}^t, \boldsymbol{y}^t, \boldsymbol{b}^t)]}$$

$$= \frac{D^s(\boldsymbol{x}^s, \boldsymbol{y}^s, \boldsymbol{b}^s)}{D^t(\boldsymbol{x}^t, \boldsymbol{y}^t, \boldsymbol{b}^t)} \times \left[\frac{D^t(\boldsymbol{x}^t, \boldsymbol{y}^t, \boldsymbol{b}^t)}{D^s(\boldsymbol{x}^t, \boldsymbol{y}^t, \boldsymbol{b}^t)} \times \frac{D^t(\boldsymbol{x}^s, \boldsymbol{y}^s, \boldsymbol{b}^s)}{D^s(\boldsymbol{x}^s, \boldsymbol{y}^s, \boldsymbol{b}^s)} \right]^{\frac{1}{2}}$$

$$\times \left[\frac{D^s(\boldsymbol{x}^t, \boldsymbol{y}^t, \boldsymbol{b}^t)}{D^s(\boldsymbol{x}^s, \boldsymbol{y}^t, \boldsymbol{b}^t)} \times \frac{D^t(\boldsymbol{x}^t, \boldsymbol{y}^t, \boldsymbol{b}^s)}{D^t(\boldsymbol{x}^s, \boldsymbol{y}^s, \boldsymbol{b}^s)} \right]^{\frac{1}{2}}$$

$$\times \left[\frac{b_i^s / D^s(\boldsymbol{x}^s, \boldsymbol{y}^s, \boldsymbol{b}^s)}{b_i^t / D^s(\boldsymbol{x}^s, \boldsymbol{y}^t, \boldsymbol{b}^t)} \times \frac{b_i^s / D^t(\boldsymbol{x}^s, \boldsymbol{y}^s, \boldsymbol{b}^s)}{b_i^t / D^t(\boldsymbol{x}^t, \boldsymbol{y}^t, \boldsymbol{b}^t)} \right]^{\frac{1}{2}}$$

$$= \text{TE}_i \times \text{TC}_i \times \text{IG}_i \times \text{OM}_i \tag{4.50}$$

式 (4.50) 将非期望产出的变化分解为四个部分, 分别是技术效率效应 TE, 表示技术效率变化对非期望产出变化的影响程度; 技术进步效应 TC, 表示技术进步对非期望产出变化的贡献; 投入增长效应 IG, 衡量投入变量增长对非期望产出变化的影响; 产出结构变化 OM, 表示产出结构变化对非期望产出变化的贡献。其中, 产出结构变化对非期望产出的影响会因非期望产出的不同而有所差异。

2. 基于投入/非期望产出导向谢泼德距离函数的 PDA 模型

Zhou 和 Ang (2008) 在研究中首次提出生产分解分析 (PDA) 这一概念, 并用于 CO_2 排放的分解分析。不同于 Pasurka(2006), Zhou 和 Ang (2008) 没有对距离函数中期望产出和非期望产出做同比例扩张或收缩的严格假定, 而是基于环境生产技术定义了如下投入导向和非期望产出导向的谢泼德距离函数:

$$D_e(E, Y, C) = \sup\{\lambda : (E/\lambda, Y, C) \in T\} \tag{4.51}$$

$$D_c(E, Y, C) = \sup\{\theta : (E, Y, C/\theta) \in T\} \tag{4.52}$$

式中, E 为能源投入; Y 为 GDP; C 为二氧化碳排放。环境生产技术定义为

$$T = \left\{ (E, Y, C) : \sum_{i=1}^{I} z_i Y_i \geqslant Y, \right.$$

$$\sum_{i=1}^{I} z_i C_i = C,$$

$$\sum_{i=1}^{I} z_i E_i \leqslant E,$$

$$\left. z_i \geqslant 0, i = 1, 2, \cdots, I \right\} \tag{4.53}$$

记决策单元 i 在第 t 时期到第 s 时期的碳排放变化为 ΔC_i, 其可以表示为

$$\Delta C_i = \frac{C_i^s}{C_i^t} = \frac{C_i^s/E_i^s}{C_i^t/E_i^t} \times \frac{E_i^s/Y_i^s}{E_i^t/Y_i^t} \times \frac{Y_i^s}{Y_i^t} \tag{4.54}$$

以第 t 时期的生产技术为基准，碳排放变化可做如下分解：

$$\Delta C_i = \left[\frac{C_i^s/D_c^t(E_i^s, Y_i^s, C_i^s) \times (1/E_i^s)}{C_i^t/D_c^t(E_i^t, Y_i^t, C_i^t) \times (1/E_i^t)} \right] \times \left[\frac{E_i^s/D_e^t(E_i^s, Y_i^s, C_i^s) \times (1/Y_i^s)}{E_i^t/D_e^t(E_i^t, Y_i^t, C_i^t) \times (1/Y_i^t)} \right]$$

$$\times \frac{Y_i^s}{Y_i^t} \times \frac{D_c^t(E_i^s, Y_i^s, C_i^s)}{D_c^t(E_i^t, Y_i^t, C_i^t)} \times \frac{D_e^t(E_i^s, Y_i^s, C_i^s)}{D_e^t(E_i^t, Y_i^t, C_i^t)}$$

$$= \mathrm{PCFCH}_i^t \times \mathrm{PEICH}_i^t \times \mathrm{GDPCH}_i \times \mathrm{CEPCH}_i^t \times \mathrm{EUPCH}_i^t \tag{4.55}$$

式中，碳排放变化分解出五个部分，分别是潜在碳因子变化 PCFCH，且碳排放存在无效率时的碳因子比碳排放有效率时大；潜在能源强度变化 PEICH，且能源消耗无效率时的能源强度比能源消耗有效率时的能源强度大；期望产出变化 GDPCH；碳排放变化 CEPCH；能源效率变化 EUPCH。当所有的生产单元都是有效率的，距离函数的数值等于 1。

类似地，以第 s 时期的生产技术为基准对碳排放变化进行分解，可得

$$\Delta C_i = \mathrm{PCFCH}_i^s \times \mathrm{PEICH}_i^s \times \mathrm{GDPCH}_i^s \times \mathrm{CEPCH}_i^s \times \mathrm{EUPCH}_i^s \tag{4.56}$$

为避免选择不同时期生产技术作为基准造成的分解误差，取二者的几何平均值，具体如下所示：

$$\Delta C_i = \left\{ \frac{C_i^s/[D_c^t(E_i^s, Y_i^s, C_i^s) \times D_c^s(E_i^s, Y_i^s, C_i^s)]^{\frac{1}{2}} \times (1/E_i^s)}{C_i^t/[D_c^t(E_i^t, Y_i^t, C_i^t) \times D_c^s(E_i^t, Y_i^t, C_i^t)]^{\frac{1}{2}} \times (1/E_i^t)} \right\}$$

$$\times \left\{ \frac{E_i^s/[D_e^t(E_i^s, Y_i^s, C_i^s) \times D_e^s(E_i^s, Y_i^s, C_i^s)]^{\frac{1}{2}} \times (1/Y_i^s)}{E_i^t/[D_e^t(E_i^t, Y_i^t, C_i^t) \times D_e^s(E_i^t, Y_i^t, C_i^t)]^{\frac{1}{2}} \times (1/Y_i^t)} \right\} \times \frac{Y_i^s}{Y_i^t}$$

$$\times \left[\frac{D_c^t(E_i^s, Y_i^s, C_i^s)}{D_c^t(E_i^t, Y_i^t, C_i^t)} \times \frac{D_c^s(E_i^s, Y_i^s, C_i^s)}{D_c^s(E_i^t, Y_i^t, C_i^t)} \right]^{\frac{1}{2}}$$

$$\times \left[\frac{D_e^t(E_i^s, Y_i^s, C_i^s)}{D_e^t(E_i^t, Y_i^t, C_i^t)} \times \frac{D_e^s(E_i^s, Y_i^s, C_i^s)}{D_e^s(E_i^t, Y_i^t, C_i^t)} \right]$$

$$= \mathrm{PCFCH}_i \times \mathrm{PEICH}_i \times \mathrm{GDPCH}_i \times \mathrm{CEPCH}_i \times \mathrm{EUPCH}_i \tag{4.57}$$

注意到，上式的最后两项本质上就是 Malmquist 生产率指数，区别是 CEPCH_i 是非期望产出导向，而 EUPCH_i 是投入导向。这两项可以做进一步分解，具体如下：

$$\mathrm{CEPCH}_i = \frac{D_c^s(E_i^s, Y_i^s, C_i^s)}{D_c^t(E_i^t, Y_i^t, C_i^t)} \times \left[\frac{D_c^t(E_i^s, Y_i^s, C_i^s)}{D_c^s(E_i^s, Y_i^s, C_i^s)} \times \frac{D_c^t(E_i^t, Y_i^t, C_i^t)}{D_c^s(E_i^t, Y_i^t, C_i^t)} \right]^{\frac{1}{2}}$$

$$= \text{CEEFCH}_i \times \text{CATECH}_i \tag{4.58}$$

$$\text{EUPCH}_i = \frac{D_e^s(E_i^s, Y_i^s, C_i^s)}{D_e^t(E_i^t, Y_i^t, C_i^t)} \times \left[\frac{D_e^t(E_i^s, Y_i^s, C_i^s)}{D_e^s(E_i^s, Y_i^s, C_i^s)} \times \frac{D_e^t(E_i^t, Y_i^t, C_i^t)}{D_e^s(E_i^t, Y_i^t, C_i^t)} \right]^{\frac{1}{2}}$$

$$= \text{EUEFCH}_i \times \text{ESTECH}_i \tag{4.59}$$

等式 (4.58) 右侧第一项 CEEFCH_i 刻画了碳排放的技术效率变动, 第二项 CATECH_i 反映了碳减排技术变动。等式 (4.59) 右侧的第一项 EUEFCH_i 反映了能源利用的技术效率变动, 第二项 ESTECH_i 描述了节能技术的变动效应。

至此, 碳排放变化被分解成如下七个因素:

$$\Delta C_i = C_i^s / C_i^t = \text{PEICH}_i \times \text{PEICH}_i \times \text{GDPCH}_i \times \text{CEEFCH}_i \times \text{CATECH}_i$$

$$\times \text{EUEFCH}_i \times \text{ESTECH}_i \tag{4.60}$$

对上述每一个分解项来说, 当其数值小于 1 时, 该分解项会促进碳减排, 反之, 当数值大于 1 时, 表明该因素增加了碳排放量。在对上式分解模型中的各分解项进行估计时, 需要计算 8 个谢泼德距离函数, 即 $D_c^{l_2}(E_k^{l_1}, Y_k^{l_1}, C_k^{l_1})$ 和 $D_e^{l_2}(E_k^{l_1}, Y_k^{l_1}, C_k^{l_1})$, 其中 $l_1, l_2 \in \{s, t\}$, $k \in \{1, I\}$。具体其可通过下式进行估计:

$$\left[D_c^{l_2}\left(E_k^{l_1}, Y_k^{l_1}, C_k^{l_1}\right) \right]^{-1} = \min \theta$$

$$\text{s.t.} \quad \sum_{i=1}^{I} z_i E_i^{l_2} \leqslant E_k^{l_1},$$

$$\sum_{i=1}^{I} z_i Y_i^{l_2} \geqslant Y_k^{l_1},$$

$$\sum_{i=1}^{I} z_i C_i^{l_2} \leqslant \theta C_k^{l_1},$$

$$z_i \geqslant 0, i = 1, \cdots, I \tag{4.61}$$

$$\left[D_e^{l_2}\left(E_k^{l_1}, Y_k^{l_1}, C_k^{l_1}\right) \right]^{-1} = \min \lambda$$

$$\text{s.t.} \quad \sum_{i=1}^{I} z_i E_i^{l_2} \leqslant \lambda E_k^{l_1},$$

$$\sum_{i=1}^{I} z_i Y_i^{l_2} \geqslant Y_k^{l_1},$$

$$\sum_{i=1}^{I} z_i C_i^{l_2} = C_k^{l_1},$$

$$z_i \geqslant 0, i = 1, \cdots, I \tag{4.62}$$

4.5.2 PDA 拓展模型

PDA 的拓展一般是基于 Zhou 和 Ang(2008) 的研究，将非能源投入纳入生产框架，并考虑不同部门在生产技术上的异质性 (Wang and Zhou, 2018；Wang et al., 2018)。本节围绕碳排放分解和碳强度分解对 PDA 的拓展模型进行介绍。

1. 碳排放变动分解分析

以 Wang 等 (2018) 对碳排放的分解为例，假设一个经济体内有 M 个部门 $(i = 1, \cdots, M)$，每个部门设在 N 个地区 $(j = 1, \cdots, N)$，生产中利用能源投入 E 和非能源投入 X 生产得到期望产出 Y 和二氧化碳 C。部门 i 的生产技术定义为

$$T_i = \Big\{ (E_i, X_i, Y_i, C_i) :$$

$$\text{s.t.} \sum_{j=1}^{N} \lambda_j X_{ij} \leqslant X_i,$$

$$\sum_{j=1}^{N} \lambda_j E_{ij} \leqslant E_i,$$

$$\sum_{j=1}^{N} \lambda_j Y_{ij} \geqslant \beta_{i0} Y_i,$$

$$\sum_{j=1}^{N} \lambda_j C_{ij} = C_i,$$

$$\lambda_j \geqslant 0, j = 1, \cdots, N \Big\} \tag{4.63}$$

分别引入能源投入导向距离函数和非期望产出导向距离函数，得

$$D_{e,i}(E_i, X_i, Y_i, C_i) = \sup\{\phi : (E_i/\phi, X_i, Y_i, C_i) \in T_i\} \tag{4.64}$$

$$D_{c,i}(E_i, X_i, Y_i, C_i) = \sup\{\theta : (E_i, X_i, Y_i, C_i/\theta) \in T_i\} \tag{4.65}$$

测算得到地区 j 部门 i 的能源效率为 $\text{EE}_{ij} = 1/D_{e,ij}$，碳排放效率为 $\text{CE}_{ij} = 1/D_{c,ij}$。

碳排放可通过如下恒等式表示：

$$C = \sum_{ij} C_{ij} = \sum_{ij} \frac{C_{ij}}{E_{ij}} \frac{E_{ij}}{Y_{ij}} \frac{Y_{ij}}{Y_j} \frac{Y_j}{Y} Y = \sum_{ij} \frac{C_{ij}}{E_{ij}} \frac{E_{ij}}{Y_{ij}} S_{ij} U_j Y \tag{4.66}$$

式中，S_{ij} 表示地区 j 的经济结构，$S_{ij} = Y_{ij}/Y_j$；U_j 是经济产出的地理结构，$U_j = Y_j/Y$。

式 (4.66) 表明，碳排放与 5 个因素密切相关，分别是碳排放因子 (C_{ij}/E_{ij})、能源强度 (E_{ij}/Y_{ij})、经济结构 S_{ij}、空间分布 U_j 和经济活动 Y。

结合距离函数，上式可改写成

$$C = \sum_{ij} C_{ij} = \sum_{ij} \frac{C_{ij}/D_{c,ij}}{E_{ij}} \cdot \frac{E_{ij}/D_{e,ij}}{Y_{ij}} \cdot D_{c,ij} \cdot D_{e,ij} \cdot S_{ij} \cdot U_j \cdot Y \tag{4.67}$$

从第 t 时期到第 s 时期的碳排放变化可表示为

$$\Delta C = \frac{C^s}{C^t} = \frac{\sum\limits_{ij} C_{ij}^s}{\sum\limits_{ij} C_{ij}^t}$$

$$= \frac{\sum\limits_{ij} \mathrm{PCF}_{ij}^s \cdot \mathrm{PEI}_{ij}^s \cdot \left[D_{c,ij}^t(s) \cdot D_{c,ij}^s(s)\right]^{\frac{1}{2}} \cdot \left[D_{e,ij}^t(s) \cdot D_{e,ij}^s(s)\right]^{\frac{1}{2}} \cdot S_{ij}^s \cdot U_{ij}^s \cdot Y^s}{\sum\limits_{ij} \mathrm{PCF}_{ij}^t \cdot \mathrm{PEI}_{ij}^t \cdot \left[D_{c,ij}^t(t) \cdot D_{c,ij}^s(t)\right]^{\frac{1}{2}} \cdot \left[D_{e,ij}^t(t) \cdot D_{e,ij}^s(t)\right]^{\frac{1}{2}} \cdot S_{ij}^t \cdot U_{ij}^t \cdot Y^t}$$

$$\tag{4.68}$$

式中，

$$\mathrm{PCF}_{ij}^s = \left[C_{ij}^s / \left(D_{c,ij}^t(s) \cdot D_{c,ij}^s(s)\right)^{1/2}\right] / E_{ij}^s \tag{4.69}$$

$$\mathrm{PEI}_{ij}^s = \left[E_{ij}^s / \left(D_{e,ij}^t(s) \cdot D_{e,ij}^s(s)\right)^{1/2}\right] / Y_{ij}^s \tag{4.70}$$

最后，碳排放变化可分解出如下七个因素：

$$\Delta C = C^s / C^t = D_{\mathrm{PCF}} \cdot D_{\mathrm{PEI}} \cdot D_{\mathrm{CP}} \cdot D_{\mathrm{EP}} \cdot D_S \cdot D_U \cdot D_Y \tag{4.71}$$

式中，D_{PCF} 和 D_{PEI} 分别测度的是潜在碳排放因子和潜在能源强度对碳排放变化的影响；D_{CP} 和 D_{EP} 分别衡量了碳排放绩效和能源效率绩效的影响；D_S 量化了区域经济结构对碳排放的贡献；D_U 是经济产出视角下地理位置对碳排放的效应；最后一项 D_Y 刻画了整体经济活动变化对碳排放的作用程度。

以上碳排放的变化是以乘法形式表述的，其也可以通过加法形式来刻画，结果如下：

$$\Delta C = C^s - C^t = \Delta C_{\mathrm{PCF}} + \Delta C_{\mathrm{PEI}} + \Delta C_{\mathrm{CP}} + \Delta C_{\mathrm{EP}} + \Delta C_S + \Delta C_U + \Delta C_Y \quad (4.72)$$

各因素中的距离函数 $D_{c,i}^{l_2}(E_{ik}^{l_1}, X_{ik}^{l_1}, Y_{ik}^{l_1}, C_{ik}^{l_1})$ 和 $D_{e,i}^{l_2}(E_{ik}^{l_1}, X_{ik}^{l_1}, Y_{ik}^{l_1}, C_{ik}^{l_1})$ 可通过下式进行估计，其中 $l_1, l_2 \in \{s, t\}$，$i \in \{1, M\}$，$k \in \{1, N\}$。

$$\left[D_{c,i}^{l_2}\left(E_{ik}^{l_1}, X_{ik}^{l_1}, Y_{ik}^{l_1}, C_{ik}^{l_1} \right) \right]^{-1} = \min \beta$$

$$\mathrm{s.t.} \quad \sum_{j=1}^{N} \lambda_j X_{ij}^{l_2} \leqslant X_{ik}^{l_1},$$

$$\sum_{j=1}^{N} \lambda_j E_{ij}^{l_2} \leqslant E_{ik}^{l_1},$$

$$\sum_{j=1}^{N} \lambda_j Y_{ij}^{l_2} \geqslant Y_{ik}^{l_1},$$

$$\sum_{j=1}^{N} \lambda_j C_{ij}^{l_2} = \beta C_{ik}^{l_1},$$

$$\lambda_j \geqslant 0, j = 1, \cdots, N \quad (4.73)$$

$$\left[D_{e,i}^{l_2}\left(E_{ik}^{l_1}, X_{ik}^{l_1}, Y_{ik}^{l_1}, C_{ik}^{l_1} \right) \right]^{-1} = \min \beta$$

$$\mathrm{s.t.} \quad \sum_{j=1}^{N} \lambda_j X_{ij}^{l_2} \leqslant X_{ik}^{l_1},$$

$$\sum_{j=1}^{N} \lambda_j E_{ij}^{l_2} \leqslant \beta E_{ik}^{l_1},$$

$$\sum_{j=1}^{N} \lambda_j Y_{ij}^{l_2} \geqslant Y_{ik}^{l_1},$$

$$\sum_{j=1}^{N} \lambda_j C_{ij}^{l_2} = C_{ik}^{l_1},$$

$$\lambda_j \geqslant 0, j = 1, \cdots, N \quad (4.74)$$

分解公式中存在求和项，因而各因素可依据对数平均迪氏分解 I(LMDI-I) 型分解方法进行计算，即

$$D_{\mathrm{PCF}} = \exp\left(\sum_{ij} w_{ij} \ln \frac{\mathrm{PCF}_{ij}^s}{\mathrm{PCF}_{ij}^t} \right) \quad (4.75)$$

$$D_{\text{PEI}} = \exp\left(\sum_{ij} w_{ij} \ln \frac{\text{PEI}_{ij}^s}{\text{PEI}_{ij}^t}\right) \tag{4.76}$$

$$D_{\text{CP}} = \exp\left[\sum_{ij} w_{ij} \ln \frac{\left(D_{c,ij}^t(s)D_{c,ij}^s(s)\right)^{\frac{1}{2}}}{\left(D_{c,ij}^t(t)D_{c,ij}^s(t)\right)^{\frac{1}{2}}}\right] \tag{4.77}$$

$$D_{\text{EP}} = \exp\left[\sum_{ij} w_{ij} \ln \frac{\left(D_{e,ij}^t(s)D_{e,ij}^s(s)\right)^{\frac{1}{2}}}{\left(D_{e,ij}^t(t)D_{e,ij}^s(t)\right)^{\frac{1}{2}}}\right] \tag{4.78}$$

$$D_S = \exp\left(\sum_{ij} w_{ij} \ln \frac{S_{ij}^s}{S_{ij}^t}\right) \tag{4.79}$$

$$D_U = \exp\left(\sum_{ij} w_{ij} \ln \frac{U_j^s}{U_j^t}\right) \tag{4.80}$$

$$D_Y = \exp\left(\sum_{ij} w_{ij} \ln \frac{Y^s}{Y^t}\right) \tag{4.81}$$

式中，$w_{ij} = L\left(C_{ij}^s, C_{ij}^t\right) / L\left(C^s, C^t\right)$ 是权重函数，而 $L\left(\cdot, \cdot\right)$ 是对数均值函数，且

$$L\left(a, b\right) = \begin{cases} \dfrac{a-b}{\ln a - \ln b}, & \text{当} a \neq b \\ a, & \text{当} a = b \end{cases} \tag{4.82}$$

2. 碳强度变动分解分析

碳强度分解与碳排放分解较为相似。同样假设有 M 个部门 $(i = 1, \cdots, M)$，每个部门设在 N 个地区 $(j = 1, \cdots, N)$，每个部门的投入变量为能源投入 E 和非能源投入 X，期望产出和非期望产出分别以经济产出 Y 和碳排放 C 表示。在式 (4.63) 所示的环境生产技术下，定义期望产出导向和非期望导向谢泼德距离函数，如下所示：

$$D_{y,i}\left(E_i, X_i, Y_i, C_i\right) = \inf\left\{\theta : \left(E_i, X_i, Y_i/\theta, C_i\right) \in T_i\right\} \tag{4.83}$$

$$D_{c,i}\left(E_i, X_i, Y_i, C_i\right) = \sup\left\{\theta : \left(E_i, X_i, Y_i, C_i/\theta\right) \in T_i\right\} \tag{4.84}$$

碳强度通过如下恒等式表示

$$\text{CI}_j = \frac{C_j}{Y_j} = \sum_i \frac{C_{ij}}{E_{ij}} \cdot \frac{E_{ij}}{Y_{ij}} \cdot \frac{Y_{ij}}{Y_j} = \sum_i \frac{C_{ij}}{E_{ij}} \cdot \frac{E_{ij}}{Y_{ij}} \cdot S_{ij} \tag{4.85}$$

式中，C_{ij}/E_{ij} 表示部门 i 的碳排放因子；E_{ij}/Y_{ij} 代表能源强度；S_{ij} 表示区域 i 的经济结构。结合距离函数 (4.83) 和函数 (4.84)，上式可进一步分解为 (Wang and Zhou, 2018)

$$
\begin{aligned}
\mathrm{CI}_j &= \sum_i \frac{C_{ij}}{E_{ij}} \cdot \frac{E_{ij}}{Y_{ij}} \cdot S_{ij} \\
&= \sum_i \frac{C_{ij}/D_{c,ij}\left(E_i, X_i, Y_i, C_i\right)}{E_{ij}} \cdot \frac{E_{ij} \cdot D_{y,ij}\left(E_i, X_i, Y_i, C_i\right)}{Y_{ij}} \\
&\quad \times \frac{D_{c,ij}\left(E_i, X_i, Y_i, C_i\right)}{D_{y,ij}\left(E_i, X_i, Y_i, C_i\right)} \cdot S_{ij}
\end{aligned} \tag{4.86}
$$

式中，右端第一项可理解为部门 i 的潜在碳排放因子，即 $\mathrm{PCF} = [C_{ij}/D_{c,ij}(E_i, X_i, Y_i, C_i)]/E_{ij}$，其意味着决策单元的碳排放技术水平提升到前沿面技术水平时的潜在碳排放因子水平。

基于产出距离函数的特性：$D_o(E, X, Y/\theta, C/\theta) = D_o(E, X, Y, C)/\theta$ 及 $D_o(E/\eta, X/\eta, Y, C) = \eta D_o(E, X, Y, C)$，等式 (4.86) 右端的第二项可分解为

$$
\frac{E_{ij} \cdot D_{y,ij}\left(E_i, X_i, Y_i, C_i\right)}{Y_{ij}} = \frac{D_{y,ij}\left(1, x_{ij}, Y_{ij}, C_i\right)}{Y_{ij}} = D_{y,ij}\left(1, x_{ij}, 1, c_{ij}\right) \tag{4.87}
$$

式中，x_{ij} 表示非能源-能源替代效应，$x_{ij} = X_{ij}/E_{ij}$，用以衡量非能源投入与能源投入之间的替代效应对碳强度变化的影响程度。

式 (4.86) 右端第三项的倒数可进行如下扩展：

$$
\frac{D_{y,ij}\left(E_i, X_i, Y_i, C_i\right)}{D_{c,ij}\left(E_i, X_i, Y_i, C_i\right)} = \frac{Y_{ij}/Y_{ij}^*}{C_{ij}/C_{ij}^*} = \frac{C_{ij}^*/Y_{ij}^*}{C_{ij}/Y_{ij}} \tag{4.88}
$$

其刻画了区域 j 部门 i 潜在碳强度与实际碳强度的比值，取值介于 0～1 之间。其值越大，意味着该决策单元的碳排放绩效越好。因而可将其记为碳排放绩效指标，即 $\mathrm{CPI}_{ij} = D_{y,ij}(E_i, X_i, Y_i, C_i)/D_{c,ij}(E_i, X_i, Y_i, C_i)$。

由此，区域 j 的碳强度分解结果如下所示：

$$
\mathrm{CI}_j = \sum_i \mathrm{PCF}_{ij} \cdot D_{y,ij}\left(1, x_{ij}, 1, c_{ij}\right) \cdot \mathrm{CPI}_{ij}^{-1} \cdot S_{ij} \tag{4.89}
$$

比较碳强度在不同时期的分解变化，可以考虑从两个方面入手，即不同时期之间碳强度增量的变化或比值的变化情况。以碳强度的比值为例，其在第 t 时期到第 s 时期的碳强度变化分解模型可表示如下：

$$
\frac{\mathrm{CI}_j^s}{\mathrm{CI}_j^t} = \frac{\sum\limits_i \mathrm{PCF}_{ij}^s \cdot D_{y,ij}^s\left(1, x_{ij}^s, 1, c_{ij}^s\right) \cdot \mathrm{CPI}_{ij}^{-1} \cdot S_{ij}^s}{\sum\limits_i \mathrm{PCF}_{ij}^t \cdot D_{y,ij}^t\left(1, x_{ij}^t, 1, c_{ij}^t\right) \cdot \mathrm{CPI}_{ij}^{-1} \cdot S_{ij}^t} = D_{\mathrm{PCF}} \cdot D_{\mathrm{mix}} \cdot D_{\mathrm{CPI}} \cdot D_{\mathrm{str}}
$$

$$\tag{4.90}$$

各因素中的距离函数 $D_{c,i}^{l_2}(E_{ik}^{l_1}, X_{ik}^{l_1}, Y_{ik}^{l_1}, C_{ik}^{l_1})$ 可通过式 (4.73) 计算, $D_{y,i}^{l_2}(E_{ik}^{l_1}, X_{ik}^{l_1}, Y_{ik}^{l_1}, C_{ik}^{l_1})$ 可通过式 (4.91) 进行估计, 其中 $l_1, l_2 \in \{s, t\}$, $i \in \{1, M\}$, $k \in \{1, N\}$。

$$
\left[D_{y,i}^{l_2}\left(E_{ik}^{l_1}, X_{ik}^{l_1}, Y_{ik}^{l_1}, C_{ik}^{l_1}\right)\right]^{-1} = \max \beta
$$

$$
\text{s.t.} \sum_{j=1}^{N} \lambda_j X_{ij}^{l_2} \leqslant X_{ik}^{l_1},
$$

$$
\sum_{j=1}^{N} \lambda_j E_{ij}^{l_2} \leqslant E_{ik}^{l_1},
$$

$$
\sum_{j=1}^{N} \lambda_j Y_{ij}^{l_2} \geqslant \beta Y_{ik}^{l_1},
$$

$$
\sum_{j=1}^{N} \lambda_j C_{ij}^{l_2} = C_{ik}^{l_1},
$$

$$
\lambda_j \geqslant 0, j = 1, \cdots, N \tag{4.91}
$$

分解公式中存在求和项, 因而各因素值需进一步通过下述公式求解:

$$
D_{\text{PCF}} = \exp\left(\sum_{ij} w_{ij} \ln \frac{\text{PCF}_{ij}^s}{\text{PCF}_{ij}^t}\right) \tag{4.92}
$$

$$
D_{\text{mix}} = \exp\left(\sum_{ij} w_{ij} \ln \frac{D_{y,ij}^s\left(1, x_{ij}^s, 1, c_{ij}^s\right)}{D_{y,ij}^t\left(1, x_{ij}^t, 1, c_{ij}^t\right)}\right) \tag{4.93}
$$

$$
D_{\text{CPI}} = \exp\left(\sum_{ij} w_{ij} \ln \frac{\text{CPI}_{ij}^s}{\text{CPI}_{ij}^t}\right) \tag{4.94}
$$

$$
D_{\text{str}} = \exp\left(\sum_{ij} w_{ij} \ln \frac{S_{ij}^s}{S_{ij}^t}\right) \tag{4.95}
$$

式中, $w_{ij} = L\left(C_{ij}^s, C_{ij}^t\right)/L\left(C^s, C^t\right)$ 是权重函数, $L\left(\cdot, \cdot\right)$ 是对数均值函数, 定义如下:

$$
L(a, b) = \begin{cases} \dfrac{a-b}{\ln a - \ln b}, & \text{当} a \neq b \\ a, & \text{当} a = b \end{cases} \tag{4.96}
$$

4.6 案例应用

4.6.1 OECD 国家环境绩效评估

本节应用模型 (4.7)、模型 (4.29)、模型 (4.31) 和模型 (4.32) 评估 1995~1997 年 26 个 OECD 国家的静动态环境绩效[①]。同时应用模型 (4.1) 计算径向环境绩效指数,以便于与非径向环境绩效指数做对比。

本节案例中,投入变量为劳动力 (LF) 和一次能源消费 (PEC);期望产出为国内生产总值 (GDP)。非期望产出除了考虑以往研究中常用的二氧化碳 (CO_2)、硫氧化物 (SO_x) 和氮氧化物 (NO_x),还考虑了对人体健康造成不良影响的一氧化碳 (CO)。相应数据源自《世界能源统计评论》、《经合组织环境数据》、《经合组织历史统计》和 OECD 国家的能源平衡表。表 4-1 给出了各变量的描述性统计。

表 4-1 主要变量的描述性统计

年份	变量	平均值	标准差	最小值	最大值
1995	劳动力/百万人	17.16	28.08	0.15	133.64
	一次能源消费/百万吨油当量	180.21	413.16	1.9	2119.1
	GDP/十亿美元	891.02	1717.29	6.9	7338.4
	SO_x/千吨	1475.70	3359.44	8.1	17407
	NO_x/千吨	1673.27	4360.73	28	22725
	CO_2/百万吨	421.58	996.69	2	5116
	CO/千吨	6261.88	16289.95	49	83813
1996	劳动力/百万人	17.31	28.36	0.15	135.14
	一次能源消费/百万吨油当量	186.12	426.81	1.9	2189.8
	GDP/十亿美元	916.46	1775.40	7.26	7603
	SO_x/千吨	1420.17	3298.80	8.3	17109
	NO_x/千吨	1708.23	4535.52	30	23635
	CO_2/百万吨	434.96	1023.51	2	5255
	CO/千吨	6359.27	16942.62	50	87240
1997	劳动力/百万人	17.51	28.82	0.15	137.53
	一次能源消费/百万吨油当量	187.09	429.83	2.1	2206.7
	GDP/十亿美元	945.00	1836.78	7.59	7943
	SO_x/千吨	1378.15	3386.99	8.8	17566
	NO_x/千吨	1707.04	4589.72	29	23907
	CO_2/百万吨	442.31	1061.45	2	5460
	CO/千吨	6262.77	16681.88	39	85751

表 4-2 展示了采用模型 (4.1) 所得的径向环境绩效指数 (REPI) 和采用模型 (4.7) 所得的非径向环境绩效指数 (NREPI)。其中,非径向模型中 CO_2、SO_x、NO_x 和 CO 等非期望产出的权重预设为 0.25,以表明减少每种非期望产出都具有相同的重要性。

[①] 相关内容可进一步参见 Zhou 等 (2007)。

表 4-2 中显示，在环境绩效测度方面非径向 DEA 模型比径向 DEA 模型具有更高的识别力。采用径向测度模型时，十余个国家的 REPI 数值均为 1，无法进一步给出绩效优劣。而采用非径向测度模型时，只有日本和瑞士两个国家的环境绩效得分为 1.000。理论上，REPI 值为 1.000 的其他国家可以进一步通过 NREPI 进行比较，这是因为非径向 DEA 模型允许非期望产出进行不等比例的减少。从表 4-2 中我们还可以发现，波兰和斯洛伐克无论采用径向还是非径向的环境绩效指数，这三年的环境绩效指数数值都相对较小；而对于澳大利亚和匈牙利，虽然径向环境绩效指数数值一直等于 1.000，但非径向环境绩效指数在三年内相对较低。

表 4-2　径向与非径向 EPI 测度结果

国家	REPI			NREPI		
	1995 年	1996 年	1997 年	1995 年	1996 年	1997 年
澳大利亚	1.000	1.000	1.000	0.075	0.071	0.069
奥地利	1.000	1.000	1.000	0.458	0.442	0.422
加拿大	0.349	0.343	0.341	0.097	0.095	0.093
捷克	1.000	1.000	0.216	0.046	0.045	0.045
丹麦	1.000	0.562	0.514	0.302	0.262	0.300
芬兰	0.550	0.507	0.470	0.265	0.247	0.258
法国	0.815	0.731	0.828	0.341	0.330	0.346
德国	0.546	0.508	0.513	0.371	0.386	0.412
希腊	0.543	0.602	0.531	0.125	0.121	0.118
匈牙利	1.000	1.000	1.000	0.072	0.070	0.071
冰岛	1.000	1.000	1.000	0.212	0.202	0.226
爱尔兰	0.536	0.555	0.596	0.211	0.216	0.228
意大利	0.436	0.464	0.462	0.227	0.227	0.229
日本	1.000	1.000	1.000	1.000	1.000	1.000
韩国	1.000	1.000	1.000	0.201	0.199	0.197
荷兰	1.000	1.000	1.000	0.400	0.403	0.436
新西兰	1.000	1.000	1.000	0.168	0.157	0.147
挪威	1.000	1.000	1.000	0.416	0.424	0.420
波兰	0.096	0.106	0.116	0.035	0.034	0.037
葡萄牙	1.000	1.000	1.000	0.141	0.146	0.145
斯洛伐克	0.156	0.168	0.156	0.045	0.052	0.056
西班牙	1.000	0.834	0.793	0.195	0.195	0.190
瑞典	0.762	0.775	0.905	0.405	0.388	0.411
瑞士	1.000	1.000	1.000	1.000	1.000	1.000
英国	0.494	0.465	0.437	0.212	0.213	0.226
美国	0.240	0.255	0.261	0.123	0.119	0.118
平均值	0.751	0.726	0.698	0.275	0.271	0.277

表 4-3 列出了除日本和瑞士外其他样本国家在 1995~1996 年和 1996~1997 年的非径向动态环境绩效指数 (NRMEPI) 及其分解结果。总体来看，这些国家的环境绩效在 1995~1997 年有所提升。在 1995~1996 年和 1996~1997 年，OECD 国家 NRMEPI 的几何均值均大于 1.000，这一提升现象主要源自技术变动 (NRMTHCH)，尽管对 1996~1997 年的效率变动 (NRMEFFCH) 也起到了贡献，

但贡献程度较小。

表 4-3 非径向动态环境绩效及其分解

国家	1995~1996 年			1996~1997 年		
	NRMEPI	NRMEFFCH	NRMTHCH	NRMEPI	NRMEFFCH	NRMTHCH
澳大利亚	0.964	0.943	1.022	1.001	0.981	1.020
奥地利	1.020	0.965	1.057	1.013	0.953	1.063
加拿大	1.005	0.974	1.032	1.018	0.985	1.034
捷克	1.024	0.995	1.029	1.008	0.983	1.025
丹麦	0.903	0.867	1.042	1.201	1.145	1.049
芬兰	0.966	0.929	1.040	1.092	1.044	1.045
法国	1.004	0.968	1.038	1.089	1.046	1.041
德国	1.076	1.041	1.034	1.095	1.066	1.026
希腊	0.996	0.966	1.031	1.010	0.978	1.033
匈牙利	1.014	0.979	1.036	1.047	1.007	1.039
冰岛	0.975	0.950	1.026	1.152	1.119	1.029
爱尔兰	1.054	1.024	1.029	1.080	1.054	1.025
意大利	1.037	0.998	1.038	1.051	1.009	1.042
韩国	1.025	0.989	1.036	1.015	0.987	1.028
荷兰	1.050	1.009	1.040	1.110	1.080	1.027
新西兰	0.981	0.940	1.043	0.974	0.931	1.046
挪威	1.070	1.020	1.050	1.046	0.991	1.056
波兰	1.003	0.967	1.037	1.111	1.067	1.041
葡萄牙	1.067	1.041	1.025	1.018	0.992	1.026
斯洛伐克	1.199	1.161	1.033	1.099	1.072	1.025
西班牙	1.033	1.002	1.031	1.006	0.973	1.034
瑞典	0.999	0.958	1.042	1.108	1.060	1.045
英国	1.041	1.005	1.035	1.110	1.061	1.047
美国	1.006	0.969	1.037	1.029	0.989	1.040
几何均值	1.020	0.985	1.036	1.060	1.023	1.037

表 4-2 和表 4-3 中的非径向静动态环境绩效指数是在 $\omega_{b1} = \omega_{b2} = \omega_{b3} = \omega_{b4} = 0.25$ 条件下计算的。为了确定环境绩效排序是否对权重设置具有敏感性,我们进一步采用模型 (4.7) 计算不同权重组合下的非径向环境绩效指数 (NREPI)。具体做法为,将每个非期望产出权重由低到高分别设置为 0.1、0.25、0.4。如果设定其中一个非期望产出的权重,那么其余三个非期望产出的权重将平均分配。由此,我们得到 9 种不同权重组合。利用这些权重集测算得出非径向环境绩效指数 (NREPI),然后得到各国环境绩效的 9 组排名。以 1997 年为例,26 个国家平均秩序列对应的箱线图如图 4.2 所示。

总体来讲,这些国家的环境绩效排名对非期望产出的权重组合不是很敏感。具体地,排在两极的日本、瑞士、斯洛伐克、捷克和波兰在不同的权重组合下其排名指数是相同的。其他环境绩效较低的国家,如加拿大和匈牙利,排名也几乎没有变化。但注意到,环境绩效中等或偏高的国家如荷兰和冰岛,其排序波动范围稍大。例如,如果优先进行二氧化碳减排,冰岛在 26 个国家中排名第十位,而如果不予以优先实施碳减排，冰岛则排在第十五位。

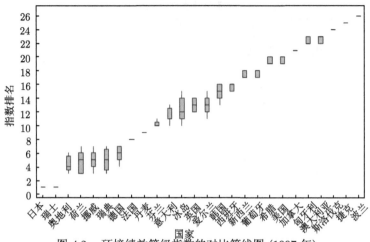

图 4.2　　环境绩效等级指数的对比箱线图 (1997 年)

　　图 4.2 展示了 26 个国家环境绩效的整体水平，但它没有表现出每个国家的环境绩效随权重的变化情况。因此，我们进一步分析权重设定变化对环境绩效的影响，尤其是那些排序波动较大的国家。以荷兰为例，我们测算了 NREPI 对每一类非期望产出的单向敏感性分析，结果如图 4.3 所示。可以看出 NREPI 对非期望产出权重设定的敏感程度不高。

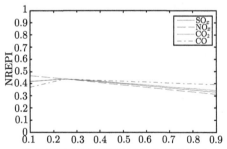

图 4.3　　荷兰环境绩效指数敏感性分析结果 (1997 年)

4.6.2　各国电力行业能源与碳排放绩效评估

　　本节采用一个一般化的非径向方向距离函数模型评估 2005 年 126 个国家电力生产的能源与碳排放绩效[①]。样本数据与 Ang 等 (2011) 所采用的数据集的区别在于少了三个极少使用化石燃料进行发电的国家。总体上，这 126 个国家占 2005 年全球化石燃料发电的 97%。

---

① 相关内容可进一步参见 Zhou 等 (2012)。

为便于对比不同经济体的能源与碳排放绩效,我们将这 126 个国家分为两类:一类是没有热电厂的国家,另一类是有热电厂的国家 (以下分别称为 G1 和 G2)。G1 由 82 个国家组成,主要是非 OECD 国家;G2 由剩下的 44 个国家组成,主要是 OECD 国家。在这两组中,G1 国家发电量在总发电量中所占份额略小 (48.4%),但在二氧化碳排放中所占份额较大 (50.5%)。

对于 G1 国家,我们将化石燃料消耗 (F)、发电量 (E) 及二氧化碳排放 (C) 分别作为投入、期望产出和非期望产出。与之不同,G2 国家多一个期望产出,即热电厂产生的热量 (H)。表 4-4 为 G1 和 G2 国家各变量的描述性统计。测量单位分别是百万吨油当量 (Mtoe)、亿千瓦时 (TW·h)、百万吨 (Mt) 二氧化碳排放和拍焦 (PJ)。

表 4-4　变量描述性统计

数值	G1			G2			
	F/Mtoe	E/(TW·h)	C/Mt	F/Mtoe	E/(TW·h)	H/PJ	C/Mt
中值	17.133	69.440	61.060	32.886	138.176	212.970	111.572
标准差	64.589	245.659	252.794	107.913	469.534	863.273	380.583
最小值	0.001	0.005	0.003	0.044	0.070	0.007	0.135
最大值	545.505	2044.832	2158.246	694.214	3078.074	5735.313	2481.701

对于 G1 和 G2 组中的每一个国家,我们都计算了其能源绩效指数 (分别为 EPI_1 和 EPI_2)、碳排放绩效指数 (分别为 CPI_1 和 CPI_2) 和能源碳排放综合绩效指数 (分别为 $ECECPI_1$ 和 $ECECPI_2$),但由于投入产出变量不一样,所用到的 DEA 模型也不同,具体可参见 Zhou 等 (2012)。

表 4-5 总结了各种方向向量下用于构建生产前沿的国家。对于 G1 国家,可以发现西班牙和突尼斯经常出现在最佳前沿面上。这可能是由于西班牙单位化石燃料的发电量最高,而突尼斯大部分电力生产来自天然气,因而每单位电力生产的二氧化碳排放量最低。对于 G2 国家,瑞士、立陶宛和乌克兰在不同方向向量下出现在最佳前沿面上的次数更为频繁。

图 4.4 为 G1 和 G2 国家三个指标的箱线图。可以看出,G1 国家这三个指标的中位数都大于 G2,而方差的中位数则相反。

在 G1 国家中,EPI_1、CPI_1 和 $ECECPI_1$ 的平均得分分别为 0.76、0.65 和 0.72。其中,有 43 个国家的 $ECECPI_1$ 得分高于平均水平。具体来说,西班牙和突尼斯在所有三个指标中得分都为 1.00,这意味着它们处于最佳前沿面上。南非的 EPI_1 分数为 1.00,而 CPI_1 和 $ECECPI_1$ 得分均小于 1.00,这说明南非在能源利用方面表现较好,但在二氧化碳排放方面表现不佳。对于发电高度依赖化石燃料的中国、印度和南非来说,它们的 CO_2 排放绩效均低于 G1 国家的平均水平。从这些国家的能源绩效来看,中国和南非优于 G1 国家的平均水平,而印度则低于 G1 国家的平均水平。

表 4-5　用于构建生产前沿的国家

G1						G2					
$(-F, E, 0)$		$(0, E, -C)$		$(-F, E, -C)$		$(-F, E, H, 0)$		$(0, E, H, -C)$		$(-F, E, H, -C)$	
西班牙	76	西班牙	6	西班牙	6	挪威	15	瑞士	35	瑞士	36
南非	16	突尼斯	81	突尼斯	81	瑞典	10	立陶宛	20	立陶宛	21
突尼斯	41					瑞士	16	乌克兰	29	乌克兰	29
						立陶宛	14				
						马其顿	20				
						蒙古	8				
						乌克兰	26				

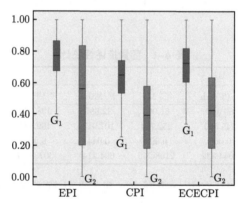

图 4.4　G1 和 G2 国家 EPI、CPI 和 ECECPI 的箱线图

　　在 G2 国家中，EPI_2、CPI_2 和 $ECECPI_2$ 的平均得分分别为 0.54、0.41 和 0.44。有三个国家 (即瑞士、立陶宛和乌克兰) 位于前沿面上，它们的 EPI_2、CPI_2 和 $ECECPI_2$ 值均等于 1.00。俄罗斯虽然为 G2 国家中第二大的燃料消费国和 CO_2 排放国，但在能源使用和 CO_2 排放方面的表现均较好，CPI_2 和 $ECECPI_2$ 值排名第四，EPI_2 值排名第五。G2 国家中，EPI_2、CPI_2 和 $ECECPI_2$ 三个指标的方差非常大，这说明组内各国发电的能源绩效和二氧化碳排放绩效存在显著差异。具体来说，有 12 个国家的 EPI_2、CPI_2 和 $ECECPI_2$ 得分不超过 0.20，这可能是由于它们的发电效率相对较低，或者过于依赖煤炭发电。

　　需要注意的是尽管 G1 国家三个指标的平均值均大于 G2 国家，但由于评估 G1 和 G2 国家的绩效模型不一样，不能简单地认定 G1 国家的能源和二氧化碳排放绩效一定优于 G2 国家。然而，从结果中可以看出 G1 组内各国更为接近效率前沿。这可能是由于 G1 国家中 90% 属于非 OECD 国家，这些国家投入和产出变量之间的差异较小。

　　接下来，我们提出三个假设，用以检验 OECD 和非 OECD 国家在 G1 和 G2 组内的 EPI、CPI 和 ECECPI 值是否存在显著差异。具体假设如下：

(1) OECD 国家与非 OECD 国家在发电上具有相同的能源绩效；

(2) OECD 国家与非 OECD 国家在发电上具有相同的碳排放绩效；

(3) OECD 国家与非 OECD 国家在发电上具有相同的能源碳排放综合绩效。

由于三个绩效指标不服从正态分布，因而我们遵循 DEA 统计检验的普遍做法，采用 Wilcoxon-Mann-Whitney 秩和检验来检验上述三个假设。所得结果如表 4-6 所示。可以看出，在 0.01 的显著性水平下，G1 国家的三个假设均被拒绝，这说明 G1 中的 OECD 国家显著优于非 OECD 国家。然而，对于 G2 国家，没有统计学证据表明在 0.01 显著性水平上可以否定这三个假设。因而可以说，G2 组中，OECD 与非 OECD 国家的能源绩效、碳排放绩效和能源碳排放综合绩效没有显著差异。

表 4-6 假设检验结果

假设	Wilcoxon-Mann-Whitney 秩和检验	p 值
H_{0a}:Mean($EPI_{OECD-G1}$) =Mean($EPI_{非OECD-G1}$)	73.000	0.001
H_{0b}:Mean($CPI_{OECD-G1}$) =Mean($CPI_{非OECD-G1}$)	120.500	0.009
H_{0c}:Mean($ECECPI_{OECD-G1}$) =Mean($ECECPI_{非OECD-G1}$)	97.500	0.003
H_{0d}:Mean($EPI_{OECD-G2}$) =Mean($EPI_{非OECD-G2}$)	237.000	0.458
H_{0e}:Mean($CPI_{OECD-G2}$) =Mean($CPI_{非OECD-G2}$)	241.000	0.496
H_{0f}:Mean($ECECPI_{OECD-G2}$) =Mean($ECECPI_{非OECD-G2}$)	238.000	0.467

总体上，OECD 国家在三个绩效指标上都优于非 OECD 国家。这表明，非 OECD 国家在减少能源消耗和二氧化碳排放方面有更大的潜力。这些国家可以通过改用更清洁的能源、提高能源效率和吸收更先进的节能技术来取得这样的进展。

表 4-7 展示了 EPI 与聚合发电效率 (即发电与化石燃料投入的比率)，CPI 与聚合能源强度 (即二氧化碳排放与发电的比率) 之间的相关性。由 Pearson 和 Spearman 相关系数可以看出，EPI 与聚合发电效率存在正相关，CPI 与聚合碳强度存在负相关。这意味着发电效率高的国家通常有更好的能源绩效，而碳强度低的国家通常有更好的碳排放绩效。表中还显示，G1 国家的相关性更强，这可能是因为在计算 G2 国家的绩效时考虑了热电厂产生的热量。

表 4-7 Pearson 相关系数和 Spearman 相关系数

G1	相关系数	G2	相关系数
	聚合发电效率		聚合发电效率
EPI_1	0.949(0.947)	EPI_2	0.319(0.201)
	聚合碳强度		聚合碳强度
CPI_1	$-0.907(-0.996)$	CPI_2	$-0.433(-0.435)$

注: 括号内为 Spearman 相关系数。

由于非径向方向距离函数是对径向方向距离函数的扩展，因而将两种方法的结果进行比较是有意义的。表 4-8 给出了由非径向和径向方向距离函数得出的三个指标的均值和标准差。可以看出,径向方向距离函数与非径向方向距离函数得到的三个指标数值存在显著差异。一般情况下,由径向方向距离函数得到的指标均值大于非径向距离函数得到的指标均值,而标准差则相反。这主要是由于非径向方向距离函数能够识别投入和产出变量中的所有松弛。

表 4-8 非径向距离函数和径向方向距离函数结果对比

函数	平均值			标准偏差		
	EPI	CPI	ECECPI	EPI	CPI	ECECPI
非径向方向距离函数	0.6869	0.5619	0.6194	0.2514	0.2365	0.2486
径向方向距离函数	0.8326	0.6406	0.7856	0.1282	0.1904	0.1508

4.6.3 中国分行业碳排放变化分解分析

本节采用 PDA 分析方法对 "十一五" 规划 (2006~2010 年) 期间中国 30 个省份的行业碳排放变化进行分解[①],具体涉及农业、工业、建筑业、交通部门和服务业 5 个行业部门。投入变量为能源 (E),产出为期望产出 GDP(Y) 和非期望产出 $CO_2(C)$,各个行业的变量统计特征如表 4-9 所示。

表 4-9 投入变量与产出变量的描述性统计

部门	参数	能源消耗/($\times10^6$t 标准煤)	经济产出 /($\times10^9$ 元)	CO_2/($\times10^6$t)
农业	最大值	6.80	302.14	14.51
	最小值	0.08	6.96	0.17
	均值	2.07	97.93	4.19
	标准偏差	1.24	71.49	2.62
工业	最大值	164.39	1392.64	422.86
	最小值	3.66	21.76	6.31
	均值	50.38	379.94	118.96
	标准偏差	36.60	341.97	90.80
建筑业	最大值	2.71	144.40	6.37
	最小值	0.09	6.05	0.15
	均值	0.90	47.56	1.78
	标准偏差	0.65	31.62	1.36
交通部门	最大值	26.39	128.84	53.63
	最小值	0.40	3.53	0.83
	均值	7.64	45.08	15.73
	标准偏差	5.53	31.97	11.46
服务业	最大值	9.27	372.33	22.02
	最小值	0.20	5.00	0.40
	均值	2.25	93.05	4.55
	标准偏差	1.95	83.66	4.57
全国	2006	1616.09	17712.26	3699.07
	2010	2178.70	22101.86	5013.48

① 西藏、香港、澳门和台湾因数据不可得或统计口径不一致等原因而未纳入样本集。

基于 4.5.2 节的分解方法对 2006~2010 年中国碳排放变动进行分解，所得结果如图 4.5 所示。指标值小于 1 表示对碳减排有促进作用，大于 1 表示推动了碳排放的增加。可以看出，潜在碳因子 (D_{PCF}) 和潜在能源强度 (D_{PEI}) 显著促进了碳减排，而碳排放效率 (D_{CE})、能源效率 (D_{EE})、经济结构 (D_S) 和地理分布 (D_U) 对碳排放变化的作用并不明显，而经济活动 (D_Y)、碳排放技术 (D_{CTECH}) 和能源技术 (D_{ETECH}) 显著地推动了碳排放的增长。

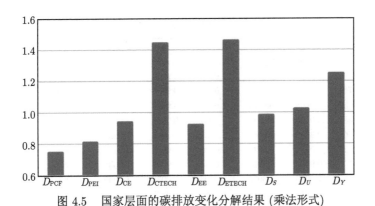

图 4.5　国家层面的碳排放变化分解结果 (乘法形式)

上述结果是在乘法形式框架下分解得到的，为了对比加法形式和乘法形式分解结果的差异，图 4.6 展示了加法形式的碳排放分解结果。可以发现，加法分解和乘法分解得到的结果密切相关，且加法分解的结果是对乘法分解结果的补充说明。比如，能源效率 (ΔC_{EE}) 有效减少了 367×10^6t 的碳排放。

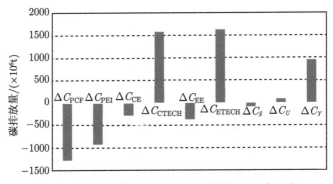

图 4.6　国家层面的碳排放变化分解结果 (加法形式)

为分析碳排放变化的差异，进一步在省际层面对其进行分解，区别于国家层面的分解，省际层面碳排放变化的分解公式中可以合并省际经济活动，从而得到

如下简化模型:

$$\Delta C = C^{\mathrm{T}}/C^0 = D_{\mathrm{PCF}} \cdot D_{\mathrm{PEI}} \cdot D_{\mathrm{CE}} \cdot D_{\mathrm{CTECH}} \cdot D_{\mathrm{EE}} \cdot D_{\mathrm{ETECH}} \cdot D_S \cdot D_{\mathrm{PY}} \qquad (4.97)$$

具体分解结果如表 4-10 所示。可以发现,经济增长和节能减排技术的退步是河北、山东、辽宁、浙江这 4 个省份碳排放增长的主要驱动因素。30 个省份对全国碳减排的影响均是消极的,其中对湖北的影响最大,其次是江苏、山东和辽宁。

表 4-10　省际层面的碳排放变化分解结果 (乘法形式)

省份	D_{PCF}	D_{PEI}	D_{CE}	D_{CTECH}	D_{EE}	D_{ETECH}	D_S	D_{PY}	总变动
北京	0.9984	0.9997	0.9987	1.0020	0.9992	1.0024	0.9988	1.0015	1.0007
天津	0.9954	0.9964	0.9982	1.0068	0.9974	1.0063	0.9999	1.0041	1.0044
河北	0.9776	0.9891	1.0003	1.0265	0.9959	1.0271	0.9953	1.0163	1.0272
山西	0.9905	0.9908	0.9907	1.0165	0.9927	1.0171	0.9984	1.0109	1.0070
内蒙古	0.9835	0.9803	0.9918	1.0251	0.9908	1.0262	1.0018	1.0183	1.0167
辽宁	0.9746	0.9840	1.0000	1.0255	1.0000	1.0260	1.0009	1.0154	1.0255
吉林	0.9952	0.9901	0.9916	1.0139	0.9906	1.0144	1.0014	1.0086	1.0054
黑龙江	0.9971	0.9997	0.9995	1.0032	0.9993	1.0036	0.9984	1.0020	1.0026
上海	0.9955	1.0030	1.0035	1.0006	1.0033	1.0009	0.9966	1.0008	1.0042
江苏	0.9775	0.9916	1.0067	1.0188	1.0037	1.0192	0.9967	1.0120	1.0257
浙江	0.9928	0.9965	0.9972	1.0089	0.9974	1.0098	0.9994	1.0040	1.0061
安徽	0.9924	0.9884	0.9913	1.0162	0.9913	1.0165	1.0018	1.0098	1.0073
福建	0.9911	0.9948	0.9999	1.0089	0.9998	1.0092	0.9994	1.0059	1.0088
江西	0.9914	0.9937	0.9960	1.0111	0.9974	1.0091	1.0013	1.0051	1.0050
山东	0.9747	0.9928	1.0043	1.0212	1.0033	1.0226	0.9935	1.0138	1.0256
河南	0.9844	0.9864	0.9935	1.0238	0.9918	1.0242	1.0008	1.0129	1.0172
湖北	0.9826	0.9836	0.9971	1.0233	0.9935	1.0243	0.9996	1.0170	1.0204
湖南	0.9937	0.9840	0.9832	1.0220	0.9839	1.0228	1.0002	1.0160	1.0048
广东	0.9899	1.0002	1.0026	1.0074	1.0019	1.0082	0.9992	1.0064	1.0159
广西	0.9918	0.9908	0.9951	1.0128	0.9952	1.0130	1.0018	1.0075	1.0078
海南	0.9984	0.9997	1.0010	1.0006	1.0009	1.0007	0.9995	1.0008	1.0016
重庆	0.9909	0.9901	0.9969	1.0124	0.9965	1.0128	1.0014	1.0086	1.0093
四川	0.9800	0.9867	1.0051	1.0194	1.0004	1.0200	1.0017	1.0117	1.0246
贵州	0.9995	0.9950	0.9929	1.0078	0.9923	1.0083	0.9983	1.0067	1.0007
云南	0.9927	0.9968	1.0001	1.0071	0.9998	1.0075	0.9980	1.0052	1.0072
陕西	0.9901	0.9931	0.9999	1.0099	0.9995	1.0105	0.9989	1.0081	1.0098
甘肃	0.9966	0.9977	0.9996	1.0046	0.9986	1.0048	0.9993	1.0030	1.0042
青海	0.9981	0.9985	0.9996	1.0022	0.9997	1.0022	1.0001	1.0014	1.0017
宁夏	0.9971	0.9968	0.9984	1.0045	0.9983	1.0046	0.9996	1.0036	1.0029
新疆	0.9935	0.9977	1.0012	1.0051	1.0011	1.0054	0.9980	1.0043	1.0063
全国	0.7444	0.8080	0.9372	1.4409	0.9186	1.4571	0.9801	1.2719	1.3553

　　考虑地理位置分布对碳排放差异的影响,将 30 个省份划分为四个地区:东部地区、中部地区、西部地区和东北地区。由图 4.7 可以看出,东部地区受碳排放变动的影响最大,影响最小的是东北地区,生产技术变化对各地区碳减排有不同

程度的消极影响, 这表明提高节能减排技术的应用是促进碳减排的重要途径, 尤其对欠发达地区有重要作用。此外, 经济结构优化有效促进了东部地区的碳减排, 但其碳排放效率和能源效率有所减低, 说明东部地区的经济发展对能源依赖性有所降低, 但能源效率和排放效率的降低导致碳排放量增加。

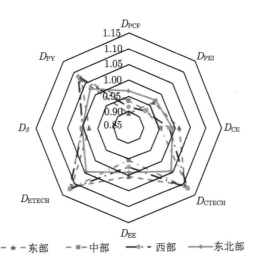

图 4.7　地区层面的碳排放变化分解结果 (乘法形式)

从部门的视角来看, 碳排放变化可表示为

$$C = \sum_{ij} C_{ij} = \sum_{ij} \frac{C_{ij}}{E_{ij}} \frac{E_{ij}}{Y_{ij}} \frac{Y_{ij}}{Y_i} Y_i = \sum_{ij} \frac{C_{ij}}{E_{ij}} \frac{E_{ij}}{Y_{ij}} S_{ij}^1 Y_i \tag{4.98}$$

式中, $S_{ij}^1 = Y_{ij}/Y_i$ 表示部门 i 的空间结构, 那么碳排放变化可分解为

$$\frac{C^{\mathrm{T}}}{C^0} = D_{\mathrm{PCF}} \cdot D_{\mathrm{PEI}} \cdot D_{\mathrm{CE}} \cdot D_{\mathrm{CTECH}} \cdot D_{\mathrm{EE}} \cdot D_{\mathrm{ETECH}} \cdot D_{\mathrm{S1}} \cdot D_{\mathrm{SY}} \tag{4.99}$$

式中, D_{S1} 表示空间结构效应; D_{SY} 表示部门经济活动效应, 具体分解结果如图 4.8 所示。

不同部门碳排放变化的影响因素有显著差异, 证实了部门异质性是客观存在的且对部门间的碳排放差异有显著影响。潜在碳因子和潜在能源强度有效促进了碳减排, 而部门经济活动增加了碳排放, 其中, 工业是对碳排放影响最大的部门, 尽管碳排放效率和能源效率的提高一定程度上抑制了该部门碳排放的增加, 但节能减排技术发展不足, 最终导致工业部门的碳排放总量是增长的。这一结果也是符合预期的, 尽管近年来政府非常重视工业设备的优化升级, 但我国当前的节能减排技术是远落后于国际先进技术水平的。

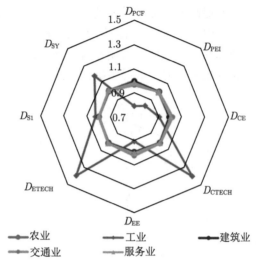

图 4.8   部门层面的碳排放变化分解结果 (乘法形式)

4.7   本章小结

环境绩效评估是环境管理的核心问题之一, 有助于量化生产经营活动中环境保护和污染治理所取得的成绩和效果, 以及为制定节能减排政策提供理论支持。本书作者深入研究全要素环境绩效测度方法, 发展了一系列静动态环境绩效测度模型, 并发表在运筹学和能源环境领域重要 SSCI/SCI 期刊, 如 *Energy Economics*、*Ecological Economics*、*Energy Journal* 和 *European Journal of Operational Research* 等。本章对这些研究工作做了系统梳理。

首先, 介绍了三类静态环境绩效测度模型, 具体包括基于谢泼德距离函数的模型、基于方向距离函数的模型及基于 SBM 的模型。其中, 基于谢泼德距离函数的绩效测度模型分为纯环境绩效测度模型和混合环境绩效测度模型, 每一类又可进一步依规模报酬及测度导向等存在不同的形式。在基于方向距离函数的环境绩效模型构建中, 我们对规模报酬不变和规模报酬可变假设下的径向和非径向方向距离函数模型分别进行了讨论。在介绍基于 SBM 模型的环境绩效测度时, 我们讨论了较为常用的规模报酬不变情形下的模型。

除静态环境绩效模型外, 本章还对动态环境绩效测度模型进行了梳理。具体地, 我们介绍了如何基于谢泼德距离函数和两种方向距离函数构建动态环境绩效指数, 如何对其进行分解以分析其变动来源及如何基于生产分解分析 (PDA) 方法对环境绩效开展分析。

在案例应用部分, 我们基于国家数据展示了径向和非径向环境绩效指数结果的异同；基于各国电力行业数据对静动态环境绩效的评估结果进行了分析；基于中国各省区分行业数据探讨了能源绩效及碳排放绩效在碳排放变化中发挥的作用。这些案例截取于 Zhou 等 (2007，2012) 和 Wang 等 (2018)。

参 考 文 献

王群伟, 周鹏, 周德群. 2010. 我国二氧化碳排放绩效的动态变化、区域差异及影响因素. 中国工业经济, (1): 45-54.

Ang B W, Zhou P, Tay L P. 2011. Potential for reducing global carbon emissions from electricity production – A benchmarking analysis. Energy Policy, 39: 2482-2489.

Bi G B, Song W, Zhou P, et al. 2014. Does environmental regulation affect energy efficiency in China's thermal power generation? Empirical evidence from a slacks-based DEA model. Energy Policy, 66: 537-546.

Boussemart J P, Leleu H, Shen Z. 2015. Environmental growth convergence among Chinese regions. China Economic Review, 34: 1-18.

Chung Y H, Färe R, Grosskopf S. 1997. Productivity and undesirable outputs: A directional distance function approach. Journal of Environmental Management, 51(3): 229-240.

Cooper W W, Pastor J T, Borras F. 2011. BAM: A bounded adjusted measure of efficiency for use with bounded additive models. Journal of Productivity Analysis, 35(2): 85-94.

Färe R, Grosskopf S, Lovell C A K, et al. 1989. Multilateral productivity comparisons when some outputs are undesirable: A nonparametric approach. Review of Economics and Statistics, 71(1): 90-98.

Halkos G E, Tzeremes N G. 2013. A conditional directional distance function approach for measuring regional environmental efficiency: Evidence from UK regions. European Journal of Operational Research, 227(1): 182-189.

Kuosmanen T. 2005. Weak disposability in nonparametric production analysis with undesirable outputs. American Journal of Agricultural Economics, 87(4): 1077-1082.

Pasurka C A. 2006. Decomposing electric power plant emissions within a joint production framework. Energy Economics, 28(1): 26-43.

Sueyoshi T, Goto M, Ueno T. 2010. Performance analysis of US coal-fired power plants by measuring three DEA efficiencies. Energy Policy, 38: 1675-1688.

Tone K. 2001. A slacks-based measure of efficiency in data envelopment analysis. European Journal of Operational Research, 130: 498-509.

Wang H, Ang B W, Zhou P. 2018. Decomposing aggregate CO_2 emission changes with heterogeneity: An extended production-theoretical approach. Energy Journal, 39(1): 59-79.

Wang H, Zhou P. 2018. Multi-country comparisons of CO_2 emission intensity: The production-theoretical decomposition analysis approach. Energy Economics, 74: 310-320.

Wang Q, Su B, Zhou P, et al. 2016. Measuring total-factor CO_2 emission performance and technology gaps using a non-radial directional distance function: A modified approach. Energy Economics, 56: 475-482.

Wu F, Zhou P, Zhou D Q. 2020. Modeling carbon emission performance under a new joint production technology with energy input. Energy Economics, 92: 104963.

Zhang Y J, Sun Y F, Huang J. 2018. Energy efficiency, carbon emission performance, and technology gaps: Evidence from CDM project investment. Energy Policy, 115: 119-130.

Zhou P, Ang B W. 2008. Decomposition of aggregate CO_2 emissions: A production-theoretical approach. Energy Economics, 30(3): 1054-1067.

Zhou P, Ang B W, Han J Y. 2010. Total factor carbon emission performance: A Malmquist index analysis. Energy Economics, 32(1): 194-201.

Zhou P, Ang B W, Poh K L. 2006. Slacks-based efficiency measures for modeling environmental performance. Ecological Economics, 60: 111-118.

Zhou P, Ang B W, Poh K L. 2008. Measuring environmental performance under different environmental DEA technologies. Energy Economics, 30(1): 1-14.

Zhou P, Ang B W, Wang H. 2012. Energy and CO_2 emission performance in electricity generation: A non-radial directional distance function approach. European Journal of Operational Research, 221(3): 625-635.

Zhou P, Delmas M A, Kohli A. 2017. Constructing meaningful environmental indices: A non-parametric frontier approach. Journal of Environmental Economics and Management, 85: 21-34.

Zhou P, Poh K L, Ang B W. 2007. A non-radial DEA approach to measuring environmental performance. European Journal of Operational Research, 178(1): 1-9.

第 5 章　生产技术拥挤与能源绩效

"经济人" 假设是新古典经济学开展各项分析的理论基石。基于这一假定，绩效测度模型通常认为技术上增加投入不会带来产出的减少，即投入具有强可处置性。然而，实际生产活动可能并不满足这一假设。以图 5.1 所示的生产阶段为例，当投入超过 C 点进入第三阶段的非经济生产区域后，增加投入非但不会带来产出的增加，反而会使产出减少。出现这一现象意味着投入的边际产出变为负值，相应地，生产边界出现了后弯。

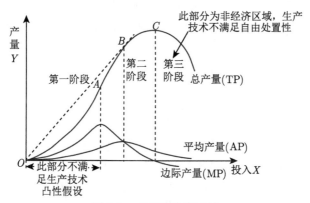

图 5.1　非经济生产区域

后弯的生产边界是由于生产的非理性决定的。虽然一般认为个体生产者是理性的，不会增加投入到边际产出出现负值，但是这并不意味着 C 点之后的生产活动一定不会发生。这一点 Rødseth(2013) 进行了阐释，其研究发现，即便个体厂商能够规避非经济生产，但非经济生产却有可能在整个行业层面出现。

在文献中，"拥挤" 这一概念的提出可以追溯至 1983 年。彼时，Färe 和 Grosskopf (1983) 对投入的边际产出为负值时如何刻画生产技术边界进行了讨论。他们发现，投入的弱可处置可以对后弯边界进行良好描述。基于此，其进一步利用 DEA 模型度量了生产技术拥挤的程度。此后，学者们相继对拥挤的判断方法和拥挤效率的测度开展了研究。如，Cooper 等 (1996) 提出了一种基于松弛的产出导向拥挤判别方法。随后，Tone 和 Sahoo(2004) 给出了一种基于规模弹性的拥挤判别方法。Wei 和 Yan(2004) 立足产出视角给出了技术拥挤的判别方法。Kao(2010)

基于产出导向模型提出了拥挤效率的测度方法。在拥挤问题的实证分析上，现有研究对制造业、纺织业、教育业、交通业等各个行业开展了分析。如，Flegg 和 Allen(2007a, 2007b) 对英国大学的资源投入是否存在拥挤进行了探究。Marques 和 Simões(2010) 及 Lin 等 (2012) 分别对世界机场及欧洲铁路的拥挤情况进行了分析。Wu 等 (2013) 对中国各区域工业的拥挤情况进行了分析。

虽然生产技术拥挤相关研究日益完善，但在能源环境研究领域，学者却极少对生产技术发生拥挤时的能源与环境绩效进行研究。由于非经济生产活动并不满足传统的技术假设，因而忽视非经济生产过程有可能使绩效评估结果出现偏差 (Zhou et al., 2017；Hu et al., 2017)。

本章的主要目的是概述生产技术拥挤的判别方法，并进一步讨论如何对存在非经济生产时的能源绩效进行测度。具体地，本章从定义一种面向全过程生产的拥挤生产技术开始，然后结合 Färe 和 Grosskopf (1983) 及 Cooper 等 (1996) 的研究介绍两种生产技术拥挤的识别方法，最后提出一种考虑非经济生产过程的能源绩效指数模型及能源无效分解模型，并基于中国工业行业数据开展实证研究。

5.1　拥挤生产技术

考虑非经济生产阶段的全过程生产活动可以用拥挤生产技术来描述 (Zhou et al., 2017)。与假设投入具有强可处置性的传统生产技术不同，拥挤生产技术假设投入具有弱可处置性。这是因为投入的弱可处置性允许投入的边际产出为负，进而能对后弯的等产量线 (生产技术边界) 进行刻画。

假设有一个 N 投入 M 产出的生产过程，投入集合为 $\boldsymbol{x} = (x_1, x_2, \cdots, x_N)^{\mathrm{T}} \in \Re_+^N$，产出集合为 $\boldsymbol{y} = (y_1, y_2, \cdots, y_M)^{\mathrm{T}} \in \Re_+^M$。用投入集 $L(\boldsymbol{y})$ 表示生产技术，则产量为 $\boldsymbol{y}$ 的等产量线的数学描述为

$$IsoqL(\boldsymbol{y}) = \{\boldsymbol{x} \in L(\boldsymbol{y}) \,|\text{for } \delta < 1, \delta\boldsymbol{x} \notin L(\boldsymbol{y})\} \tag{5.1}$$

该式表明在等产量线上任何比例的径向缩减均无法获得原有产出。

图 5.2 中，LL' 为两投入等产量线。其中，后弯段 AD 和 BC 意味着两投入之间不再存在替代关系，生产进入非经济区域。此时，一种投入的边际产出变为负值，若想维持产出不变，增加该投入的同时必须增加另一种投入。

在生产理论中，投入的强可处置性通常表述为：若 $\boldsymbol{x} \in L(\boldsymbol{y})$ 且 $\boldsymbol{x}' > \boldsymbol{x}$，则 $\boldsymbol{x}' \in L(\boldsymbol{y})$。在图 5.2 中，满足该假设的技术前沿为 $SABS'$。其中，两段与坐标轴平行的前沿段 AS 和 BS' 体现了投入的强可处置性，即维持一种投入不变，增加另一种投入不会损害原有产出。显然，$SABS'$ 未能对后弯的等产量线 LL' 进行良好拟合。

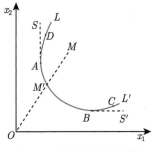

图 5.2　投入的可处置性

与投入的强可处置性相对应的是投入的弱可处置性。其数学描述为：若 $\boldsymbol{x} \in L(\boldsymbol{y})$ 且 $\lambda \geqslant 1$，有 $\lambda \boldsymbol{x} \in L(\boldsymbol{y})$。由等产量线的定义可知，"$\delta < 1$ 时 $\delta \boldsymbol{x} \notin L(\boldsymbol{y})$" 恰恰意味着当 $\delta \geqslant 1$ 时有 $\delta \boldsymbol{x} \in L(\boldsymbol{y})$。也就是说，等产量线 $DABC$ 满足投入的弱可处置性。这一发现意味着投入弱可处置能够对生产活动发生拥挤时的生产技术进行良好表征。

为便于比较，称满足投入强可处置性的生产技术为无拥挤生产技术 T^s；称满足投入弱可处置性的生产技术为拥挤生产技术 T^c，并用集合表示为

$$T^c = \left\{ (\boldsymbol{x}, \boldsymbol{y}) : \boldsymbol{x} \text{ 能生产 } \boldsymbol{y} \right\} \tag{5.2}$$

其满足以下性质：

C.1 非空性；

C.2 如果有 $(\boldsymbol{x}, \boldsymbol{y}) \in T^c$ 且 $\theta \geqslant 1$，那么 $(\theta \boldsymbol{x}, \boldsymbol{y}) \in T^c$；

C.3 如果有 $(\boldsymbol{x}, \boldsymbol{y}) \in T^c$ 以及 $\boldsymbol{y}' \leqslant \boldsymbol{y}$，那么 $(\boldsymbol{x}, \boldsymbol{y}') \in T^c$；

C.4 凸性；

C.5 封闭有界性；

C.6 平凡性。

其中，C.1 说明技术集合不是空集。C.2 是投入的弱可处置性，即等比例增加投入可以生产原有产出。C.3 是产出的强可处置性，即其他投入不变情况下，产出可以自由减少。C.4 要求生产技术集合满足凸性假定，其揭示了边际产出递减规律。C.5 说明技术集合是封闭有界的。C.6 反映所有观测到的投入产出组合都是技术上可行的生产组合。

生产前沿面后弯时，生产函数不再具备单调性质，参数方法很难对这一特征进行描述，因而拥挤生产技术的刻画在很长时间内未能得到解决。然而，DEA 方法的提出与发展使得拥挤生产技术可通过非参数方法进行刻画。假设有 I 个 DMU，每个 $\mathrm{DMU}_i (i = 1, 2, \cdots, I)$ 的投入产出组合为 $(\boldsymbol{x}_i, \boldsymbol{y}_i)$。在 CRS 假设下，拥挤生产技术用 DEA 模型表示为

$$T_{\text{CRS}}^c = \left\{ (\boldsymbol{x}, \boldsymbol{y}) : \sum_{i=1}^{I} \lambda_i \boldsymbol{x}_i = \boldsymbol{x}, \right.$$

$$\sum_{i=1}^{I} \lambda_i \boldsymbol{y}_i \geqslant \boldsymbol{y},$$

$$\left. \lambda_i \geqslant 0, i = 1, 2, \cdots, I \right\} \tag{5.3}$$

式中, 等式约束体现了投入的弱可处置性, 表明增加或减少投入是有代价的。$\lambda_i \geqslant 0$ 说明生产活动具有规模报酬不变性质。

不同于 CRS 假设, 在 VRS 假设下投入约束左侧需引入一个比例扩张因子 δ, 用以表示等比例扩张投入可以生产原有产出。相应的拥挤生产技术表示为

$$T_{\text{VRS}}^c = \left\{ (\boldsymbol{x}, \boldsymbol{y}) : \delta \sum_{i=1}^{I} \lambda_i \boldsymbol{x}_i = \boldsymbol{x}, \right.$$

$$\sum_{i=1}^{I} \lambda_i \boldsymbol{y}_i \geqslant \boldsymbol{y},$$

$$\sum_{i=1}^{I} \lambda_i = 1,$$

$$\left. \lambda_i \geqslant 0, \delta \geqslant 1, i = 1, 2, \cdots, I \right\} \tag{5.4}$$

5.2   生产技术拥挤识别方法

由于拥挤发生时, 无拥挤生产技术与拥挤生产技术所构建的前沿存在差异, 因而, 比较两种生产技术下的效率值是否存在差异即可判断生产前沿是否后弯、生产技术是否拥挤 (Färe and Grosskopf, 1983)。具体地, 效率差异的判断既可以基于投入视角, 也可以基于产出视角。本节分别对这两种视角下的拥挤识别方法进行介绍。

5.2.1   投入导向拥挤识别方法

假设有 I 个 DMU, 每个 $\text{DMU}_i(i = 1, 2, \cdots, I)$ 使用 N 种投入要素生产 M 种产出。投入集合为 $\boldsymbol{x} = (x_1, x_2, \cdots, x_N)^{\text{T}} \in \Re_+^N$, 产出集合为 $\boldsymbol{y} = (y_1, y_2, \cdots, y_M)^{\text{T}} \in \Re_+^M$。无拥挤生产技术下, 被评估单元 DMU_j 的效率可通过下述线性规划模型计算:

$$\theta^* = \min \theta$$

$$\text{s.t.} \quad \sum_{i=1}^{I} \lambda_i \boldsymbol{x}_i \leqslant \theta \boldsymbol{x}_j,$$

$$\sum_{i=1}^{I} \lambda_i \boldsymbol{y}_i \geqslant \boldsymbol{y}_j,$$

$$\lambda_i \geqslant 0, i = 1, 2, \cdots, I \tag{5.5}$$

模型 (5.5) 是一个典型的规模报酬不变的投入导向技术效率测度模型, 即 CCR 模型。其中, θ^* 为模型最优解, λ_i 为权重。当 $\theta^* = 1$ 时被评估单元位于投入强可处置的前沿面上, 当 $0 < \theta^* < 1$ 时意味着投入存在缩减空间。

相对应地, 拥挤生产技术下被评估单元的效率可用以下模型求得

$$\phi^* = \min \phi$$

$$\text{s.t.} \quad \sum_{i=1}^{I} \lambda_i \boldsymbol{x}_i = \phi \boldsymbol{x}_j,$$

$$\sum_{i=1}^{I} \lambda_i \boldsymbol{y}_i \geqslant \boldsymbol{y}_j,$$

$$\lambda_i \geqslant 0, i = 1, 2, \cdots, I \tag{5.6}$$

与模型 (5.5) 相比, 模型 (5.6) 最主要的差别在于将投入要素的非紧约束变为紧约束, 以体现投入是弱可处置的。由于前沿面后弯程度越大, 两模型所计算的效率值差异越大, 因而可以将效率的相对值定义为技术拥挤绩效指数 (TCPI), 用以评估生产技术的拥挤程度, 如下:

$$\text{TCPI}_I = \theta^*/\phi^* \tag{5.7}$$

由于模型 (5.6) 比模型 (5.5) 具有更强的约束力, 因而 ϕ^* 将不低于 θ^*。$\text{TCPI}_I = 1$ 说明生产技术没有发生拥挤, 反之, $0 < \text{TCPI}_I < 1$ 表明生产技术存在拥挤。其值越小, 表明拥挤程度越高。

图 5.3 是对投入导向拥挤识别方法的图形说明。当观测单元为 A、B、C、D_1、E、P、Q 时, 满足投入强可处置性的技术前沿为 $SABS'$, 满足投入弱可处置性的技术前沿为 D_1ABC。以 E 点为例, 计算其在两类前沿下的相对效率可知, 其拥挤绩效值为 $\text{TCPI}_{I1} = OE'/OE_1'$。当替换观测单元 D_1 为 D_2, 弱可处置下的前沿变为 D_2ABC 时, E 点的拥挤绩效变为 $\text{TCPI}_{I2} = OE'/OE_2'$。由 $\text{TCPI}_{I2} < \text{TCPI}_{I1}$ 可知, 前沿面后弯的程度越大拥挤绩效值越低, 拥挤程度越高。

从图 5.3 中还可以发现，位于 OE 线上的 P 点的拥挤绩效值与 E 点的测度值相同，位于 OA 延长线上的 Q 点的拥挤绩效值为 1，不存在拥挤。这说明，当投入结构不发生改变时，拥挤绩效也不会发生改变，这揭示了生产技术拥挤本质上是一种结构无效。

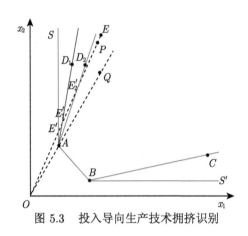

图 5.3　投入导向生产技术拥挤识别

5.2.2　产出导向拥挤识别方法

与投入导向拥挤识别方法类似，产出导向拥挤识别方法也分为两步 (Kao，2010)。第一步是基于规模报酬可变的无拥挤生产技术计算产出效率值，相应 DEA 模型为

$$\beta^* = \min \beta$$

$$\text{s.t.} \sum_{i=1}^{I} \lambda_i \boldsymbol{x}_i \leqslant \boldsymbol{x}_j,$$

$$\sum_{i=1}^{I} \lambda_i \boldsymbol{y}_i \geqslant \boldsymbol{y}_j / \beta,$$

$$\sum_{i=1}^{I} \lambda_i = 1,$$

$$\lambda_i \geqslant 0, i = 1, 2, \cdots, I \tag{5.8}$$

第二步基于规模报酬可变的拥挤生产技术计算产出效率值，相应 DEA 模型为

$$\varphi^* = \min \varphi$$

$$\text{s.t.} \sum_{i=1}^{I} \lambda_i \boldsymbol{x}_i = \boldsymbol{x}_j,$$

$$\sum_{i=1}^{I} \lambda_i \boldsymbol{y}_i \geqslant \boldsymbol{y}_j / \varphi,$$

$$\sum_{i=1}^{I} \lambda_i = 1,$$

$$\lambda_i \geqslant 0, i = 1, 2, \cdots, I \qquad (5.9)$$

基于上述模型，产出导向的生产技术拥挤绩效指数被定义为

$$\mathrm{TCPI}_O = \beta^* / \varphi^* \qquad (5.10)$$

与 TCPI_I 类似，$\mathrm{TCPI}_O \in (0,1]$。其值等于 1，意味着生产技术没有发生拥挤。其值越小，则拥挤程度越大。考虑一个单投入单产出的生产过程，产出导向拥挤识别方法可用图 5.4 进行描述。

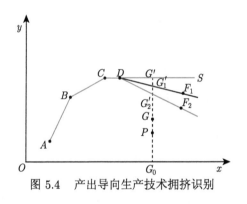

图 5.4　产出导向生产技术拥挤识别

图 5.4 中，A、B、C、D、F_1、F_2、G、P 为观测单元。无拥挤生产技术前沿为 $ABCDS$，而拥挤生产技术前沿为 $ABCDF_1$。应用式 (5.10) 可得 G 点的拥挤绩效值为 $\mathrm{TCPI}_{O1} = G_0G_1'/G_0G'$。注意到，去掉观察点 F_1，则拥挤生产技术前沿变为 $ABCDF_2$，相应地，G 点的拥挤绩效值降低，变为 $\mathrm{TCPI}_{O2} = G_0G_2'/G_0G'$。这说明，前沿面后弯的程度越大，拥挤绩效值越低。另外，G 点正下方的 P 点的拥挤绩效与 G 点相同，这说明产出导向拥挤识别方法测度的是生产技术的拥挤程度，而非生产要素的拥挤程度。

5.3　基于拥挤生产技术的能源绩效测度

拥挤生产技术下能源绩效的测度思路是首先寻求被评估单元的最优能源投入，然后计算最优能源投入与实际能源投入的比值 (Zhou et al., 2017)。

考虑一个使用资本 K、劳动力 L 和能源 E 生产一个期望产出 Y 的生产过程。在寻求被评估单元 DMU_j 的最优能源投入参照点的过程中，首先保持产出不变径向缩减所有投入。假设生产技术满足规模报酬不变假设，则相应 DEA 模型可表示为

$$\theta^* = \min \theta$$

$$\text{s.t.} \quad \sum_{i=1}^{I} \lambda_i K_i = \theta K_j,$$

$$\sum_{i=1}^{I} \lambda_i L_i = \theta L_j,$$

$$\sum_{i=1}^{I} \lambda_i E_i = \theta E_j,$$

$$\sum_{i=1}^{I} \lambda_i Y_i \geqslant Y_j,$$

$$\lambda_i \geqslant 0, i = 1, 2, \cdots, I \tag{5.11}$$

模型中 θ^* 代表投入的最大径向缩减。投入的等式约束表示模型参考的是拥挤生产技术。径向缩减后的投入组合将位于生产边界上，但若其恰好落在前沿面后弯的部分，则意味着被评估单元位于非经济生产区域，生产技术存在拥挤。拥挤是资源浪费的一种体现，具体地，若拥挤是由能源要素引发的，那么能源利用存在浪费；若拥挤是由非能源要素引发的，那么该拥挤的产生可能是以消耗能源要素为代价的。不论何种情况，能源要素均没有实现最佳利用，因而有必要通过消除拥挤来进一步探寻能源的缩减空间。

模型 (5.11) 的径向缩减并未对投入的结构进行调整，因而无法实现消除拥挤的目的。为进一步对投入要素的结构进行优化以消除拥挤，可采用如下非径向模型：

$$\min \omega_1 z_1 + \omega_2 z_2 + \omega_3 z_3$$

$$\text{s.t.} \quad \sum_{i=1}^{I} \lambda_i K_i = z_1 \theta^* K_j,$$

$$\sum_{i=1}^{I} \lambda_i L_i = z_2 \theta^* L_j,$$

$$\sum_{i=1}^{I} \lambda_i E_i = z_3 \theta^* E_j,$$

$$\sum_{i=1}^{I} \lambda_i Y_i \geqslant Y_j,$$

$$\lambda_i \geqslant 0, i = 1, 2, \cdots, I,$$

$$z_1, z_2, z_3 \leqslant 1 \tag{5.12}$$

模型 (5.12) 是一个赋权的非径向 DEA 模型。其中标准化的权重变量 $\omega_s(s = 1, 2, 3)$ 反映了决策者对各投入的调整意愿。$z_j(j = 1, 2, 3)$ 代表了各投入的调整系数。调整后的参照点将不再位于后弯的前沿面上，因而不再存在拥挤。令 z_3^* 为模型 (5.12) 取得最优值时 z_3 的值，那么消除拥挤后的目标能源投入为 $z_3^* \theta^* E_j$，由此能源绩效指数可定义为

$$\mathrm{CEEPI}_j = \frac{z_3^* \theta^* E_j}{E_j} = z_3^* \theta^* \tag{5.13}$$

CEEPI_j 位于 0 与 1 之间，其值越大代表能源绩效越高；$\mathrm{CEEPI}_j = 1$ 说明 DMU_j 的能源利用处于最佳状态。

图 5.5 是对拥挤生产技术下能源绩效测度方法的几何说明。该图描述的是一个采用单一非能源投入 x 和单一能源投入 e 生产等产量产出的生产过程。该过程包含 A、B、C、D、E、F 和 G 7 个观测点，真实的前沿如虚线所示，拥挤生产技术刻画的前沿为 $DABC$。对被评估单元 E 来说，通过径向缩减其将被投影至 E' 点。由 E' 点位于后弯的前沿面上可知，E' 存在拥挤，因而消除拥挤能实现能源的进一步减少。若此时非能源投入保持不变 (权重为 0)，则 E' 将被投影至 M 点。若决策者变动调整意愿，则 E 点的最优参照点可落于 AM 之间的某一处。同理，F 点的最优能源利用点将位于 BN 之间。可以发现，由于 E 点和 F 点在第一阶段调整时参照了后弯的前沿面，因而能源可以在第二阶段获得进一步缩减，而 G 点在第一阶段即被投影至不存在拥挤的 AB 段，因而无法进行进一步调整。

可以发现，非经济生产过程中的能源浪费实际上由两部分构成。一部分是纯技术无效导致的浪费，其可通过径向调整来消除；另一部分是拥挤导致的浪费，其可通过非径向调整予以消除。数学上，纯技术无效导致的能源浪费量 s^p 可通过模型 (5.14) 计算，有

$$s^p = E_0 - \theta^* E_0 \tag{5.14}$$

而由拥挤导致的浪费量 s^c 可通过模型 (5.15) 获得，有

$$s^c = \theta^* E_0 - z_3^* \theta^* E_0 \tag{5.15}$$

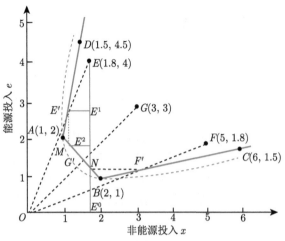

图 5.5 拥挤生产技术下的能源绩效测度

用浪费量除以实际能源消费,即可得相应部分的能源无效程度。其中,纯技术无效率为

$$p = \frac{s^p}{E_0} = 1 - \theta^* \tag{5.16}$$

由拥挤导致的无效率为

$$c = \frac{s^c}{E_0} = (1 - z_3^*)\theta^* \tag{5.17}$$

由于 z_3^* 和 θ^* 均位于 $(0, 1]$ 之间,因而有 $p \in (0, 1]$ 以及 $c \in (0, 1]$。特别地,$c = 0$ 说明被评估单元不存在拥挤或者拥挤未产生能源浪费。以图 5.5 中的 E 点为例,若其最优能源投入位于 M 点,则纯技术无效率为 $p = EE^1/EE^0$,拥挤导致的无效率为 $c = E^1E^2/EE^0$。

至此,总的能源无效已被分解为纯技术无效和拥挤导致的无效两部分。由于纯技术无效可通过调整生产规模、提升生产技术来消除,而拥挤导致的无效必须通过调整生产要素的结构来消除,因此,能源无效分解模型能够从生产技术水平和拥挤两方面来探究能源浪费的来源,进而揭示能源效率提升路径,为制定差异化的能源管理政策提供参考。

5.4 案 例 应 用

5.4.1 数据描述

本节样本涵盖中国 2006~2012 年 30 个省区工业行业的面板数据 (表 5-1)。为研究不同经济发展区域的能源利用水平,我们进一步将 30 个省区按照地理位置划分为东部、中部和西部。在变量选择上,将资本、劳动力和能源作为投入变量,将工业增加值作为产出变量。其中,资本数据以各省区规模以上工业行业历年固定资产投资净值计算,单位为亿元。劳动力数据为历年工业行业全部从业人员年平均值,单位为万人。能源数据通过 19 种终端能源消费品种加总得出[①],单位为万 t 标准煤。产出数据为地区工业增加值,单位为亿元。为使数据具备可比性,资本和工业增加值均已换算成 2006 年不变价格值。

表 5-1 中国各省区投入产出数据 (2006~2012 年平均值)

区域	省区	资本/亿元	劳动力/万人	能源/万 t 标准煤	工业增加值/亿元
东部	北京	3956.61	159.74	2071.97	1892.29
	天津	3715.38	139.42	3544.62	2325.99
	河北	7550.03	341.10	19906.10	6023.63
	辽宁	7849.69	341.39	13043.19	4630.94
	上海	6584.22	288.91	4977.74	4588.56
	江苏	15904.23	1128.31	18429.17	11488.14
	浙江	9902.27	944.14	11168.52	8185.10
	福建	4118.26	368.80	6351.15	3432.10
	山东	15492.00	765.02	20919.10	11539.13
	广东	14642.31	891.03	15893.90	13048.09
	海南	473.11	16.18	749.73	220.34
中部	山西	4976.20	205.62	10991.96	2936.46
	吉林	3277.35	125.98	4973.10	1912.34
	黑龙江	3525.36	191.77	4873.55	2872.51
	安徽	4216.47	226.40	6632.90	2620.67
	江西	2601.08	219.77	4522.19	2124.97
	河南	7685.50	387.11	15445.66	6654.10
	湖北	6196.20	275.85	9179.71	3392.33
	湖南	3839.37	209.17	8077.60	3156.41
西部	内蒙古	4687.05	98.81	9632.52	2455.60
	广西	2667.82	135.79	5531.15	1838.01
	重庆	2043.07	129.64	4190.46	1584.69
	四川	5693.62	293.80	9277.59	3612.59
	贵州	1880.62	84.60	4704.36	931.97
	云南	2648.80	141.10	6097.91	1494.66
	陕西	3901.88	171.02	4868.55	2387.18
	甘肃	2099.31	74.87	3886.76	941.60
	青海	1004.72	24.31	2075.42	331.72
	宁夏	975.64	31.46	3026.63	351.61
	新疆	2687.63	75.62	4771.34	1334.77

注:西藏、香港、澳门和台湾因数据不可得或统计口径不一致等原因而未纳入样本集。

5.4.2 生产技术拥挤判别结果

在评估各省区能源绩效之前,本节首先检验工业行业的生产活动是否存在拥

[①] 19 种能源包括:原煤、洗精煤、其他洗煤、型煤、焦炭、焦炉煤气、其他煤气、原油、汽油、煤油、柴油、燃料油、液化石油气、炼厂干气、天然气、其他石油制品、其他焦化产品、热力和电力。

挤。若存在拥挤，则说明能源绩效评估选用拥挤生产技术更为适合。为确保全面，本节分别分析投入和产出两个视角下的判别结果。

1. 投入视角判别结果

表 5-2 给出了投入视角下各省区历年生产技术拥挤绩效值。在 210 个观测值中，有近一半 (100 个) 的绩效值小于 1.000，表明中国工业行业生产技术拥挤具有普遍性。

表 5-2　各省区历年生产技术拥挤效率 (投入导向)

省区	2006 年	2007 年	2008 年	2009 年	2010 年	2011 年	2012 年	平均值
北京	0.743	0.738	0.902	0.955	1.000	1.000	1.000	0.898
天津	1.000	1.000	1.000	1.000	1.000	0.915	0.992	0.986
河北	0.933	0.944	0.953	0.963	1.000	1.000	1.000	0.970
辽宁	1.000	1.000	1.000	1.000	1.000	1.000	1.000	1.000
上海	1.000	1.000	1.000	1.000	1.000	1.000	1.000	1.000
江苏	0.947	0.971	0.959	0.949	1.000	0.996	1.000	0.974
浙江	0.872	0.877	0.891	0.896	1.000	0.999	0.961	0.927
福建	0.945	0.946	0.895	0.882	1.000	0.969	0.849	0.925
山东	0.999	1.000	1.000	1.000	1.000	0.999	1.000	1.000
广东	1.000	1.000	1.000	1.000	1.000	1.000	1.000	1.000
海南	0.742	0.781	0.880	1.000	1.000	0.993	0.827	0.883
山西	0.987	1.000	1.000	1.000	1.000	1.000	0.948	0.991
吉林	1.000	1.000	1.000	1.000	1.000	0.984	1.000	0.998
黑龙江	0.997	0.993	1.000	1.000	1.000	1.000	1.000	0.999
安徽	0.991	0.973	1.000	1.000	1.000	0.995	1.000	0.994
江西	0.983	0.940	0.968	0.883	1.000	0.961	0.872	0.943
河南	1.000	1.000	1.000	1.000	1.000	0.985	1.000	0.998
湖北	1.000	1.000	1.000	1.000	1.000	0.990	0.972	0.995
湖南	0.970	0.983	0.966	0.971	1.000	0.978	0.991	0.980
内蒙古	1.000	1.000	1.000	1.000	1.000	1.000	1.000	1.000
广西	0.961	0.997	1.000	0.997	1.000	0.977	0.990	0.989
重庆	0.996	0.988	0.952	1.000	1.000	0.909	0.763	0.940
四川	0.999	1.000	0.975	1.000	1.000	1.000	1.000	0.996
贵州	0.804	0.926	0.972	0.992	1.000	0.929	0.609	0.879
云南	0.944	0.982	0.953	0.954	0.975	0.946	0.891	0.949
陕西	1.000	0.989	1.000	1.000	1.000	0.914	1.000	0.986
甘肃	1.000	1.000	1.000	1.000	1.000	1.000	1.000	1.000
青海	0.915	0.901	1.000	1.000	0.949	0.956	0.738	0.919
宁夏	0.532	0.453	0.592	0.569	0.567	0.544	0.520	0.538
新疆	1.000	1.000	1.000	0.731	1.000	0.996	0.942	0.948

在各年份中，2012 年是平均拥挤程度最高的年份，而 2010 年则是平均拥挤程度最低及拥挤省份最少的年份。尽管 2011 年不是拥挤程度最高的年份但却是拥挤省份最多的年份，有近三分之二的省区表现出了不同程度的拥挤。

省区层面，辽宁、上海、广东、内蒙古和甘肃历年均未显现拥挤，而宁夏、贵州、海南、北京和青海则表现出最高程度的拥挤，说明其要素结构存在严重失衡。

其中，北京在 2009 年之后的要素结构获得了改善，因而拥挤未再出现。与北京变化趋势相似的地区还包括河北、黑龙江和四川。

2. 产出视角判别结果

表 5-3 显示了产出视角下生产技术拥挤绩效值。与表 5-2 类似，该结果显示拥挤在工业行业普遍存在，2012 年和 2010 年分别是平均拥挤程度最高和最低的年份。但不同的是，产出视角下拥挤省份最多的年份变为 2008 年。

表 5-3 各省区历年生产技术拥挤效率 (产出导向)

省区	2006 年	2007 年	2008 年	2009 年	2010 年	2011 年	2012 年	平均值
北京	0.790	0.803	1.000	1.000	1.000	1.000	1.000	0.937
天津	1.000	1.000	1.000	1.000	1.000	0.937	1.000	0.991
河北	0.933	0.946	0.955	0.978	1.000	1.000	1.000	0.973
辽宁	0.716	0.735	0.967	0.993	0.983	1.000	1.000	0.905
上海	1.000	1.000	1.000	1.000	1.000	1.000	1.000	1.000
江苏	0.900	0.884	0.873	0.883	0.907	0.880	0.871	0.885
浙江	0.877	0.883	0.899	0.901	1.000	1.000	0.967	0.931
福建	0.952	0.980	0.901	0.886	0.986	0.992	0.873	0.937
山东	0.968	0.994	1.000	1.000	0.989	0.974	0.961	0.984
广东	1.000	1.000	1.000	1.000	1.000	1.000	1.000	1.000
海南	1.000	1.000	1.000	1.000	1.000	1.000	1.000	1.000
山西	0.693	0.977	0.999	1.000	1.000	0.952		0.939
吉林	1.000	1.000	1.000	1.000	1.000	0.983	1.000	0.998
黑龙江	1.000	1.000	1.000	1.000	1.000	1.000	1.000	1.000
安徽	0.989	1.000	1.000	1.000	1.000	0.999	1.000	0.998
江西	1.000	1.000	0.960	0.883	1.000	0.991	0.906	0.962
河南	1.000	1.000	1.000	1.000	1.000	1.000	1.000	1.000
湖北	1.000	1.000	0.983	0.996	1.000	1.000	0.975	0.993
湖南	0.986	0.987	0.960	0.949	1.000	0.966	0.997	0.978
内蒙古	1.000	1.000	1.000	1.000	1.000	1.000	1.000	1.000
广西	1.000	0.989	0.990	0.994	1.000	0.959	1.000	0.990
重庆	1.000	1.000	0.923	1.000	0.997	0.975	0.805	0.955
四川	1.000	1.000	0.973	1.000	1.000	1.000	1.000	0.996
贵州	0.888	0.867	0.967	0.977	1.000	0.916	0.636	0.885
云南	0.966	0.967	0.924	0.882	0.966	0.946	0.902	0.936
陕西	1.000	1.000	1.000	1.000	1.000	0.907	1.000	0.986
甘肃	0.994	1.000	0.999	1.000	1.000	1.000	1.000	0.999
青海	0.675	0.681	0.775	0.796	0.806	0.754	0.811	0.755
宁夏	0.972	0.788	0.710	0.694	0.676	0.658	0.636	0.726
新疆	1.000	1.000	0.981	0.750	1.000	0.988	0.951	0.949

在各省区结果中，两类判别方法均显示上海、广东和内蒙古不存在拥挤，宁夏、青海和贵州拥挤较为严重。但是，在某些省区中两类判别方法却给出了相互矛盾的结果。如投入导向的判别方法认为辽宁不存在拥挤，海南存在较大程度拥挤；而产出导向的判断方法刚好给出了相反的结论，这说明方法的选择对判别结

果具有明显影响。

5.4.3 能源绩效结果分析

通过 5.4.2 节的分析可以发现,尽管并非所有的生产者均落于非经济区域,但也有相当一部分省区在进行非理性生产。这一发现证实了工业生产活动位于非经济区域的可能性,揭示了采用拥挤生产技术进行能源绩效评估的合理性。

1. 能源绩效分析

各省区历年的能源绩效评估结果如表 5-4 所示。可以发现,样本期内我国工业的平均能源绩效为 0.743,这意味着可在不减少产出的情况下节约 25.7% 的能源。在整个样本期内,工业能源绩效呈现出较明显的波动,具体表现为能源绩效值在 2010 年达到峰值后迅速下降又缓慢提升。

表 5-4　各省区历年能源绩效

省区	2006 年	2007 年	2008 年	2009 年	2010 年	2011 年	2012 年	平均值
北京	0.804	0.738	0.902	1.000	1.000	1.000	1.000	0.920
天津	0.997	1.000	1.000	1.000	1.000	0.810	0.930	0.962
河北	0.453	0.528	0.688	0.734	1.000	1.000	1.000	0.772
辽宁	0.708	0.725	0.727	0.710	0.766	0.770	0.865	0.753
上海	1.000	1.000	1.000	1.000	1.000	1.000	1.000	1.000
江苏	0.817	0.786	0.761	0.779	0.872	0.723	0.696	0.776
浙江	0.880	0.887	0.894	0.908	1.000	0.890	0.888	0.907
福建	0.709	0.713	0.676	0.648	0.971	0.628	0.606	0.707
山东	0.937	0.931	0.935	0.963	0.895	0.838	0.892	0.913
广东	1.000	1.000	1.000	1.000	1.000	1.000	1.000	1.000
海南	0.469	0.373	0.505	0.688	0.682	0.600	0.314	0.519
山西	0.470	0.677	0.725	0.746	0.800	0.849	0.566	0.690
吉林	0.766	0.822	0.751	0.831	0.864	0.794	0.901	0.818
黑龙江	0.953	0.894	1.000	0.847	0.992	1.000	0.965	0.950
安徽	0.727	0.640	0.686	0.764	0.763	0.654	0.767	0.714
江西	0.892	0.670	0.628	0.494	1.000	0.633	0.589	0.701
河南	1.000	1.000	1.000	1.000	1.000	0.672	0.944	0.945
湖北	0.623	0.709	0.649	0.746	0.741	0.559	0.592	0.660
湖南	0.715	0.828	0.760	0.643	0.906	0.631	0.873	0.765
内蒙古	1.000	1.000	1.000	1.000	1.000	1.000	1.000	1.000
广西	0.601	0.781	0.723	0.673	0.768	0.551	0.767	0.695
重庆	0.793	0.731	0.604	1.000	0.904	0.452	0.438	0.703
四川	0.731	0.727	0.650	0.752	0.748	0.753	0.777	0.734
贵州	0.204	0.381	0.488	0.574	0.610	0.309	0.218	0.398
云南	0.342	0.561	0.553	0.366	0.552	0.325	0.288	0.427
陕西	0.731	0.791	0.755	0.834	0.865	0.717	1.000	0.813
甘肃	0.588	0.628	0.638	0.616	0.670	0.678	0.665	0.641
青海	0.201	0.504	0.619	0.604	0.512	0.498	0.319	0.465
宁夏	0.140	0.159	0.302	0.159	0.281	0.171	0.119	0.190
新疆	0.916	0.876	0.901	0.297	0.823	0.832	0.658	0.758
平均值	0.706	0.735	0.751	0.746	0.833	0.711	0.721	0.743

在各省区中，位于东部地区的上海、广东及西部地区的内蒙古处于能源利用最优水平，而位于西部地区的宁夏、贵州、云南、青海及东部地区的海南成为能源绩效最低的 5 个省区。产生这种差异的原因可解释为，上海和广东属于经济发达地区，先进的技术与管理水平促进了能源的优化利用，而西部欠发达省区则受限于技术水平、管理水平等原因处于能源利用最为无效的状态。同样位于西部的内蒙古能源有效的原因可能在于其是服务于北京、华北乃至全国的国家级重要能源生产基地，鉴于其对保障我国能源安全及治理环境污染方面的重要意义，国家和地方政府对该地区的能源建设及管理投入了大量精力，促使该地区的能源实现有效利用。至于位于东部地区的海南面临严重能源利用无效很可能是由其产业发展特点所致，具体地，该地区的经济发展以旅游业为主，工业水平尚不发达。

从历史趋势上可以看出，北京和河北的能源绩效于近年获得了显著改善，成为能源利用有效地区；而天津和河南则由能源有效地区逐渐转变为能源无效地区。注意到，北京和河北在近年内消除了拥挤，实现了投入要素结构的优化改善；而天津和河南则恰恰相反，表现出了拥挤及要素结构的失衡。依据这一发现可以推测，能源绩效水平与拥挤存在着一定的联系。

各区域的能源绩效水平及变动趋势如图 5.6 所示。可以发现，东部地区的能源绩效水平最高，其次是中部地区，而西部地区的能源绩效处于最低水平。能源绩效水平之所以呈现明显的地域差别主要是因区域发展不平衡及区域内能源供需过分依赖自我平衡造成的。这种现象若不加以管理将继续造成具有能源绩效优势的地区能源供应短缺、能源资源富裕的地区能源浪费加剧，最终阻碍能源资源在全国范围内的优化配置。为解决这种资源空间错配现象，可打破区域界线，构建统一的能源消费市场，通过市场机制来推动能源在全国范围内的消费流通。此外，为实现工业能源绩效的整体提升，在能源资源流向东部地区的同时，东部地区也应该向中西部地区提供技术援助，输入先进的节能经验和管理办法。

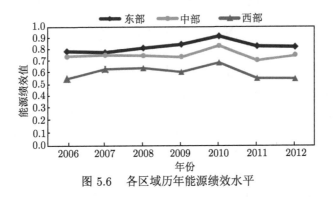

图 5.6　各区域历年能源绩效水平

从图 5.6 中还可以发现，各区域的能源绩效均处于波动状态，并均在 2010

年达到峰值。其原因可能在于节能工作目标的考核促使各地区尤其是在"十一五"的前几年目标完成情况不理想的地区加强了对能源消耗的管理。这一猜测可通过各地区的能源消耗变化趋势加以佐证。据观测，2006～2009 年仅有 4 个省区降低了能源消耗，而 2010 年降低能源消耗的省区增加为 9 个。但是，这种现象并未持续下去。2011 年，除北京外所有省区的能源消耗均较前一年有所增加。从这一变动过程中可以看出，能源管理的松懈或是致使 2011 年能源效率下降的重要原因。

2. 能源无效来源分析

通过前文分析可知，拥挤通过两方面对于能源利用产生了影响：一是能源自身拥挤导致的能源浪费，二是其他要素拥挤导致的能源额外消耗。本节目的在于分析由拥挤所导致的能源无效程度，相关研究结果如图 5.7 和表 5-5 所示。整体来讲，13.2％的能源浪费来自纯技术无效，12.5％的浪费由拥挤导致。从变化趋势上看，拥挤所致的无效程度于样本期的最后两年超过纯技术无效，成为能源无效的主要来源。

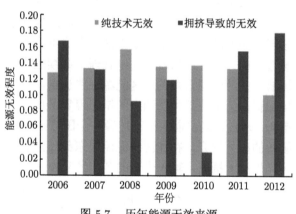

图 5.7　历年能源无效来源

各省区中，能源无效的来源也不尽相同。对比河北与辽宁可以发现，2006～2009年河北的能源无效主要由拥挤导致，而辽宁的能源无效则全部来源于纯技术无效。这意味着河北的要素投入比例存在严重失衡，而辽宁的投入要素规模管理不甚合理。对于河北来说，也就是说减少产生拥挤的投入将促进其能源绩效获得提升；而对于辽宁来讲，以当前的投入水平其可以生产更多的产出，因而其能源管理的侧重点应在于生产技术水平的提升。

对湖南和重庆两省区进行对比分析可以发现，2006～2008 年两省区既存在纯技术无效，又存在拥挤导致的无效。不同的是，拥挤是导致湖南发生能源浪费的主要原因，而重庆的能源无效则主要由纯技术无效构成，因而两省提升能源效率的方式和策略也应有所不同。可见，分析能源无效产生的来源可以知晓不同省区能源管理的侧重点，进而有助于制定有针对性的能源管理方案。

表 5-5 各省份历年能源无效来源

省份	2006 年		2007 年		2008 年		2009 年		2010 年		2011 年		2012 年	
	p	c	p	c	p	c	p	c	p	c	p	c	p	c
北京	0.00	0.20	0.00	0.26	0.00	0.10	0.00	0.00	0.00	0.00	0.00	0.00	0.00	0.00
天津	0.00	0.00	0.00	0.00	0.00	0.00	0.00	0.00	0.00	0.00	0.02	0.17	0.04	0.03
河北	0.00	0.55	0.00	0.47	0.00	0.31	0.00	0.27	0.00	0.00	0.00	0.00	0.00	0.00
辽宁	0.29	0.00	0.27	0.00	0.27	0.00	0.29	0.00	0.23	0.00	0.23	0.00	0.14	0.00
上海	0.00	0.00	0.00	0.00	0.00	0.00	0.00	0.00	0.00	0.00	0.00	0.00	0.00	0.00
江苏	0.06	0.12	0.13	0.08	0.18	0.06	0.14	0.08	0.13	0.00	0.23	0.05	0.30	0.00
浙江	0.00	0.12	0.00	0.11	0.00	0.11	0.00	0.09	0.00	0.00	0.00	0.11	0.00	0.11
福建	0.00	0.29	0.00	0.29	0.00	0.32	0.00	0.35	0.03	0.00	0.08	0.29	0.03	0.36
山东	0.06	0.01	0.07	0.00	0.06	0.00	0.04	0.00	0.10	0.00	0.16	0.01	0.11	0.00
广东	0.00	0.00	0.00	0.00	0.00	0.00	0.00	0.00	0.00	0.00	0.00	0.00	0.00	0.00
海南	0.00	0.53	0.00	0.63	0.18	0.32	0.31	0.00	0.32	0.00	0.30	0.10	0.11	0.57
山西	0.30	0.23	0.32	0.00	0.28	0.00	0.25	0.00	0.20	0.00	0.15	0.00	0.15	0.28
吉林	0.23	0.00	0.18	0.00	0.25	0.00	0.17	0.00	0.14	0.00	0.16	0.05	0.10	0.00
黑龙江	0.02	0.03	0.06	0.05	0.15	0.00	0.15	0.00	0.01	0.00	0.00	0.00	0.03	0.00
安徽	0.23	0.05	0.24	0.12	0.31	0.00	0.24	0.00	0.24	0.00	0.25	0.10	0.23	0.00
江西	0.00	0.11	0.00	0.33	0.28	0.10	0.00	0.51	0.00	0.00	0.02	0.34	0.07	0.35
河南	0.00	0.00	0.00	0.00	0.00	0.00	0.00	0.00	0.00	0.00	0.04	0.28	0.06	0.00
湖北	0.38	0.00	0.29	0.00	0.35	0.00	0.25	0.00	0.26	0.00	0.29	0.15	0.21	0.19
湖南	0.06	0.23	0.06	0.11	0.06	0.18	0.02	0.33	0.09	0.00	0.06	0.31	0.03	0.10
内蒙古	0.00	0.00	0.00	0.00	0.00	0.00	0.00	0.00	0.00	0.00	0.00	0.00	0.00	0.00
广西	0.09	0.31	0.21	0.01	0.28	0.00	0.26	0.06	0.23	0.00	0.15	0.30	0.16	0.08
重庆	0.19	0.02	0.21	0.06	0.24	0.16	0.00	0.00	0.10	0.00	0.00	0.55	0.00	0.56
四川	0.26	0.01	0.27	0.00	0.21	0.14	0.25	0.00	0.25	0.00	0.25	0.00	0.22	0.00
贵州	0.27	0.53	0.39	0.23	0.36	0.15	0.39	0.04	0.39	0.00	0.35	0.34	0.00	0.78
云南	0.22	0.44	0.32	0.12	0.30	0.15	0.34	0.30	0.36	0.09	0.38	0.30	0.36	0.36
陕西	0.27	0.00	0.14	0.07	0.25	0.00	0.17	0.00	0.14	0.00	0.02	0.27	0.00	0.00
甘肃	0.41	0.00	0.37	0.00	0.36	0.00	0.38	0.00	0.33	0.00	0.32	0.00	0.34	0.00
青海	0.39	0.41	0.33	0.16	0.38	0.00	0.40	0.00	0.39	0.10	0.38	0.12	0.17	0.51
宁夏	0.00	0.86	0.00	0.84	0.00	0.70	0.00	0.84	0.00	0.72	0.00	0.83	0.00	0.88
新疆	0.08	0.00	0.12	0.00	0.10	0.00	0.00	0.70	0.18	0.00	0.16	0.01	0.16	0.18

注：表中 p 代表纯技术无效，c 代表拥挤导致的无效。

同样地，三大区域的能源管理也可以参考能源无效来源的分析结果。图 5.8 显示了样本期三大区域能源无效的分解结果 (样本期均值)。可以发现，拥挤是东部地区能源无效的主要驱动因素，而中部地区的能源浪费主要是由纯技术无效构成的。对于西部地区来讲，两方面的无效均较为严重。鉴于此，各区域的能源管理应采取差异化策略。具体地，进行产业要素调整、提升拥挤管理应是东部地区改进的方向。中部地区的能源无效主要来源于技术水平的不足，因而提升生产和节能技术、加快技术进步应是该地区能源效率提升的主要突破口。对于西部地区来说，其技术水平低和拥挤程度高的问题同时存在，因而其措施应既包含技术改造、淘汰落后生产工艺，也包含拥挤管理水平的提升。

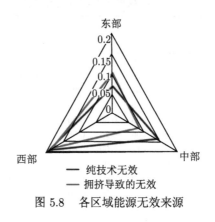

图 5.8　各区域能源无效来源

3. 与无拥挤生产技术的比较分析

为验证忽视拥挤会对能源绩效评估产生严重影响，本节进一步计算了无拥挤生产技术下的能源绩效值，并将其与拥挤生产技术下的结果进行对比。由于每一年的两组数据存在显著线性相关，故采用 Wilcoxon 带符号秩检验来判断两种方法下的结果是否存在显著差异，检验结果如表 5-6 所示。可以发现，除 2010 年的一组数据不存在显著差异外，其他年份均在 0.05 的显著性水平下拒绝了原假设，意味着忽视拥挤确实会导致能源效率评估结果产生显著偏差。

表 5-6　Wilcoxon 带符号秩检验

年份	相关系数	Z 值	P 值
2006	0.918*	−3.421	0.001
2007	0.883*	−3.464	0.001
2008	0.943*	−2.982	0.003
2009	0.838*	−2.589	0.010
2010	0.995	−1.604	0.109
2011	0.970*	−3.408	0.001
2012	0.961*	−3.059	0.002

注：上标 * 代表该数值在 0.05 显著性水平下具有相关性。

图 5.9 描述了历年每组数据的箱线图。可以发现，拥挤生产技术所对应的箱体长度普遍大于无拥挤生产技术所对应的箱体长度 (2010 年除外)，这意味着前者适度拉大了绩效值的分布区间，展示出了更好的鉴别力。另外，由于前者的绩

效值普遍低于后者，显示出更大的节能潜力，因而可知忽视拥挤会高估能源绩效、掩盖可能的节能空间。

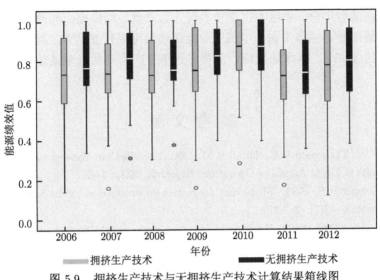

图 5.9　拥挤生产技术与无拥挤生产技术计算结果箱线图

5.5　本章小结

生产中并非资源投入越多越有利。比如，在煤矿作业中，矿井中工人过多反而不利于开采。同样地，理性决策也并不一定总能带来理性结果。这意味着生产活动可能位于非经济区域，相应的生产技术边界发生后弯。此时，生产要素因出现拥挤而不再满足传统技术假设。多数效率测度模型并不考虑非经济生产阶段，因而所刻画的技术边界可能偏离实际生产。

本章介绍了拥挤生产技术的概念，进而探讨其具有的性质及相应的 DEA 刻画方法。接着，介绍了两种判断生产活动是否位于非经济区域的 DEA 方法。这两种判别方法均是对不同技术假设下的生产技术边界进行比较，不同之处在于分别基于投入视角和产出视角。

考虑到现有能源效率绩效测度模型多不考虑非经济生产阶段，有可能使评估结果出现偏差，本章进一步基于拥挤生产技术构建了考虑非经济生产过程的全要素能源绩效指数模型和能源无效分解模型。其中，能源绩效指数模型分为两个阶段。第一阶段将被评估单元投影至拥挤生产技术的技术边界，第二阶段通过非径向调整对位于后弯边界的评估单元进行结构优化，以最终实现能源拥挤的消除和能源的最优利用。由此，能源绩效提升路径可分为两步，首先提升生产技术水平，其次通过结构调整消除拥挤。这些研究结果已发表在 *Annals of Operations Research* 上。

本章的案例研究显示，中国工业生产中的拥挤现象较为普遍，生产要素结构失衡现象在某些年份、省区及区域中表现尤为严重。同样地，能源绩效评估结果也因时因地而异。总体来讲，中国工业能源绩效可提升 25.7%，其中消除拥挤可使能源节约 12.5%。本章还发现，忽视非经济生产将高估能源绩效，掩盖可能的节能空间。

参 考 文 献

Cooper W W, Thompson R G, Thrall R M. 1996. Introduction: Extensions and new developments in DEA. Annals of Operations Research, 66(1): 1-45.

Färe R, Grosskopf S. 1983. Measuring congestion in production. Zeitschrift Für Nationalökonomie, 43(3): 257-271.

Flegg A T, Allen D O. 2007a. Does expansion cause congestion? The case of the older British universities, 1994-2004. Education Economics, 15(1): 75-102.

Flegg A T, Allen D O. 2007b. Using Cooper's approach to explore the extent of congestion in the new British universities. Economic Issues, 12(2): 47-81.

Hu J L, Chang M C, Tsay H W. 2017. The congestion total-factor energy efficiency of regions in Taiwan. Energy Policy, 110: 710-718.

Kao C. 2010. Congestion measurement and elimination under the framework of data envelopment analysis. International Journal of Production Economics, 123(2): 257-265.

Lin E T, Lan L W, Chang J C. 2012. Measuring railway efficiencies with consideration of input congestion. Journal of Transportation Technologies, 2(4): 315-323.

Marques R C, Simões P. 2010. Measuring the influence of congestion on efficiency in worldwide airports. Journal of Air Transport Management, 16(6): 334-336.

Rødseth K L. 2013. A note on input congestion. Economics Letters, 120(3): 599-602.

Tone K, Sahoo B K. 2004. Degree of scale economies and congestion: A unified DEA approach. European Journal of Operational Research, 158(3): 755-772.

Wei Q, Yan H. 2004. Congestion and returns to scale in data envelopment analysis. European Journal of Operational Research, 153(3): 641-660.

Wu J, An Q, Xiong B, et al. 2013. Congestion measurement for regional industries in China: A data envelopment analysis approach with undesirable outputs. Energy Policy, 57: 7-13.

Zhou P, Wu F, Zhou D Q. 2017. Total-factor energy efficiency with congestion. Annals of Operations Research, 255: 241-256.

第 6 章　能源拥挤绩效测度

针对拥挤问题，学者们除了对生产技术是否存在拥挤进行判断及对拥挤效率进行测度外，还关注于何种投入要素的使用导致了拥挤的发生。比如，Brockett 等 (1998) 研究了改革开放前后中国纺织业、化工业和冶金业三个行业的劳动力及资本拥挤状况，发现各行业均不存在资本拥挤，但多数年份存在劳动力拥挤。Cooper 等 (2001) 在对中国 1981~1997 年的纺织业和汽车行业进行研究时发现，汽车行业更早地出现了劳动力拥挤，两个行业仅在个别年份出现资本拥挤。孙巍 (2004) 指出中国转轨时期工业行业生产要素使用普遍存在拥挤现象。这些研究多关注资本和劳动力，较少讨论生产中其他投入要素是否存在拥挤。

随着工业化进程的加快，特别是 20 世纪 70 年代发生石油危机之后，能源要素对工业经济增长的巨大促进作用获得经济学家们的普遍认同。作为生产活动中必不可少的投入要素，能源的拥挤问题逐渐受到关注。Wu 等 (2015，2016) 较早对能源拥挤问题进行了探究，指出能源拥挤反映了能源资源的极度浪费及对产出的抑制。此后，Zhou 等 (2017) 考虑能源混合效应对亚太经济合作组织 (APEC) 的能源效率和能源拥挤进行了测度。Chen 等 (2020) 对一带一路国家的劳动力、资本和能源拥挤进行了评估。

消除能源拥挤可以从"节约能源"和"消除产出抑制"两个角度实现能源效率的提升。另外，由于能源拥挤产生在生产的非经济区域，意味着生产要素结构存在严重失衡，因而对能源拥挤的研究还可以指导生产者做出合理的生产结构调整。本章首先从投入和产出两个视角对能源拥挤进行定义，然后探究能源拥挤产生的机理，揭示能源拥挤发生的内在根源。接着，分别基于投入和产出视角提出两种能源拥挤绩效的测度方法。最后，应用所提方法对中国工业行业的能源拥挤进行研究。

6.1　能源拥挤定义

能源拥挤反映了能源的过量投入，其产生的后果一是资源浪费，二是产出抑制。因而，若从资源利用视角看，能源拥挤可以定义为能源要素边际产出为负值的一种要素利用状态。而从产出视角看，能源拥挤则可以定义为保持其他投入不变情况下，增加能源投入却导致产出下降的一种要素利用状态。表 6-1 对两种定义方法进行了总结。

表 6-1　能源拥挤的定义

定义一 (投入视角)	定义二 (产出视角)
能源拥挤位于生产的非经济区域，是一种能源要素的边际产出变为负值的要素利用状态	能源拥挤是一种保持其他投入不变，增加能源投入却导致产出下降的要素利用状态

表 6-1 中，定义一揭示了能源拥挤发生时投入的性质，即能源的边际产出变为负值。在保持产出不变的情况下，能源的增加需以其他投入的同时增加为代价。这一定义参考了 McFadden(1978) 对于拥挤的理解，直接借助经济学中边际产出的概念进行定义，因而具有良好的经济学基础。定义二揭示了能源拥挤发生时投入与产出之间的变动关系，即保持其他投入不变时，增加能源投入将导致产出减少。该定义参考了 Cooper 等 (1996) 对拥挤的理解，其优点是更加直观。尽管基于不同的研究视角，以上两种定义均蕴含着能源拥挤发生时能源会出现负的边际产出，因而本质上并不冲突。

6.2　能源拥挤产生机理

从表观上看，一种投入要素发生拥挤意味着这种要素存在过量使用 (孙巍，2004)，或者其他投入要素相对稀缺 (沈能等，2014)。然而，从根本上看，拥挤的发生是资源质量下降导致的 (Rødseth，2013)[①]。比如，发生交通拥挤时，道路因运行车辆过多而出现服务质量下降，车辆越多，行车速度越慢；农产品生产中，施肥或者灌溉量超过土壤的承受上限会使土壤质量下降，进而带来农产品产量的减少，发生拥挤；畜牧业中，牲畜数量过多会导致草地质量下降、供应能力不足，进而影响畜牧业产品的产量。

在生产活动中，能源拥挤特指因能源的过多使用而致使经济产出下滑的现象。其根源在于化石能源的负外部性对环境质量产生了威胁和负面影响。随着环境管制程度逐渐加强，企业需要对其排污活动进行治理。增加的治理成本最终反映在企业的生产经营活动中，进而造成经济效益的下降。也就是说，能源拥挤与环境质量恶化密不可分。本节通过经济学模型对该结论进行验证。

为简化分析，假设一个行业仅包含两个生产者 $(k=1,2)$。每个生产者投入能源 e^k 可生产产出 y^k，相应的生产函数表示为 $f^k(e^k)$。假设该生产函数二阶可微，且能源投入具有强可处置性。那么，能源的边际产出可表示为

$$\partial y^k/\partial e^k = \partial f^k(e^k)/\partial e^k \geqslant 0, k=1,2 \tag{6.1}$$

式 (6.1) 中能源投入的边际产出为非负值，因而其描述的是经济区域的生产

---

① 这里的资源与 Rødseth(2013) 研究中的 physical space 含义相同，可被认为是一些在通常情况下不为决策者所考虑的环境资源。

情况。当能源拥挤发生时，能源投入的边际产出变为负值，该情况通常发生在能源的投入量超过一定数值的情况下。在此，假设临界投入量为 μ^k。那么，考虑能源拥挤时，能源的边际产出应表示为

$$\frac{\partial y^k}{\partial e^k} = \begin{cases} \dfrac{\partial f^k(e^k)}{\partial e^k} \geqslant 0, & \text{若 } e^k \leqslant \mu^k \\[3mm] \dfrac{\partial f^k(e^k)}{\partial e^k} < 0, & \text{若 } e^k > \mu^k \end{cases} \tag{6.2}$$

通过分段函数表示方法，式 (6.2) 既对经济区域的生产活动进行了刻画，又对非经济区域的生产情况进行了刻画，可以说反映的是全过程生产活动。

用变量 b 和 b^k 衡量环境要素，如空气、水体等。其中 b 代表总的环境资源，b^k 为有效环境资源。环境资源一般难以量化，因而在生产活动中通常不予体现。但是，环境资源对生产活动产生了实际影响，并且这种影响是随着环境资源质量的变化而变化的。以空气状况为例，在空气质量较优时，人们较少意识到生产活动所导致的环境问题，这也是环境问题在工业化之前较少受到关注的原因。然而，随着空气质量的恶化，人体健康和经济发展相继受到不利影响。因此，管理者逐渐对生产活动实施一定的管控优化，比如安装减排设备、对污染物进行净化处理等。若用污染物含量/浓度衡量空气质量，则含量/浓度越高，污染越严重，好的空气所占比例就越少，或者说有效环境资源越少。在同一环境中，不同生产者所面对的有效环境资源是一样的，因而有 $b^1 = b^2$。在引入有效环境资源这一变量后，生产函数表示为

$$y^k = f^k(e^k, b^k), \quad k = 1, 2 \tag{6.3}$$

与式 (6.1) 不同，式 (6.3) 说明生产活动的实际产出量不但受到能源投入量的影响，还受到外部环境质量的影响。其中，有效环境资源受环境资源总量 b 以及能源消耗总量 $e^1 + e^2$ 的影响，有

$$b^k = g(e^1 + e^2, b), \quad k = 1, 2 \tag{6.4}$$

将式 (6.4) 代入式 (6.3)，有

$$y^k = f^k(e^k, g(e^1 + e^2, b)), \quad k = 1, 2 \tag{6.5}$$

式 (6.5) 中，f^k 和 g 对于任意 k 满足以下性质：

F.1 投入强可处置性，即 $\partial f^k / \partial e^k \geqslant 0, \partial f^k / \partial b^k \geqslant 0, k = 1, 2$；

F.2 凹性，即 $\partial^2 f^k / \partial e^{k^2} \leqslant 0, \partial^2 f^k / \partial b^{k^2} \leqslant 0, k = 1, 2$；

F.3 环境质量退化，即 $\partial g / \partial e^1 = \partial g / \partial e^2 < 0$；

F.4 线性性，即 $\partial^2 g/\partial e^{1^2} = \partial^2 g/\partial e^{2^2} = 0$；

F.5 有效环境资源是资源总量的增函数，即 $\partial g/\partial b > 0$。

其中，性质 F.1 意味着增大能源投入 e^k 和提升有效资源量 b^k 不会使能源及有效资源自身的产出能力下降。性质 F.2 说明函数关于投入是凹的，其体现了边际报酬递减规律，即随着能源 (或有效环境资源) 的增加，能源 (或有效环境资源) 的边际产出能力逐渐降低。为简化分析，性质 F.3 和 F.4 默认环境质量与能源消耗呈线性负相关，也就是说能源消耗越多，有效环境资源就会变得越来越少[①]。性质 F.5 反映了有效环境资源随着资源总量的增大而提升，这可以理解为当开辟了新的环境资源时，有效的资源量随之提升。

满足上述假设的式 (6.5) 揭示了人类与自然的交互影响，即人类不受节制的生产活动是造成外部环境质量下降和环境资源耗竭的直接原因，而外部环境的退化又反过来对生产活动产生负面影响。对式 (6.5) 求导，可得能源投入的实际边际产出，如下式所示：

$$\frac{\partial y^k}{\partial e^k} = \underbrace{\frac{\partial f^k}{\partial e^k}}_{\geqslant 0} + \underbrace{\frac{\partial f^k}{\partial g}\frac{\partial g}{\partial e^k}}_{\leqslant 0} \gtreqless 0, \quad k = 1, 2 \tag{6.6}$$

式 (6.6) 由两部分组成，其中第一部分称为能源投入的直接效应，反映了能源投入自身的产出能力，由性质 F.1 的投入强可处置性可知其为非负值；第二部分称为能源投入的间接效应，由两部分构成：一部分是有效环境资源的产出能力 $\partial f^k/\partial g$，另一部分是能源对有效环境资源的影响 $\partial g/\partial e^k$。由于有效环境资源的产出能力为非负值 $(\partial f^k/\partial g \geqslant 0)$，而能源利用活动会造成环境恶化 $(\partial g/\partial e^k < 0)$，故第二部分为负值。显然，当间接效应大于直接效应时，e^k 的实际边际产出将变为负值 $(\partial y^k/\partial e^k < 0)$，此时能源拥挤便会发生。注意到，在式 (6.6) 的各组成部分中，只有 $\partial g/\partial e^k$ 为负值，这说明能源拥挤发生的根本原因在于有效环境资源的耗竭，或称之为环境质量的退化。

明确了能源拥挤发生的根源还不足以解释能源拥挤发生的条件，原因是能源的使用量是受利润最大化原则驱使的。因此，进一步分析厂商实现最大利润的条件。假设两生产者面临着相同的价格，其中能源价格为 ω，产出品价格为 p，那么利润最大化问题可描述为

$$\pi(p, \omega, e^l, b) = \max_{e^k} pf^k(e^k, g(e^k + e^l, b)) - \omega e^k, \quad l \neq k, \quad l, k = 1, 2 \tag{6.7}$$

对式 (6.7) 进行一阶求导，有

---

① 资源质量与经济活动的非线性关系不会影响本章结论。

$$\frac{\partial \pi^k}{\partial e^k} = p\left(\frac{\partial f^k}{\partial e^k} + \frac{\partial f^k}{\partial g}\frac{\partial g}{\partial e^k}\right) - \omega, \quad k = 1, 2 \tag{6.8}$$

不难发现,当式 (6.8) 等于 0 时利润实现最大化。此时,e^k 的边际收益率等于能源价格,即 $p\left(\dfrac{\partial f^k}{\partial e^k} + \dfrac{\partial f^k}{\partial g}\dfrac{\partial g}{\partial e^k}\right) = \omega$。

由于 p 和 ω 均是非负值,所以能源的实际边际产出 [也就是式 (6.6) 的值] 不为负值。这验证了 "经济人" 假设,说明追求利润最大化的理性生产者不会使其生产活动位于非经济区域。但是,对于整个行业来说利润最大化问题却有所不同。

假设行业产出为 y^I,其是行业内各生产厂商的产出之和,有

$$y^I = f^1(x^1, g(e^1 + e^2, b)) + f^2(e^2, g(e^1 + e^2, b)) \tag{6.9}$$

对式 (6.9) 进行一阶求导,有

$$\frac{\partial y^I}{\partial e^k} = \underbrace{\frac{\partial f^k}{\partial e^k}}_{\geqslant 0} + \underbrace{\frac{\partial f^k}{\partial g}\frac{\partial g}{\partial e^k}}_{\leqslant 0} + \underbrace{\frac{\partial f^l}{\partial g}\frac{\partial g}{\partial e^k}}_{\leqslant 0} \underset{<}{\geqslant} 0, l \neq k, k = 1, 2 \tag{6.10}$$

式 (6.10) 由三部分构成,表明生产者 k 的能源投入对行业的边际贡献既包含该投入对其自身的直接和间接效应,也包含其竞争者 l 的能源投入对有效环境资源带来的退化效应。由于第三部分不大于 0,因而当生产者 k 增加能源投入时,其为行业带来的产出增长将不大于其为自身带来的产出增长。尽管前两部分之和不小于 0,但再加上一个非正值后有可能变为负值,进而造成行业能源拥挤的出现。这说明,即使企业层面不发生能源拥挤,行业层面却有可能发生。图 6.1 对上述结论进行了图形说明。

图 6.1 中上方坐标系刻画了企业 k 和整个行业 I 的生产函数,下方图形显示了对生产函数求一阶导数后各组成部分的变化情况。对企业 k 来说,当其能源投入 e^k 小于 μ^k 时,直接效应大于间接效应,此时生产函数呈上升趋势。当 $e^k = \mu^k$ 时,其获得最大产出。若继续增加能源投入,则产量下降,能源发生拥挤。对于理性厂商而言,其能源投入不会超过 μ^k。

对整个行业 I 而言,由于 e^k 对产出的效应还包含竞争厂商 l 对有效环境资源的负向作用,因而行业产出达到最大时的投入量 μ^I 将小于 μ^k。显然,当厂商 k 的能源投入位于 μ^I 和 μ^k 之间 ($\mu^I < e^k < \mu^k$) 时,虽然其自身生产未出现能源拥挤,但整个行业却发生了能源拥挤。在图形中,行业生产函数的下降部分体现了能源拥挤。

一般来讲,企业 k 的能源投入可以是 $[0, \mu^k]$ 之间的任何值,具体的投入水平需要考虑投入产出的价格水平。对于利润最大化的厂商来讲,其投入量应是使等

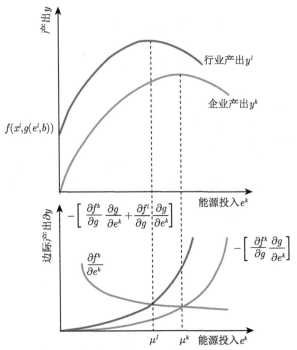

图 6.1   企业能源拥挤与行业能源拥挤分析

式 (6.8) 成立的投入水平。通过分析可知,当利润最大化时的投入水平 e^{k^*} 位于 μ^I 和 μ^k 之间 ($\mu^I < e^{k^*} < \mu^k$) 时,行业将发生能源拥挤。这一发现表明理性厂商在追求利润最大化的过程中可能造成行业能源拥挤的发生,其既反映了个人与社会对资源分配的矛盾冲突,也反映出单纯依赖市场自身的调节作用不足以实现社会资源的有效利用。依图 6.1 可知,防止行业能源拥挤发生的基本原则应在于增加企业获取资源的成本,以使企业利润最大化时的能源投入与行业利润最大化时的能源投入相一致。具体地,若对企业 k 课税的额度定为 $t^* = -p(\partial f^l/\partial g)(\partial g/\partial e^k)$,用以补偿企业生产活动对于环境污染、自然资源消耗、生态环境退化所造成的损失,那么行业能源拥挤将在一定程度上得以避免。

6.3   能源拥挤绩效测度方法

6.3.1   投入导向能源拥挤绩效测度方法

投入导向能源拥挤绩效测度模型是基于定义建立的一种径向测度模型。其基本思路是,首先分别计算能源投入强可处置和弱可处置时的技术效率值,然后将二者的比值定义为能源拥挤绩效。投入导向下的能源拥挤绩效是一个相对概念,与

Färe 和 Grosskopf(1983) 关于生产技术拥挤效率的测度思想具有相似性，但不同的是，由于能源拥挤衡量的是能源要素是否存在拥挤，因此在构建技术效率模型时仅对能源要素的处置性进行差异化处理。

假设在一生产过程中，N 种非能源投入和 L 种能源投入被用于生产 M 种期望产出。其中，非能源投入集合表示为 $\boldsymbol{x} = (x_1, x_2, \cdots, x_N)^{\mathrm{T}} \in \Re_+^N$，能源投入集合表示为 $\boldsymbol{e} = (e_1, e_2, \cdots, e_L)^{\mathrm{T}} \in \Re_+^L$，产出集合表示为 $\boldsymbol{y} = (y_1, y_2, \cdots, y_M)^{\mathrm{T}} \in \Re_+^M$。任一 $\mathrm{DMU}_i(i = 1, 2, \cdots, I)$ 的投入产出组合表示为 $(\boldsymbol{x}_i, \boldsymbol{e}_i, \boldsymbol{y}_i)$。

在规模报酬不变假设下，首先对能源投入进行强可处置，相应的技术效率模型表示为

$$\alpha^* = \min \alpha$$

$$\text{s.t.} \quad \sum_{i=1}^{I} \lambda_i x_{ni} \leqslant \alpha x_{nj}, n = 1, 2, \cdots, N,$$

$$\sum_{i=1}^{I} \lambda_i e_{li} \leqslant \alpha e_{lj}, l = 1, 2, \cdots, L,$$

$$\sum_{i=1}^{I} \lambda_i y_{mi} \geqslant y_{mj}, m = 1, 2, \cdots, M,$$

$$\lambda_i \geqslant 0, i = 1, 2, \cdots, I \tag{6.11}$$

式中，α^* 代表模型的最优解；$\lambda_i \geqslant 0$ 意味着模型施加了规模报酬不变假设。$\alpha^* = 1$ 时被评估单元 DMU_j 位于能源投入强可处置的生产前沿面上，$0 < \alpha^* < 1$ 意味着投入存在缩减空间。

在评估能源拥挤时，能源投入不但可以是单一的或聚合的能源，也可以是多个能源。若判断能源投入 l_0 是否存在拥挤，可以在第二步对该能源投入进行弱可处置，而对其他能源和非能源投入保持强可处置。相应的效率测度模型表示为

$$\beta^* = \min \beta$$

$$\text{s.t.} \quad \sum_{i=1}^{I} \lambda_i x_{ni} \leqslant \beta x_{nj}, n = 1, 2, \cdots, N,$$

$$\sum_{i=1}^{I} \lambda_i e_{li} \leqslant \beta e_{lj}, l = 1, 2, \cdots, L, l \neq l_0,$$

$$\sum_{i=1}^{I} \lambda_i e_{li} = \beta e_{lj}, l = l_0,$$

$$\sum_{i=1}^{I} \lambda_i y_{mi} \geqslant y_{mj}, m = 1, 2, \cdots, M,$$

$$\lambda_i \geqslant 0, i = 1, 2, \cdots, I \tag{6.12}$$

若模型 (6.12) 与模型 (6.11) 的效率值存在差异，则表明能源投入 l_0 发生了拥挤。差异越大，拥挤程度越大。因而，能源拥挤绩效指数 (ECPI) 可定义为

$$\mathrm{ECPI}_I = \alpha^*/\beta^* \tag{6.13}$$

模型 (6.12) 比模型 (6.11) 具有更强的约束力，因而 β^* 将不低于 α^*。$\mathrm{ECPI}_I <$ 1 表示能源拥挤存在，其值越小，能源拥挤越严重；当 $\mathrm{ECPI}_I{=}1$ 时，能源要素没有发生拥挤。投入导向的能源拥挤绩效测度原理可用图 6.2 进行说明。

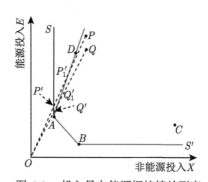

图 6.2　投入导向能源拥挤绩效测度

图 6.2 中，A、B、C、D、P 和 Q 为观测单元。能源投入强可处置下的技术前沿为 $SABS'$，而能源投入弱可处置下的技术前沿为 $DABS'$。P 点和 Q 点在两种技术假设下的效率值存在明显差异，因而存在能源拥挤。P 点与 Q 点的非能源投入相同，但 Q 点能源投入比 P 点少，因而可推测 Q 点的能源拥挤程度低于 P 点。采用式 (6.13) 对能源拥挤绩效进行测度，可得 P 点的能源拥挤绩效值为 OP'/OP_1'，低于 Q 点的能源拥挤绩效值 OQ'/OQ_1'。

6.3.2　产出导向能源拥挤绩效测度方法

不同于上一节的径向测度模型，产出导向的能源拥挤绩效测度模型是基于定义二所构建的一种基于松弛的测度模型。与上节对生产过程的定义相同，考虑一个包含 N 种非能源投入 $\boldsymbol{x} = (x_1, x_2, \cdots, x_N)^{\mathrm{T}} \in \Re_+^N$、$L$ 种能源投入 $\boldsymbol{e} = (e_1, e_2, \cdots, e_L)^{\mathrm{T}} \in \Re_+^L$ 及 M 种期望产出 $\boldsymbol{y} = (y_1, y_2, \cdots, y_M)^{\mathrm{T}} \in \Re_+^M$ 的生产过程。任一 $\mathrm{DMU}_i (i = 1, 2, \cdots, I)$ 的投入产出组合表示为 $(\boldsymbol{x}_i, \boldsymbol{e}_i, \boldsymbol{y}_i)$。产出导向测

度方法分两个阶段，其中第一阶段模型为

$$\max \quad \varphi + \varepsilon \left(\sum_{n=1}^{N} s_n^- + \sum_{l=1}^{L} s_l^- + \sum_{m=1}^{M} s_m^+ \right)$$

$$\text{s.t.} \quad \sum_{i=1}^{I} \lambda_i x_{ni} + s_n^- = x_{nj}, n = 1, 2, \cdots, N,$$

$$\sum_{i=1}^{I} \lambda_i e_{li} + s_l^- = e_{lj}, l = 1, 2, \cdots, L,$$

$$\sum_{i=1}^{I} \lambda_i y_{mi} - s_m^+ = \varphi y_{mj}, m = 1, 2, \cdots, M,$$

$$\sum_{i=1}^{I} \lambda_i = 1, i = 1, 2, \cdots, I,$$

$$\lambda_i, s_n^-, s_l^-, s_m^+ \geqslant 0 \tag{6.14}$$

模型中，s_n^-、s_l^- 和 s_m^+ 分别为非能源投入、能源投入及产出松弛；ε 为非阿基米德无穷小量，是比任何正实数都小的正数；$\sum_{i=1}^{I} \lambda_i = 1$ 说明生产技术是规模报酬可变的。通过将产出的径向扩张及各变量的松弛引入目标函数，模型 (6.14) 能够在最优化产出的同时，给出最大化产出所对应的最小投入。

用 φ^*、s_n^{-*}、s_l^{-*}、s_m^{+*} 表示 φ、s_n^-、s_l^-、s_m^+ 的最优值，我们可以利用这些最优值构建第二阶段模型：

$$\max \quad \sum_{n=1}^{N} \delta_n^+ + \sum_{l=1}^{L} \delta_l^+$$

$$\text{s.t.} \quad \sum_{i=1}^{I} \lambda_i x_{ni} - \delta_n^+ = x_{nj} - s_n^{-*} = \widehat{x}_{nj}, n = 1, 2, \cdots, N,$$

$$\sum_{i=1}^{I} \lambda_i e_{li} - \delta_l^+ = e_{lj} - s_l^{-*} = \widehat{e}_{lj}, l = 1, 2, \cdots, L,$$

$$\sum_{i=1}^{I} \lambda_i y_{mi} = \varphi^* y_{mj} + s_m^{+*} = \widehat{y}_{mj}, m = 1, 2, \cdots, M,$$

$$\sum_{i=1}^{I} \lambda_i = 1, i = 1, 2, \cdots, I,$$

$$\delta_n^+ \leqslant s_n^{-*}, \delta_l^+ \leqslant s_l^{-*}, \lambda_i, \delta_n^+, \delta_l^+ \geqslant 0 \tag{6.15}$$

模型 (6.15) 的目的是消除产出最大时的投入冗余。令 δ_l^{+*} 为 δ_l^+ 的最优值，比较模型 (6.15) 与模型 (6.14) 中投入松弛之差，可得能源品种 l 的拥挤量为

$$\mathrm{ec}_o = s_l^{-*} - \delta_l^{+*} \tag{6.16}$$

注意到，不同于模型 (6.13) 所得到的能源拥挤相对值，模型 (6.16) 给出的是能源拥挤的绝对值，即生产边界后弯段所对应的能源投入量。ec_o 越大，能源拥挤量越多，而 $\mathrm{ec}_o=0$ 表示不存在能源拥挤。

用能源拥挤量在总能源消费中的比重表示产出导向的能源拥挤绩效指数 (ECPI_O)，有

$$\mathrm{ECPI}_O = \frac{\mathrm{ec}_o}{e_l} \tag{6.17}$$

ECPI_O 是一个标准化的指数 ($\mathrm{ECPI}_O \in [0, 1)$)。与 ECPI_I 不同，ECPI_O 越大表明由拥挤导致的能源浪费越多，能源拥挤越严重，而 $\mathrm{ECPI}_O=0$ 意味着不存在能源拥挤。

产出导向测度方法的原理可利用图 6.3 所示的一个单能源投入单产出的生产过程进行说明。图 6.3 中，5 个决策单元 A、B、C、D 和 M 所在位置各不相同。对于 M 来说，其获得最大产出时的最小投入为 B 点投入 (投入松弛量为 s^-)。从 B 点继续增大投入至 C 点并未使产出下降 (该步计算的松弛为 δ^+)，但再持续增大投入将对应生产技术前沿后弯的部分 (即 CD 段)，发生能源拥挤。因此，M 点比 C 点多投入的量 (ec_o) 即为能源拥挤量。

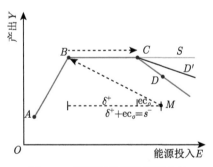

图 6.3　能源拥挤松弛测度方法

可以发现，当后弯的前沿段变为 CD' 时，M 点的能源拥挤量并不会发生变化。这说明本节方法是生产要素的拥挤测度方法，而不是生产技术拥挤程度的测量方法。当然，生产要素存在拥挤时，生产技术拥挤必然存在，因而生产要素拥挤的测量方法可作为判断生产技术是否存在拥挤的辅助方法。

6.3.3 能源拥挤绩效测度方法的比较与选取原则

表 6-2 是对投入导向能源拥挤测度方法 (方法一) 与产出导向能源拥挤测度方法 (方法二) 的比较分析。注意到, 二者除了在导向和测度类型上存在显著差异外, 在规模技术、结果单位及拥挤来源等分析指标上也明显不同。方法一既可以参考 CRS 技术, 也可以参考 VRS 技术, 而方法二仅能参考 VRS 技术。尽管两种方法均可用相对值表征结果, 但测度思想的差异使得二者的含义具有明显区别。具体地, 前者反映的是两个前沿面的差异程度, 而后者揭示的是拥挤阶段对应的能源无效量占能源消费总量的比例, 同时也能够给出能源拥挤的绝对值。另外, 方法一参考的是径向效率测度思想, 因而其只能识别产品混合不经济导致的能源拥挤现象, 且只能用于多投入的生产过程, 无法处理单一投入的生产活动。与之不同, 方法二不但能够用于单投入的生产过程, 而且既能识别产品混合不经济导致的能源拥挤, 又可识别规模不经济导致的能源拥挤。

表 6-2　两种能源拥挤测度模型对比

项目	方法一	方法二
导向	投入导向	产出导向
测度类型	径向	松弛
规模技术	CRS/VRS	VRS
结果的参考单位	相对值	绝对值/相对值
来源分析	产品混合不经济	产品混合不经济及规模不经济

综合来讲, 方法一与方法二各有优势。由于测度思路不同, 针对同样的问题两种方法可能会给出不同的结果。在实际问题中, 方法的选择应取决于研究者的研究目的。若研究者倾向于在产出不变时考虑投入的利用情况, 则方法一较为适合; 若研究者需要同时关注投入和产出的无效程度, 那么方法二更为适合。另外, 若研究者想提供一个综合全面的评估结果, 那么将两种方法进行综合运用也是一个不错的选择。

6.4　案 例 应 用

第 5 章发现中国工业行业存在较为普遍的生产技术拥挤。但是, 对于拥挤是否因能源要素的过量使用而引发, 第 5 章未有提及。因此, 本节继续以中国 2006~2012 年 30 个省区工业行业的面板数据为例, 探究中国工业行业生产过程中的能源拥挤现象, 并提出相应的管理建议。

6.4.1 投入导向结果分析

在产出不变情形下分析投入的有效利用程度是效率分析尤其是能源效率分析的主要思路。投入导向的能源拥挤测度方法正是基于产出不变思想构建的, 因而采用该方法判别能源拥挤程度具有现实合理性。应用模型 (6.11)～ 模型 (6.13) 计算的各省区历年能源拥挤程度如表 6-3 所示。

表 6-3　投入导向下各省份历年能源拥挤绩效

省份	2006 年	2007 年	2008 年	2009 年	2010 年	2011 年	2012 年	平均值
北京	1.000	1.000	1.000	1.000	1.000	1.000	1.000	1.000
天津	1.000	1.000	1.000	1.000	1.000	1.000	1.000	1.000
河北	0.933	0.944	0.953	0.963	1.000	1.000	1.000	0.970
辽宁	1.000	1.000	1.000	1.000	1.000	1.000	1.000	1.000
上海	1.000	1.000	1.000	1.000	1.000	1.000	1.000	1.000
江苏	1.000	1.000	1.000	1.000	1.000	0.996	1.000	0.999
浙江	1.000	1.000	1.000	1.000	1.000	0.999	0.975	0.996
福建	1.000	1.000	1.000	1.000	1.000	0.969	0.890	0.980
山东	1.000	1.000	1.000	1.000	1.000	1.000	1.000	1.000
广东	1.000	1.000	1.000	1.000	1.000	1.000	1.000	1.000
海南	1.000	1.000	1.000	1.000	1.000	0.993	0.854	0.978
山西	0.987	1.000	1.000	1.000	1.000	1.000	0.950	0.991
吉林	1.000	1.000	1.000	1.000	1.000	1.000	1.000	1.000
黑龙江	1.000	1.000	1.000	1.000	1.000	1.000	1.000	1.000
安徽	1.000	1.000	1.000	1.000	1.000	0.995	1.000	0.999
江西	1.000	1.000	1.000	1.000	1.000	0.961	0.881	0.977
河南	1.000	1.000	1.000	1.000	1.000	0.985	1.000	0.998
湖北	1.000	1.000	1.000	1.000	1.000	0.990	0.973	0.995
湖南	0.982	0.995	0.978	0.971	1.000	0.978	0.991	0.985
内蒙古	1.000	1.000	1.000	1.000	1.000	1.000	1.000	1.000
广西	0.968	1.000	1.000	0.997	1.000	0.977	0.991	0.990
重庆	1.000	1.000	1.000	1.000	1.000	0.909	0.790	0.957
四川	1.000	1.000	1.000	1.000	1.000	1.000	1.000	1.000
贵州	0.804	0.926	0.972	0.992	1.000	0.954	0.609	0.894
云南	0.944	0.983	0.979	0.957	0.990	0.946	0.897	0.957
陕西	1.000	1.000	1.000	1.000	1.000	1.000	1.000	1.000
甘肃	1.000	1.000	1.000	1.000	1.000	1.000	1.000	1.000
青海	1.000	1.000	1.000	1.000	0.949	0.956	0.738	0.949
宁夏	0.532	0.453	0.592	0.569	0.567	0.544	0.520	0.540
新疆	1.000	1.000	1.000	1.000	1.000	1.000	0.942	0.992

表 6-3 中，210 个观测值中仅有 26% 的数值显示了能源拥挤的存在。这一数值显著低于生产技术拥挤判断中所识别出的拥挤省区个数 (47.6%)，意味着中国工业行业不仅存在着能源拥挤，还存在着其他要素的拥挤。在 30 个省份中，有 12 个省份在历年中均未发生能源拥挤，而宁夏、贵州、青海、云南和重庆则是平均拥挤程度最高的 5 个省份。历年中，2011 年是出现能源拥挤省份最多的一年，而 2010 年和 2012 年分别是能源拥挤程度最小和最大的一年 (图 6.4)。

三大区域中，东、中、西部存在能源拥挤的观测值占其所在区域全部观测值的比例分别为 14.29%、25.00% 和 38.96%，如表 6-4 所示。通过对比存在能源

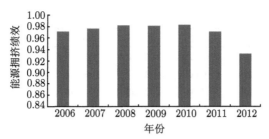

图 6.4 投入导向下中国工业历年能源拥挤绩效

拥挤与技术拥挤的观测值所占的比例可以发现,各区域的拥挤要素存在显著不同。其中,中、西部地区倾向于能源拥挤,而东部地区更倾向于非能源要素 (资本或劳动力) 的拥挤。这进一步揭示了拥挤与地区资源禀赋及行业属性之间的密切关系。具体地,东部地区因能源缺乏而主要发展资本、劳动力密集型的制造业。对于规模效应的追求使得资本劳动力不断集聚,最终由于土地能源等资源的不足而发生拥挤现象。相反,西部地区因资源富裕而侧重于资源密集型产业的发展,资源的投入在促进地区经济发展的同时,由于劳动力等要素的限制而引发拥挤。

表 6-4 各区域存在能源拥挤与技术拥挤的观测值所占比例 (投入导向) (单位:%)

区域	能源拥挤	技术拥挤
东部	14.29	45.45
中部	25.00	43.10
西部	38.96	54.55

6.4.2 产出导向结果分析

尽管资源节约是各地区政府重点关注的问题,但产业发展也不容忽视。事实上,资源节约和产业发展二者并不矛盾,能够在一定条件下实现共同优化。产出导向的能源拥挤测度方法基于产业发展视角,不但可以衡量能源过度使用的绝对量,还可以测度拥挤对于产出的抑制程度,因而可以用来分析提升拥挤管理可能带来的产出提升。应用模型 (6.14)~ 模型 (6.17) 计算的各省区历年的能源拥挤绩效值如表 6-5 所示。

表 6-5 产出导向下各省份历年能源拥挤绩效

省份	2006 年	2007 年	2008 年	2009 年	2010 年	2011 年	2012 年	平均值
北京	0.000	0.000	0.000	0.000	0.000	0.000	0.000	0.000
天津	0.000	0.000	0.000	0.000	0.000	0.000	0.000	0.000
河北	0.276	0.266	0.229	0.213	0.000	0.000	0.000	0.141
辽宁	0.156	0.000	0.000	0.000	0.000	0.000	0.000	0.022
上海	0.000	0.000	0.000	0.000	0.000	0.000	0.000	0.000

续表

省份	2006 年	2007 年	2008 年	2009 年	2010 年	2011 年	2012 年	平均值
江苏	0.082	0.111	0.128	0.118	0.117	0.179	0.198	0.133
浙江	0.000	0.000	0.000	0.000	0.000	0.000	0.061	0.009
福建	0.000	0.000	0.000	0.000	0.000	0.187	0.210	0.057
山东	0.222	0.213	0.000	0.000	0.195	0.198	0.237	0.152
广东	0.000	0.000	0.000	0.000	0.000	0.000	0.000	0.000
海南	0.000	0.000	0.000	0.000	0.000	0.000	0.000	0.000
山西	0.149	0.006	0.002	0.000	0.000	0.000	0.059	0.031
吉林	0.000	0.000	0.000	0.000	0.000	0.000	0.000	0.000
黑龙江	0.000	0.000	0.000	0.000	0.000	0.000	0.000	0.000
安徽	0.000	0.000	0.000	0.000	0.000	0.015	0.000	0.002
江西	0.000	0.000	0.000	0.004	0.000	0.197	0.193	0.056
河南	0.000	0.000	0.000	0.000	0.000	0.000	0.000	0.000
湖北	0.000	0.000	0.000	0.000	0.000	0.000	0.043	0.006
湖南	0.064	0.082	0.150	0.088	0.000	0.286	0.006	0.097
内蒙古	0.000	0.000	0.000	0.000	0.000	0.000	0.000	0.000
广西	0.000	0.067	0.000	0.027	0.000	0.304	0.000	0.057
重庆	0.000	0.000	0.078	0.005	0.000	0.399	0.326	0.115
四川	0.000	0.000	0.000	0.000	0.000	0.000	0.000	0.000
贵州	0.353	0.271	0.170	0.110	0.000	0.242	0.234	0.197
云南	0.208	0.180	0.170	0.097	0.057	0.376	0.139	0.175
陕西	0.000	0.000	0.000	0.000	0.000	0.000	0.000	0.000
甘肃	0.033	0.000	0.002	0.000	0.000	0.000	0.000	0.005
青海	0.199	0.033	0.236	0.223	0.315	0.167	0.321	0.213
宁夏	0.713	0.576	0.513	0.427	0.409	0.353	0.363	0.479
新疆	0.000	0.000	0.063	0.000	0.000	0.000	0.048	0.016

可以发现，表 6-5 呈现了比表 6-3 更多的能源拥挤观测值 (约占 35%)，但是这一数值依旧低于产出视角下存在生产技术拥挤的省份个数 (47.1%)，这同样说明工业行业除存在能源拥挤外，还存在资本或劳动力拥挤。在 30 个省份中，有 11 个省份在历年内均未发生能源拥挤，而宁夏依旧是能源拥挤程度最大的省份，其次为青海、贵州、云南及山东。另外，发生能源拥挤省份最多的年份变为 2012 年，2011 年成为能源拥挤程度最大的年份，而 2010 年依旧是能源拥挤程度最小的年份 (图 6.5)。各区域中，西部地区依然是能源拥挤平均程度最高的地区。

注意到，尽管投入视角与产出视角下的结果有相同之处，但对于某些省区却给出了完全不同的结果。比如，在投入视角下大部分年份均不存在能源拥挤的青海却在产出视角的每一年均呈现出了能源拥挤。产生这种现象的原因是多方面的，比如两类方法采用了不同的规模报酬假设、不同的导向及不同的测度单位。原则上，由于测度理念的不同二者并不具备可比性。

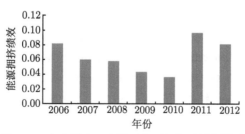

图 6.5　产出导向下中国工业历年能源拥挤绩效

6.5　本章小结

拥挤意味着有生产要素存在过量使用。目前，关于资本、劳动力等生产要素拥挤的研究较多，但对于能源要素是否存在拥挤，相关研究并不多见。能源拥挤意味着生产要素结构存在严重失衡，因而能源拥挤研究可作为生产者调整生产结构的理论依据。

本章关注能源拥挤，首先采用经济学方法探究能源拥挤产生的根源。具体做法为，在生产函数中引入代表环境质量的变量，接着对能源要素的边际产出进行推导。研究发现，环境质量的恶化是能源拥挤发生的根本原因。虽然厂商的理性决策不会引发企业层面的能源拥挤，但各厂商的逐利行为却可能导致行业层面发生能源拥挤。

在分析能源拥挤产生根源的基础上，本章进一步从投入和产出两个视角明确了能源拥挤的定义，并分别提出相应视角下的能源拥挤绩效测度方法。其中，投入视角的测度方法采用径向模型，通过对比能源要素强、弱可处置下的效率值来判断能源拥挤的程度；产出视角的测度方法则通过计算产出边界后弯段所对应的能源投入量来判断能源拥挤。案例研究显示：尽管投入视角和产出视角下的测度结果有所差异，但均显示中国工业存在能源拥挤。与此同时，能源拥挤表现出明显的时空差异。这些研究结果已发表在 *Computational Economics* 和 *Energy Efficiency* 上。

参 考 文 献

沈能, 赵增耀, 周晶晶. 2014. 生产要素拥挤与最优集聚度识别——行业异质性的视角. 中国工业经济, (5): 83-95.

孙巍. 2004. 转轨时期中国工业生产要素拥挤的特征分析. 管理科学学报, 7(3): 38-45.

Brockett P L, Cooper W W, Wang Y, et al. 1998. Inefficiency and congestion in Chinese production before and after the 1978 economic reforms. Socio-Economic Planning Sciences, 32(1): 1-20.

Chen Z, Wang W, Li F, et al. 2020. Congestion assessment for the Belt and Road countries considering carbon emission reduction. Journal of Cleaner Production, 242: 118405.

Cooper W W, Deng H, Gu B, et al. 2001. Using DEA to improve the management of congestion in Chinese industries (1981-1997). Socio-Economic Planning Sciences, 35(4): 227-242.

Cooper W W, Thompson R G, Thrall R M. 1996. Introduction: Extensions and new developments in DEA. Annals of Operations Research, 66(1): 3-45.

Färe R, Grosskopf S. 1983. Measuring congestion in production. Zeitschrift Für National-alökonomie, 43(3): 257-271.

McFadden D. 1978. Cost, Revenue, and Profit Functions. New York: Elsevier.

Rødseth K L. 2013. A note on input congestion. Economics Letters, 120(3): 599-602.

Wu F, Zhou P, Zhou D Q. 2015. Measuring energy congestion in Chinese industrial sectors: A slacks-based DEA approach. Computational Economics, 46(3): 479-494.

Wu F, Zhou P, Zhou D Q. 2016. Does there exist energy congestion? Empirical evidence from Chinese industrial sectors. Energy Efficiency, 9(2): 371-384.

Zhou D Q, Meng F Y, Bai Y, et al. 2017. Energy efficiency and congestion assessment with energy mix effect: The case of APEC countries. Journal of Cleaner Production, 142(2): 819-828.

第 7 章 综合环境绩效指数框架及方法

本书前面章节主要从效率分析的角度评估了能源与环境绩效，而接下来的内容则主要在强可持续范式下，从约束指标之间的可补偿能力角度，探索和改进综合指标方法在环境系统绩效评估中的应用。

广义上，环境系统是一个多维度 (如经济、社会和生态) 概念，包含不同维度之间的内部关系，这给能源环境系统绩效评价带来了一定困难。Hák 等 (2012) 指出环境系统在概念上的多重解释、边界的不确定和可测量性等问题，也日益引发了对环境系统绩效评价可靠性的关注。20 世纪末，联合国建议制定、发展和完善与能源环境系统相关的可持续发展评价指标，为不同层次的政策分析和决策提供分析基础。从那时开始，学者们构建了各式各样的衡量环境绩效的综合指标，例如世界能源三难指数 (world energy trilemma index)、生态足迹指数 (ecological footprint index)、环境可持续性指数 (environmental sustainability index)、人类发展指数 (human development index)、气候变化绩效指数 (climate change performance index) 和环境绩效指数 (environmental performance index) 等 (Hsu et al.，2016)。根据 Zhou 和 Ang (2008) 的研究，现有环境指数可大致分为非综合指标和综合指标。非综合环境指标通常采用多维指标，对比分析各个单一的指标来评价环境绩效。而综合环境指标的目的是将各种指标汇总成一个数值，以衡量评价对象 (如国家、城市等) 的环境绩效。OECD(2008) 认为，综合指标可以减少多维指标的可见规模，比一组独立的指标更容易解释，也易于同决策者和公众交流。因此，综合指标近期在可持续性评价中得到了广泛的应用。为了方便起见，下文中我们将基于综合指标的能源环境系统绩效评价称为综合能源与环境指数 (composite energy/environment indicators，CEI)。

综合环境指数可靠性除了依赖于构建的指标的准确性外，在很大程度上取决于用于构造指标的基本方法。在过去的几十年中，学者们为构造综合环境指数模型做出了巨大努力。例如 van den Bergh 和 van Veen-Groot(2001)、Cherchye 和 Kuosmanen(2004)、Diaz-Balteiro 和 Romero(2004)、Munda(2005)、Despotis(2005a，2005b)、Zhou 等 (2007)、Zanella 等 (2015)。Ebert 和 Welsch(2004) 从社会选择的角度，论证了如何构造一个有意义的环境指标。Zhou 等 (2006) 提出了一种比较不同聚合函数的信息丢失准则。Pollesch 和 Dale(2015，2016) 研究了聚合理论和指标标准化方法在构建综合能源与环境指数中的应用。Zhou 等 (2017) 进一步探讨了综合环境指数的有意义的概念，论证了非参数前沿方法构造一个有意义特性的综合环境指数的可行性。一些学者也回顾了过去的综合环境指数研究，如 Parris 和 Kates(2003)、Ness 等 (2007)、Mori 和 Christodoulou(2012)。Böhringer 和 Jochem(2007) 的研究强调了科学合理的标准化、指标权重确定和聚合方法在构造有意义的综合环境指数中的重要性。本章旨在系统梳理构造综合环境指数方法演变。该文献综述不仅梳理了用于构建综合环境指数的主流方法及其各自的优缺点，还辩证分析了不同可持续发展假设下聚合函数的选择问题。

本章结构如下：7.1 节介绍构建综合环境绩效指数的整体框架；7.2 节总结综合环境绩效指数建模的基本原理；7.3～7.5 节分别从多属性决策方法和优化方法两方面总结被广泛应用的综合环境绩效指数指标标准化方法、聚合方法和权重确定方法；7.6 节给出综合环境绩效指数的有意义性定义；7.7 节总结用于检验综合环境绩效指数鲁棒性的敏感性分析；7.8 节为本章小结，指出综合环境绩效指数在方法上可能的发展。

7.1　综合环境绩效指数框架

综合指数形式简单易懂，因其能够概括复杂社会现象的特征而被广泛应用于诸如竞争力、创新能力、能源环境可持续发展等的评价中，同时也逐渐成为与公众交流的最为有效的手段。但针对综合指数的准确性和可靠性的争论在学术界也长期存在。如其计算的临时性、指标的确定和权重与聚合方法的主观性及数据的缺失等问题都有可能使构建的综合指数扭曲被评价对象的绩效表现，使得基于该结果的政策有失偏颇。为此，学者们通常建议依据统一的理论框架，使构建的综合指数在方法理论和数据来源等方面足够的透明化，如 Freudenberg (2003)、Becker (2005)、OECD (2008)、Hák 等 (2012)。一般而言，综合指数的理论框架可以分为三部分，即理论层、实践层和应用层，如图 7.1 所示。

综合指数的目的在于聚合底层反映被评价对象各个方面的单个指标或变量。这些底层指标既有定量指标，也有可能存在定性指标。实践中，使综合指数的结果能够真实反映被评价对象的实际绩效水平本身是一个难点。因此，研究者本身需要一个具有指导意义的技术框架，在基础理论层面确定被评价的内容、被评价对象的边界、指标的选择及确定构建综合指数的模型。目前，国际机构及学术界从不同的角度提出了诸多的技术框架，如由欧盟统计局和世界银行从统计的角度提出的欧盟统计质量框架 (Eurostat quality assurance framework) 和数据质量框架 (data quality assessment framework)，由欧洲环境署提出的 DPSIR 分析框架 (DPSIR analytical framework)。Booysen(2002) 提出了包涵 7 个维度的用于指标评价及分类的技术框架。实践层包括三个方面，一是指标的选择与数据收集整理，

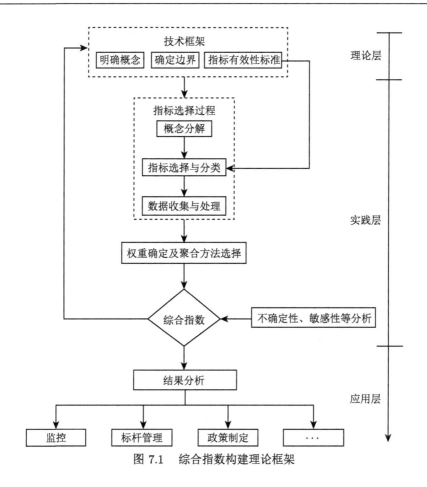

图 7.1 综合指数构建理论框架

二是指标权重的确定及聚合方法的构建,三是不确定及敏感性分析。评价的内容一般具有抽象的特征,很难被直接测度。为了保证测量的可行性,通常需要以技术框架为指导,逐步分解抽象的内容,得到具有可操作性的底层指标。例如,在评价可持续发展时,通常需要把该概念分解为社会、经济及环境三个维度。又如世界能源理事会使用能源安全、能源公平性和环境可持续性来测度世界范围内的能源困境。其中各个维度又包括能源生产与消耗的比率、能源进口占国内生产总值的比率、零售汽油的公众承受能力、一次能源强度、二氧化碳强度等具体的底层指标。通常,综合指数的指标选择需要注意一些基本的原则,如全面性、科学性、层次性、可比较性、与评价方法一致性等。另外,在满足以上选择的同时,还应考虑指标数据的收集难易度。如果某项指标缺失,应考虑使用其他相关的指标代替。在完成指标体系构建及相关指标数据的收集之后,再应用多元统计方法分析指标数据结构。综合来说,指标选择可以总结为如图 7.2 所示的过程。

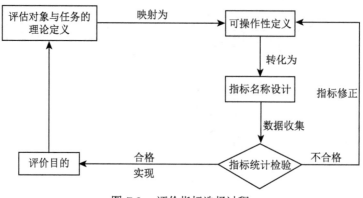

图 7.2   评价指标选择过程

技术框架的建立与评价指标的选择很大程度上反映了综合指数构建过程中的艺术成分。相反，指标权重的确定、聚合方法的构建及不确定性和敏感性分析反映了综合指数构建的量化过程。根据不同的目的，可以选择不同的指标权重和聚合方法。无论基于何种方法构建综合指数，方法的选择很大程度上具有主观性。为了构建可靠的综合指数，一般建议保证综合指数构建过程的透明性外，应对构建的综合指数进行鲁棒分析。从指标数量到权重的确定，再到聚合方法的选择都应检验其可靠性。

7.2   综合环境绩效指数建模原理

综合环境绩效指数的构建始于评价环境绩效的指标体系。给定的评价对象及指标体系可以用绩效矩阵 $\boldsymbol{X}$ 表示，如式 (7.1) 所示，其中包含 m 个评价对象和 n 个环境绩效指标：

$$\boldsymbol{X} = \begin{bmatrix} x_{11} & \cdots & x_{1n} \\ \vdots & & \vdots \\ x_{m1} & \cdots & x_{mn} \end{bmatrix} \tag{7.1a}$$

$$\boldsymbol{W} = \begin{bmatrix} w_1 & \cdots & w_n \end{bmatrix} \tag{7.1b}$$

式中，x_{ij} 代表评价对象 i 在环境绩效指标 j 的绩效值；$\boldsymbol{W}$ 为权重向量；w_j 为环境绩效指标 j 的权重。

环境绩效指标通常具有不同的测度单位。如果直接基于未经过无量纲化处理的环境绩效指标构建综合环境绩效指数将具有不可比较的特性，失去了实际意义。因此，为了将 n 个具有不同测度单位的环境绩效指标聚合为具有可比较的综合环境绩效指数，部分聚合方法要求每个指标都通过某种标准化函数 [如 $\boldsymbol{V} = v(\boldsymbol{X})$]

进行无量纲处理。假设标准化后的绩效矩阵表示为

$$\boldsymbol{V} = \begin{bmatrix} v_{11} & \cdots & v_{1n} \\ \vdots & & \vdots \\ v_{m1} & \cdots & v_{mn} \end{bmatrix} (m, n \geqslant 2) \tag{7.2}$$

在确定指标体系、指标权重及可能的指标数据预处理的基础上，就可以选择合适的聚合函数将 n 个环境绩效指标聚合成综合环境绩效指数。一般而言，聚合函数的目的在于：

- 寻求一个合适的聚合函数，如 $r_i = f_1(\boldsymbol{X}(\text{或} \boldsymbol{V}), \boldsymbol{W})$，对评价对象的环境绩效进行优劣排名；
- 寻求一个合适的聚合函数，如 $u_i = f_2(\boldsymbol{X}(\text{或} \boldsymbol{V}), \boldsymbol{W})$，计算各个评价对象的综合环境绩效。

从 7.3 节开始，本章首先总结应用于综合环境绩效指标标准化方法，然后介绍在综合环境绩效指数构建过程中常用的几种聚合函数，在此基础上讨论指标权重的确定方法及其重要性。

7.3　指标体系的标准化

在环境指标评价体系中，由于各评价指标的性质不同，指标通常具有不同的量纲和数量级。当各指标间的水平相差很大时，如果直接用原始指标值进行分析，就会突出数值较高的指标在综合分析中的作用，相对削弱数值较低指标的作用。因此，为了保证结果的可靠性和可比较性，需要对原始指标数据进行标准化 (normalizing) 处理。指标数据的标准化是将其按比例缩放，使之落入一个小的特定区间，去除数据的单位限制，将其转化为无量纲的纯数值，便于不同单位或量级的指标能够进行比较和加权。综合指数中常见的标准化方法有 min-max 标准化法 (或者 re-scaling)、log 函数转换、atan 函数转换、z-score 标准化法、模糊量化法、参考点标准化法等。但在综合环境绩效指数构建过程中，现有文献通常采用 z-score 标准化法、参考点标准化法、min-max 标准化法，见表 7-1 所示。

1. z-score 标准化法

该方法通常用于测量单个环境指标值与指标体系平均值之间的关系。平均值为零，则说明可以避免因指标平均值差异而导致的聚合失真。当标准化后的值为正值时，说明该指标值高于平均值多少个标准偏差，相反，则表示该指标值低于平均值多少个标准偏差。此外，经过 z-score 标准化处理过的指标值满足标准正态分布，这些理想的特性使它被广泛应用于综合环境绩效指数的构建过程中，见 Floridi 等 (2011)。

表 7-1　几种常用的标准化方法

方法名称	公式	说明
z-score 法	$v_{ij} = \dfrac{(x_{ij} - \overline{x}_j)}{\sigma_j}$	$\overline{x}_j$ 和 σ_j 分别为第 j 个可持续发展指标的平均值和标准差
参考点法	$v_{ij} = \dfrac{x_{ij}}{x_j^r}$	x_j^r 为第 j 个指标的参考值
min-max 法	$v_{ij} = \dfrac{x_{ij} - \min_i(x_{ij})}{\max_i(x_{ij}) - \min_i(x_{ij})}$	$\max_i(x_{ij})$ 为第 i 个指标在所有被评价对象中的最大值，$\min_i(x_{ij})$ 同理，但为最小值

2. 参考点标准化法

该方法通过比较评价对象的各个指标值与选择的参考指标值之间的距离来标准化环境指标。如 Ebert 和 Welsch(2004) 指出，当指标为比率尺度 (ratio-scale)，采用参考点标准化法，由简单加权聚合函数可以构建"有意义"的综合环境绩效指数。在参考指标的选择上，基于评价的目的，可以是被评价对象的最优值，如 Zhou 等 (2006)，或者是最差值，抑或是寻求一个外部参考点，如 OECD(2008)。此外，最为广泛的选取方式是选择某个基准时间所对应的指标值作为参考，以便动态监测评价对象的环境绩效，如 Krajnc 和 Glavič(2005) 及 Cherchye 等 (2007)。同时，Cherchye 等 (2007) 指出，在这种情况下，结合面板数据，有可能在时空尺度下进行有意义的环境绩效对比分析。

3. Min-max 标准化法

该方法也叫离差标准化法，是对原始数据的线性变换，使标准化后的指标值落到 [0, 1] 区间中。该标准化方法比较明显的缺陷是标准化过程中受异常值 (outlier) 影响较大。当有新指标数据加入时，也有可能导致 max 和 min 指标值的变化，但 min-max 标准化法比较简单易懂，在目前的综合环境绩效指数的文献中被广泛使用，如由联合国发布的人类发展指数 (human development index)、Neumayer(2001)、Diaz-Balteiro 和 Romero(2004)、Hajkowicz(2006)、Gómez-Limón 和 Riesgo(2009)、Gómez-Limón 和 Sanchez-Fernandez(2010) 等。

综上，任何标准化方法在满足去量纲化的同时，应该满足一些原则，如保持指标数据内部相对差距一致性。因为如果相对差距改变，聚合的底层指标效用值会被扭曲，综合指标得到的被评价对象的综合绩效将不再是原始指标数据所反映出来的实际情况。如图 7.3 所示，X 为标准化前指标数据，I 为标准化后指标数据，v_1 和 v_2 分别为线性和非线性标准化方法，x_1 和 x_2 分别为标准化前同一指标的两个评价对象原始指标绩效值，i_1' 和 i_2' 为非线性标准化方法标准化后的指标绩效值。在线性标准化下，标准化后的值分别为 i_1 和 i_2，标准化前两个指标差距为 $x_2 - x_1$，标准化后指标的差距为 $i_2 - i_1$。显然，$(i_2 - i_1)/(x_2 - x_1)$ 为固定值，即

v_1 直线的斜率, 也就是说, 指标数据标准化后的差距只和标准化前的差距及直线的斜率有关。同理, 在非线性标准化情况下, 标准化后的值分别为 i_1' 和 i_2', 显然 $(i_2' - i_1')/(x_2 - x_1)$ 是变化的, 因为在不同的点, 曲线 v_2 具有不同的斜率值。因此采用非线性标准化方法得到标准化指标效用值相对差距发生了变化。由此, 也可以解释诸如基准距离法和 min-max 标准化法的线性标准化方法在综合指标的建模中较非线性变换标准化方法广泛的现象。

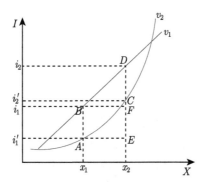

图 7.3　线性和非线性标准化方法对比示意图

7.4　指标聚合方法

计算综合环境绩效指数的目的之一是把多维 (层次) 指标体系聚合为一个能代表被评价对象环境绩效的综合值。因此, 指标的聚合方法在构建综合环境绩效指数的过程中起着至关重要的作用。目前, 基于多属性决策 (multiple attribute decision making, MADM) 方法的综合环境绩效指数聚合方法较多, 但大多数聚合方法 (特别是一些具有指标间可补偿特性的聚合方法) 均可归结为如式 (7.3) 所示的形式。当其中的参数取不同值时, 则转变为具体的聚合方法, 如表 7-2 所示。值得注意的是, 表 7-2 中仅总结了较为常见的应用于综合环境绩效指数构建过程的聚合函数, 其他的 MADM 聚合方法请参考 Yoon 和 Hwang(1995)、Decancq 和 Lugo(2013)、Pollesch 和 Dale (2015)。

$$\text{CSI}_i = \begin{cases} \left[\displaystyle\sum_{j=1}^{n} w_j(v_{ij}^{\beta})\right]^{\frac{1}{\beta}}, & \beta \neq 0 \\ \displaystyle\prod_{j=1}^{n} v_{ij}^{w_j}, & \beta = 0 \end{cases} \tag{7.3}$$

表 7-2　几种常用的聚合方法

聚合函数名称	公式
简单加权法	$\mathrm{CSI}_i = \sum_{j=1}^{n} w_j v_{ij}, \qquad \beta = 1$
加权乘积法	$\mathrm{CSI}_i = \prod_{j=1}^{n} v_{ij}^{w_j}, \qquad \beta = 0$
加权位移理想法	$\mathrm{CSI}_i = (1 - \lambda) \min w_j v_{ij} + \lambda \sum_{j=1}^{n} w_j v_{ij}$ （λ 为非补偿程度参数，且 $\lambda \in [0,1]$）
非补偿多属性决策法	$\mathrm{CSI}_i = \sum e_{jk} \qquad \left(e_{jk} = \sum_{i=1}^{m} w_i(P_{jk}) + \dfrac{1}{2} w_i(I_{jk}) \right)$

1. 简单加权法

当参数 $\beta = 1$ 时，式 (7.3) 简化为简单加权聚合 (simple additive weighting, SAW) 函数。在构造综合环境绩效指数时，简单加权聚合方法可能是最常用的聚合函数，例如 Krajnc 和 Glavič(2005)、Esty 等 (2005)、Hajkowicz(2006)、Singh 等 (2009)、Murillo 等 (2015) 和全球变暖趋势评价 (IPCC，2001)。简单加权聚合方法简单、直观、易懂，可以直观地反映各单项指标对综合环境绩效指数的相对贡献。由于实践中无法确定指标间的独立关系，通常在聚合成综合指数前，采用主成分分析或者因子分析等统计方法对指标数据进行预处理。此外，简单加权聚合方法允许各指标之间具有完全替代性，因此，通常采用该方法时，指标的权重会被解释为指标间的可替代性，而非本身的 "重要性" 含义。

2. 加权乘积法

当参数 $\beta = 0$ 时，式 (7.3) 简化为 $\prod_{j=1}^{n} v_{ij}^{w_j}$，且被称为加权乘积法 (weighted product, WP)。目前，相对于简单加权聚合方法，尽管加权乘积法较少应用于综合环境绩效指数的构造中，但其具有一些优秀特性，如可以约束指标间的可替代性特性，当指标为比率尺度时，结合加权乘积法，可以构建有意义的综合指数。同时，在构建综合指数的过程中，信息损失也较少，所以该方法受到了越来越多的关注。理论上，Rogge(2018) 基于加权乘积法，结合基本生产效率视角下的综合指数模型方法探讨了构建新的聚合函数的可能性；应用中，2009 年联合国开始抛弃简单加权聚合方法，采用加权乘积法重新构建人类发展指数就是一个明显的例证。

尽管如此，加权乘积法也有固有劣势。加权乘积法通常要求各个指标绩效均大于 1。此外，每个指标对综合指数的相对贡献度并不像简单加权聚合方法那么直观。由于基于加权乘积法构建综合指数的过程中可以不要求指标值先进行标准化, 因此综合值通常也没有数值上限。前一个问题可以通过指标值乘以 10 的倍数来解决; 后一个问题 Yoon 和 Hwang(1995) 建议基于式 (7.4) 计算综合指数来解决。

$$\text{CSI}_i = \frac{\prod\limits_{j=1}^{n} v_{ij}^{w_j}}{\prod\limits_{j=1}^{n} \left(v_{ij}^*\right)^{w_j}} \tag{7.4}$$

式中, v_{ij}^* 为第 j 个指标的最优值。显然, 基于式 (7.4) 重新计算的综合指数满足: $0 \leqslant \text{CSI}_i \leqslant 1$。当 $\text{CSI}_i = 1$ 时, 说明相对于其他评价对象, 对应的评价对象的绩效是最优的, 相反, 当 $\text{CSI}_i = 0$ 时, 其绩效最差。

实质上, 基于式 (7.4) 的综合指数可以认为是一种理想距离法。因为它首先基于各个指标的最优值, 构建了一个虚拟的理想评价对象; 然后计算各个评价对象的绩效与该理想评价对象绩效的距离, 距离越近说明其绩效越优, 相反则越差。这类似于加权位移理想法的思想。

3. 加权位移理想法

加权位移理想法 (weighted displaced ideal, WDI) 是基于理想解理论, 在指标进行标准化的前提下, 旨在计算每个被评价对象的绩效与 "理想" 评价对象的绩效之间的距离。Diaz-Balteiro 和 Romero(2004) 进一步推广了这一概念, 基于改进的加权位移理想聚合方法, 综合指数可以提供允许指标之间的 "可补偿性" 和 "不可补偿性" 的解决方案, 同时, 也能提供这两个极端情况之间的折中解决方案。设定 $\beta \to +\infty$, 式 (7.3) 转化 $\text{CSI}_i = \min(w_j v_{ij})$。该聚合函数约束了指标之间的可替代性。当 $\beta = 1$ 时, 加权位移理想法等价于简单加权聚合方法。如前所述, 该聚合方法允许指标之间具有完全可替代性。为了能在完全可替代与完全不可替代间寻求平衡, Diaz-Balteiro 和 Romero(2004) 引入了一个表示指标之间可替代程度的参数 λ。当 $0 < \lambda < 1$ 时, 则允许指标之间存在一定程度的可替代性; 当 $\lambda = 0$ 或者 1 时, 则加权位移理想法为前述的两种极端情况。由于加权位移理想法在刻画指标间的可替代性时具有一定的灵活性, 这一聚合方法也引起了越来越多的关注, 例如 Zhou 等 (2006)、Zhou 和 Ang(2009)、Gómez-Limón 和 Riesgo(2009)、Blancas 等 (2010)、Gómez-Limón 和 Sanchez-Fernandez(2010) 及 Pollesch 和 Dale(2015)。

4. 非补偿多属性评价方法

社会多准则评价方法 (social multi-criteria evaluation method, SMCE) 由 Munda(2005) 基于 Condorcet 聚合过程构建。与前述聚合方法的最大不同点是

该方法是一种完全非补偿评价方法，即能够完全约束指标间的可替代性。其优点是并不严格要求指标间的关系完全独立。此外，基于该聚合过程，指标的权重可以被解释为指标的重要性，而非前述聚合方法的指标可替代性。在指标权重确定后，社会多准则评价方法将通过两个步骤来获得评价对象的绩效排名。首先，通过不同评价对象指标间的两两比较建立一个 outranking 矩阵。该矩阵中的元素 $e_{ik}(i \neq k)$ 表示第 i 个评价对象，对比分析所有指标后，至少不劣于第 k 个评价对象的绩效。其计算过程如式 (7.5) 所示：

$$e_{ik} = \sum_{j=1}^{n} \left(w_j(P_j) + \frac{1}{2} w_j(I_j) \right) \tag{7.5}$$

式中，P_j 表示第 i 个评价对象在第 j 个指标下与第 k 个评价对象的关系呈现的偏好关系。类似地，I_j 为无偏差关系，且满足 $e_{ik} + e_{ki} = 1$。此过程中需要进行 $n(n-1)$ 组两两比较。

在此基础上，为了得到评价对象的完全排序，需要计算出评价对象集合中所有可能排序的绩效值，然后选择其中最大值所对应的评价对象排序为最终的排序。例如，有三个评价对象 E1，E2，E3。其可能的排序有：E1，E2，E3；E1，E3，E2；E2，E1，E3；E2，E3，E1；E3，E1，E2；E3，E2，E1。然后基于已构建的 outranking 矩阵，运用式 (7.6) 计算以上所有排序的绩效值。假设 E2，E1，E3 的绩效值 ϕ 最大，则该评价对象排序为最终的排序结果，即 E2 的绩效优于 E1，E3 的绩效最差。

$$\phi_s = \sum e_{ik} \quad (i \neq k; s = 1, 2, \cdots, m!) \tag{7.6}$$

与前述聚合方法相比，社会多准则评价方法的计算量较大，特别是第二步；其次，由于最终的绩效呈现方式只有评价对象的排序，因此最终结果所包含的信息可能也有限。然而，社会多准则评价方法提供了一个新的框架。当通过社会多准则评价方法构造综合指数时，综合指数的不确定性仅来源于权重的确定。这一特征减少了构造综合指数不确定性的来源，同时，也减轻了灵敏度分析的负担。另外，社会多准则评价方法是一种完全非补偿 MADM 聚合方法，可以更好地反映强可持续发展的概念。

7.5   指标赋权方法

由 7.4 节可知，基于 MADM 方法构建综合环境绩效指数时，通常需要预先确定指标权重。在综合指数构建过程中，常用的 MADM 权重确定方法可以大致分为三类：外生方法 (exogenous method)、内生方法 (endogenous method) 和混

合型方法 (hybrid method)。这三类权重确定方法的主要区别在于是否有决策者或者专家组参与权重确定的过程。外生方法主要依靠决策者或者专家组的价值判断。而内生方法主要依靠数据本身的统计分布，倾向于让数据"说话"，因此此种方法也被称为数据驱动 (data-driven) 的权重方法。混合型方法主要试图平衡外生方法和内生方法，结合这两种方法各自的优势确定指标权重。

1. 外生方法

等权重法和层次分析法 (analytic hierarchy process，AHP) 是综合指标构建过程中两种常用的 MADM 外生权重确定方法。例如，生态足迹指数、Murillo 等 (2015) 均采用了等权的方式对指标赋权。Krajnc 和 Glavič(2005) 等在构建综合指数时均采用了层次分析法确定指标权重。在缺乏对评价对象全面了解的情况下，通常采用等权重法。值得说明的是，等权重法并不是在聚合指标时使用，指标没有权重，而是认为所有指标同等重要。随着指标数据采集技术的进步和对能源与环境系统的广泛研究，在综合环境绩效指数构造过程中逐渐减少了等权重法的使用，取而代之的是层次分析法和其他主观 MADM 权重确定方法，如预算分配过程 (budget allocation process) 和联合分析 (conjoint analysis)。然而，这类方法在很大程度上依赖于对能源与环境系统及每个评价对象的透彻理解。这些外生方法在构建综合环境绩效指数中的应用挑战主要来源于合适、可靠的专家组的选择。一旦此问题得到妥善处理，外生方法的可靠性及合理性将得到大幅度提高。值得指出的是，外生方法通常预先确定指标权重，独立于指标数据，因此可进行跨时间和空间的可持续发展绩效评价。

2. 内生方法

在综合环境绩效指数文献中，统计赋权法和生产效率视角下的权重确定是确定指标权重的两种主要内生方法。统计赋权法主要基于指标数据的统计分布特性，常用的统计方法有主成分分析 (principal component analysis，PCA)、因子分析 (factor analysis，FA) 和回归分析 (regression analysis，RA)。主成分分析方法通过正交变换将一组可能存在相关性的变量转换为一组线性不相关的变量，转换后的这组变量叫主成分。因子分析是指从指标相关矩阵内部的依赖关系出发，把一些信息重叠、具有错综复杂关系的变量归结为少数几个不相关的综合因子。虽然这两种方法的基本假设不同，但在构建综合指数时，通常认为其确定的指标权重没有区别。一旦提取出主成分，就可以计算出相关主成分的因子矩阵和矩阵特征值。指标的权重等于因子矩阵的平方与相应特征值的比值。具体计算过程可以参见 Gómez-Limón 和 Riesgo(2009) 的文献。统计赋权法尽管有统计学的科学性为支撑，但其通常是测量两个或更多相关指标之间的相关性，因此统计赋权法确定的权重有异于指标权重的原始意义 (即重要程度)。回归分析法方法通过多元回归或线性规划确定指标权重，并假设单个指标依赖于观测变量和误差项的总和。因此，回归分析方法通常被定义为未观察成分模型 (unobserved components model) 或观察得出的权重法 (observed derived weight method)，具体可参考 OECD(2008)。生产效率视角下的权重确定方法将在 7.6 节中做具体总结。

3. 混合型方法

综合指数评价的构建，一个重要目的是能够跨时空比较各个评价对象的绩效，以便分析各个评价对象之间的差距，为可能采取的政策措施提供理论基础。从这个角度来看，内生方法无法满足此要求，因为该方法确定的权重可能会随时间的变化而变化；而外生方法不受此影响，因为它们并不依赖于指标数据的分布。然而，外生方法主要依赖于专家组或者决策者的价值判断。正如 Decancq 和 Lugo (2013) 所指出，专家组或者决策者的代表性可能会引起质疑，也有可能由于专家组或者决策者对研究背景和指标的理解有失偏颇，导致确定的指标权重有失合理性。

为了克服外生赋权方法和内生赋权方法本身的一些缺陷，Decancq 和 Lugo (2013) 总结了两种混合型方法，即偏好陈述加权法 (stated preference weighting method) 和享乐加权法 (hedonic weighting method)。这两种方法与外生方法的主要区别在于抽样选择尽可能多的公众组成赋权小组，而非仅限于由少部分专家或者决策者组成的专家小组。在获得指标的偏好矩阵后，可通过线性回归的方式估计出指标的权重。此外，目前在综合指数构建过程中常用的混合型赋权方法是权重约束下的生产效率视角综合指数模型，此方法由决策者或者专家组给出各个指标权重的区间，以此为约束，通过线性规划的方式令各个评价对象求解出对其最有利的指标权重，具体参见 7.6 节。

7.6　生产效率视角下综合指数方法

7.6.1　基本模型

以上构建综合指数的方法可归类为多属性决策视角下综合指数方法。然而，基于以上方法构造综合指数存在两个问题：一方面，指标数据在聚合之前需要标准化，这一过程可能会造成指标信息的损失；另一方面，在指数数据的标准化、指标权重及聚合函数的选择上具有一定的主观性。此外，从多属性决策视角构造综合指数一般共享一组固定的指标权重。Cherchye 等 (2007) 指出，不同背景 (如社会、环境等) 下，各个被评价个体应该被赋予一组能够反映其自身特征的指标权重。在这一思想下，Cherchye 等 (2007) 从生产效率视角提出了如模型 (7.7) 所示的综合指数模型[①]。

$$\mathrm{CSI}_i^g = \max \sum_{j=1}^n w_{ij}^g x_{ij}$$

$$\mathrm{s.t.} \sum_{j=1}^n w_{ij}^g x_{kj}, k = 1, 2, \cdots, m,$$

$$w_{ij}^g \geqslant 0, j = 1, 2, \cdots, n \qquad (7.7)$$

模型 (7.7) 实质上来源于数据包络分析，等价于假设规模报酬不变且所有被评价对象的投入均为单位 1 的投入导向的数据包络分析模型。在数据包络分析中，投入与产出指标的权重可以由原始数据内生确定。从方法论角度，基于模型 (7.7) 的综合指数借鉴了数据包络分析的这种加权和聚合思想。其区别主要是数据包络分析更关注于投入与产出之间的关系，而该方法更关注于结果。相对于从多属性决策视角构建综合指数，基于模型 (7.7) 综合指数赋权遵循后验赋权，各被评价对象的指标权重可能有所不同。此外，基于模型 (7.7) 的综合指数具有几个显著特性，如指标数据可以无须预先标准化；当指标为比率尺度时，经过转换后，绩效值不变。指标数据无须标准化可以避免指标数据转换所造成的信息丢失。其比率转换不变性允许以线性目标函数将单个指标聚合成为"有意义"的综合指数。模型 (7.7) 为每个评价对象寻求对其最优的指标权重。模型 (7.7) 近年来被广泛使用。最早的文献可以追溯到 Mahlberg 和 Obersteiner(2001)。Despotis(2005a) 使用改进的模型 (7.7) 来重新评价人类发展指数。

传统规模报酬不变、投入导向的数据包络分析模型通常会得出多个绩效值为 1 的决策单元，以便构建或确定决策单元的前沿面。然而，这也导致了来源于传统数据包络分析的模型 (7.7) 得出的综合绩效值区分度较低，特别是当指标和被评价对象的数量较多时。因此，在综合指标框架下，为了优化基于基本生产效率视角下的综合指数模型的综合指数区分度较低的问题，Zhou 等 (2007) 在模型 (7.7) 的基础上，提出了 best-worst 模型来分别计算每个被评价对象的"最优"和"最差"绩效值，并引入 λ 参数聚合被评价对象的"最优"和"最差"绩效值，以形成被评价对象最终的综合绩效。

由于模型 (7.7) 为每个评价对象寻求对其最优的权重值，因此，可以认为其对应的综合绩效值是所有可能情况下的最优绩效值。Zhou 等 (2007) 指出，如果某个评价对象在某个 (些) 指标下的绩效值均优于其他评价对象，那么，即使当其他指标绩效均差于其他评价对象的指标绩效时，该评价对象的绩效值都会在前沿面上。由此，Zhou 等 (2007) 在"最优"综合指数模型的基础上，提出了"最差"

[①] 部分文献将此类模型称为 benefit of the doubt(BoD) 模型，为了方便起见，后文涉及此缩写时也将以此命名。

综合指数模型:

$$\mathrm{CSI}_i^b = \min \sum_{j=1}^{n} w_{ij}^b x_{ij}$$

$$\text{s.t.} \sum_{j=1}^{n} w_{ij}^b x_{kj}, k = 1, 2, \cdots, m,$$

$$w_{ij}^b \geqslant 0, j = 1, 2, \cdots, n \qquad (7.8)$$

与模型 (7.7) 相反,模型 (7.8) 为每个评价对象寻求最差的权重组合。由于模型 (7.7) 和模型 (7.8) 均只反映了部分偏好信息,因此,有必要将两者结合起来,如式 (7.9) 所示:

$$\mathrm{CSI}_i = \lambda \frac{\mathrm{CSI}_i^g - \mathrm{CSI}_i^{g-}}{\mathrm{CSI}_i^{g*} - \mathrm{CSI}_i^{g-}} + (1 - \lambda) \frac{\mathrm{CSI}_i^b - \mathrm{CSI}_i^{b-}}{\mathrm{CSI}_i^{b*} - \mathrm{CSI}_i^{b-}} \qquad (7.9)$$

式 中, $\mathrm{CSI}_i^{g*} = \max\left\{\mathrm{CSI}_i^g, i = 1, 2, \cdots, m\right\}$; $\mathrm{CSI}_i^{g-} = \min\left\{\mathrm{CSI}_i^g, i = 1, 2, \cdots, m\right\}$; $\mathrm{CSI}_i^{b*} = \max\left\{\mathrm{CSI}_i^b, i = 1, 2, \cdots, m\right\}$; $\mathrm{CSI}_i^{b-} = \min\left\{\mathrm{CSI}_i^b, i = 1, 2, \cdots, m\right\}$; $0 \leqslant \lambda \leqslant 1$。

考虑到模型 (7.7) 和模型 (7.8) 中目标函数均为线性函数,而线性函数在构建综合指数的过程中信息损失程度相较于乘积形式的聚合函数大,且允许指标间完全可补偿。因此,Zhou 等 (2010) 在生产效率框架下,结合加权乘积聚合方法,构建了如下综合指数模型:

$$\mathrm{CSI}_i = \max \sum_{j=1}^{n} x_{ij}^{w_j}$$

$$\text{s.t.} \sum_{j=1}^{n} x_{ij}^{w_j} \leqslant e, i = 1, 2, \cdots, m,$$

$$w_j \geqslant 0, j = 1, 2, \cdots, n \qquad (7.10)$$

假设 $x_{ij}' = \ln x_{ij}$, $\mathrm{CSI}_i' = \ln \mathrm{CSI}_i$,则模型可以转换为线性优化模型:

$$\mathrm{CSI}_i' = \max \sum_{j=1}^{n} w_j x_{ij}'$$

$$\text{s.t.} \sum_{j=1}^{n} w_j x_{ij}' \leqslant 1, i = 1, 2, \cdots, m,$$

$$w_j \geqslant 0, j = 1, 2, \cdots, n \qquad (7.11)$$

在此基础上,类似于模型 (7.8) 和模型 (7.9) 可以构建相应的 "最差" 综合指数模型,具体见 Zhou 等 (2010)。

7.6.2 指标权重约束

生产效率视角下的综合指数模型为综合指数的构造引入了新的视角,但同时也存在一些不足。例如,模型 (7.7) 仅假定权重为非负的,这可能直接导致出现所有权重都分配给了某一个最优的指标的情况,有悖于指标体系的构建,因为所有选定的指标在理论上都应该具有一定的重要性。为了解决此问题,可以以某种方式限制大多数指标权重被赋予 0。最为简单、直观的方法是在模型 (7.7) 中引入一个无穷小变量 ε(non-Archimedean infinitesimal variable),使 $w_j \geqslant \varepsilon$,如 Despotis(2005b) 和 Kao(2010)。然而,由于 ε 为一个无穷小变量,在实践中,对权重约束通常不能达到理想状态。虽然各个指标的权重可能不为 0,但模型 (7.7) 为了计算各个被评价对象的最优绩效,仍然可以把某一个指标赋予较大权重,其他指标权重无限接近 0。因此,在实践中通常考虑对指标权重的进一步约束。

一般而言,指标权重约束可分为两类,即直接约束和间接约束。对权重的直接约束可以通过式 (7.12a) 和式 (7.12b) 表示。式 (7.12a) 和式 (7.12b) 分别被称为 "I 型权重置信域" 和 "II 型权重置信域"。其中,α,β,κ,γ 和 λ 由决策者或者专家组给定,表示决策者或者专家组对指标相对重要性的一种偏好;w' 为权重的组合。早期生产效率视角下的综合指数常用直接约束方法对指标权重进行限制,如 Mahlberg 和 Obersteiner(2001)、Cherchye 和 Kuosmanen(2004) 及 Cherchye 等 (2007)。对指标权重的间接约束可以归结为式 (7.12c),最初由 Wong 和 Beasley(1990) 提出。其中,ϕ_j 和 φ_j 代表了决策者或者专家组对第 j 项指标的偏好。与直接约束不同,式 (7.12c) 不直接对指标权重进行限制,而是约束每个指标对被评价对象综合绩效的相对贡献度。近几年来,相对于直接约束法,间接约束法在生产效率视角下的综合指数中应用更为普遍,例如,Zhou 等 (2007,2010)、Cherchye 等 (2008)、Zanella 等 (2015)、Athanassoglou(2016) 等。

$$\alpha_j \leqslant \frac{w_j}{w_{j+1}} \leqslant \beta_j \tag{7.12a}$$

$$\lambda w' \leqslant \kappa w_j \leqslant \gamma w' \tag{7.12b}$$

$$\phi_j \leqslant \frac{w_j x_{ij}}{\displaystyle\sum_{j=1}^{n} w_j x_{ij}} \leqslant \varphi_j \tag{7.12c}$$

采用如上所述的直接和间接权重约束方法,不仅克服了引入无穷小参数所带来的问题,而且使生产效率视角下的综合指数方法允许引入决策者或者专家组对指标的偏好分析。权重约束中的参数，如 ϕ_j 和 φ_j 通常可以应用多属性决策方法 (如层次分析法、预算分配过程、联合分析等) 确定，如 Cherchye 等 (2008)。直接约束法中的参数还可以通过分析指标间的边际可替代率得出。但在实践中，通常很难确定有意义的指标间的边际可替代率。这也是近几年来学者们较少使用间接约束法的原因之一。相对而言，间接约束法具有指标比率尺度不变性的理想性质。这在构造综合环境绩效指数方面尤为重要。此外，正如 Cherchye 等 (2008) 指出，式 (7.12c) 可以解释为份额约束，相对于边际可替代率，其含义更为明确，易于决策者或者专家组确定。此外，为了使式 (7.12c) 的含义更为直观，可以使用 $\sum_{j=1}^{n} \dfrac{x_{ij}}{n}$ 代替式 (7.12c) 中的 x_{ij}，如 Zanella 等 (2015)。

7.7　指标聚合函数的构建原则

7.7.1　聚合函数的 "有意义" 原则

以上章节从方法论的角度总结了目前综合指数文献中常用的方法和模型。此外，综合指数的可比性和是否有意义也被学者们广泛讨论。可比性主要是指标测量单位的不同 (incommensurability) 造成的。Martinez-Alier 等 (1998) 从理论方面证明，指标单位的不同并不意味着构建的指数不可比，而是具有弱可比性 (weak comparability)，这为基于综合指数评价评价对象的绩效提供了理论基础。尽管如此，指标的类型 (比率尺度、区间尺度) 及聚合方法的选择仍然影响构建的综合指数是否有意义，即评价对象的综合绩效会不会随着指标单位的转换而变化。Ebert 和 Welsch(2004) 首先讨论了当指标的测度单位变化时如何构造一个有意义的环境指数。其标准已被 Böhringer 和 Jochem(2007) 及 Singh 等 (2012) 用于衡量综合环境或可持续性指数是否有意义。有意义的综合指数意味着评价对象优先排序不会随指标的不同尺度变化而变化。Ebert 和 Welsch(2004) 根据指标性质的可比性 (可测量性) 概念将指标分为四类：区间尺度不可比、区间尺度完全可比、比率尺度不可比和比率尺度完全可比。如果区间尺度指标完全可比，则简单线性加权聚合函数满足连续性、强单调性和可分离性，从而可以构建有意义的综合指数。如果比率尺度不可比，建议采用加权乘积聚合函数，以便使构建的综合指数有意义。表 7-3 总结了不同的情况。

表 7-3　有意义的综合指标聚合函数选择原则

尺度	不可比较	完全可比较
区间尺度	字典排序法	简单线性加权法
比率尺度	加权乘积法	相似函数 (homothetic function) 法

最近，Zhou 等 (2017) 在 Ebert 和 Welsch(2004) 的基础上，把有意义分为序数有意义和基数有意义，并提出了基于非参数前沿分析模型的基数有意义综合环境绩效指数。

具体而言，指数 I 满足以下条件，则该指数具有序数意义：

$$I(V_k) \geqslant I(V_l) \Leftrightarrow I(F(V_k)) \geqslant I(F(V_l)) \quad \forall k,l \in 1,\cdots,m \tag{7.13}$$

其中，F 表示标准化函数。

指数 I 满足以下条件，则该指数具有基数意义：

$$I(V_k) = \alpha(F(V_k)) \quad \forall k \in 1,\cdots,m \tag{7.14}$$

如何构建具有基数意义的综合指数见第 8 章。

7.7.2 聚合函数的信息损失原则

除了指标尺度之外，信息损失是另一个综合环境绩效指数构建过程中应该注意的重要原则。从某种程度上说，综合指数本质上是一种降维的过程，将多维指标通过聚合降维到一维指数，这一过程不可避免地会损失一定的信息量。因此，为了使构建的综合指数传达更多信息，在构建综合环境绩效指数时应尽可能选择那些信息损失较少的聚合函数构建相应的综合指数。Zhou 等 (2006) 提出了一种客观的测度综合环境绩效指数信息损失的方法——Shannon-Spearman measure (SSM)。假设环境指标通过如下方式进行标准化：

$$p_{ij} = \frac{x_{ij}}{\sum\limits_{i=1}^{m} x_{ij}}, i = 1,2,\cdots,m; j = 1,2,\cdots,n \tag{7.15}$$

$$p_k = \frac{I_k}{\sum\limits_{k=1}^{m} I_k}, k = 1,2,\cdots,m \tag{7.16}$$

式中，x_{ij} 为第 j 个评价对象的第 i 个指标值；I_k 为第 k 个评价对象的综合环境绩效指数值。

然后，分别计算以上标准化之后的指标的 Shannon 熵：

$$e_j = -\frac{\sum\limits_{i=1}^{m} p_{ij} \ln p_{ij}}{\ln m}, j = 1,2,\cdots,n \tag{7.17}$$

$$e = -\frac{\sum\limits_{k=1}^{m} p_k \ln p_k}{\ln m}, k = 1, 2, \cdots, m \tag{7.18}$$

式中，$0 \leqslant e_j, e \leqslant 1$。

　　除了环境指标决策矩阵及其最后的综合指数包含的信息熵以外，其排名及指标权重也包含相应的信息，排名信息可以通过计算斯皮尔曼排名 (Spearman rank) 相关系数得到，假设对应的相关系数分别为 r_{sj} 和 r_s。考虑到权重的特征本身可以作为其重要性信息，因此，可以计算环境指标决策矩阵与综合环境绩效指数间的信息损失度：

$$d = \left| \sum_{j=1}^{n} w_j (1 - e_j) r_{sj} - (1 - e) r_s \right| \tag{7.19}$$

　　Zhou 等 (2006) 依据式 (7.19) 分析了基于 SAW、WP 及 WDI 三种聚合函数构建的综合指数信息损失度，发现 WP 方法相对于其他两种方法，信息损失度最小，其次是 SAW，WDI 在构建综合指数的过程中信息损失度最大。

　　除了以上原则之外，还有许多其他因素会影响综合指数构造中聚合函数的选择，例如指标之间存在的关联现象、权重类型和可持续性假设等。当指标之间存在关联关系时，可以采用主成分分析、因子分析等方法对原始指标进行预先处理，消除这些交互关系。然而，正如 Mayer(2008) 所述，如果不清楚指标之间的关联关系及这些关系对结果的影响，将很难为决策者在政策方面提供合理的理论支撑。因此，当考虑指标间存在关联关系时，聚合方法如 Choquet 积分和模糊测度，可能是一个很好的选择。权重的类型也会影响聚合函数的应用。例如，无论是由内生、外生还是混合型方法确定的权重，都可以分为两类：序数和基数。序数权重通常无法通过补偿聚合方法很好地处理。在这种情况下，也许应该选择非补偿方法。此外，可持续性假设理论上决定了聚合算法的选择 (Munda，2005)。可持续性通常有两种经济模式假设：弱可持续性和强可持续性 (Dietz and Neumayer，2007；Neumayer，2001)。从弱可持续性的角度来看，自然资本被认为是可替代的，具有补偿特性的聚合算法也许适用。从强可持续性的角度来看，自然资本是不可替代的，具有非补偿或补偿约束的聚合方案可能更合适。

7.8　本 章 小 结

　　综合指数是环境绩效评估的重要方法之一。综合环境绩效指数简单易懂的特征使得其在国家、区域、企业等各个尺度上均被广泛使用。本章从方法的视角系统总结了综合环境绩效指数的发展历程，涉及的内容已发表在 *Ecological Eco-*

nomics、*Journal of Environmental Economics and Management*、*Social Indicators Research* 等生态、环境、社会科学领域的高水平期刊上。

本章首先介绍了综合环境绩效指数构造的总体框架。随后，从多属性决策和生产效率视角，分别总结了当前构建综合环境绩效指数的模型和方法。在多属性决策方面，讨论了环境指标的标准化方法、指标赋权方法和聚合法及其各自的优缺点。结果表明，z-score 标准化方法、混合加权方法和补偿/部分补偿聚合函数是最常用的方法，同时，非补偿性聚合函数在环境绩效评估中也得到越来越多的关注。在生产效率视角下的综合指数模型中，总结了基本的生产效率视角下的综合指数模型、权重约束及生产效率视角下的综合指数模型方法的发展。通过比较分析，发现结合 MADM 方法和生产效率视角下的综合指数模型方法构造综合指数是一个新的趋势。最后，从指数有意义性和信息损失两个方面讨论了综合指标的有意义性以及构造综合指标时各种方法的选择原则。

参 考 文 献

Athanassoglou S. 2016. Revisiting worst-case DEA for composite indicators. Social Indicators Research, 128(3): 1259-1272.

Becker J. 2005. Measuring progress towards sustainable development: An ecological framework for selecting indicators. Local Environment, 10(1): 87-101.

Blancas F J, Caballero R, González M, et al. 2010. Goal programming synthetic indicators: An application for sustainable tourism in Andalusian coastal counties. Ecological Economics, 69(11): 2158-2172.

Booysen F. 2002. An overview and evaluation of composite indices of development. Social Indicators Research, 59(2): 115-151.

Böhringer C, Jochem P E P. 2007. Measuring the immeasurable—A survey of sustainability indices. Ecological Economics, 63(1): 1-8.

Cherchye L, Kuosmanen T. 2004. Benchmarking sustainable development: A synthetic meta-index approach. Technical Report.

Cherchye L, Lovell C A K, Moesen W, et al. 2007. One market, one number? A composite indicator assessment of EU internal market dynamics. European Economic Review, 51(3): 749-779.

Cherchye L, Moesen W, Rogge N, et al. 2008. Creating composite indicators with DEA and robustness analysis: The case of the technology achievement index. Journal of the Operational Research Society, 59(2): 239-251.

Decancq K, Lugo M A. 2013. Weights in multidimensional indices of wellbeing: An overview. Econometric Reviews, 32(1): 7-34.

Despotis D K. 2005a. A reassessment of the human development index via data envelopment analysis. Journal of the Operational Research Society, 56(8): 969-980.

Despotis D K. 2005b. Measuring human development via data envelopment analysis: The case of Asia and the Pacific. Omega, 33(5): 385-390.

Diaz-Balteiro L, Romero C. 2004. In search of a natural systems sustainability index. Ecological Economics, 49(3): 401-405.

Dietz S, Neumayer E. 2007. Weak and strong sustainability in the SEEA: Concepts and measurement. Ecological Economics, 61(4): 617-626.

Ebert U, Welsch H. 2004. Meaningful environmental indices: A social choice approach. Journal of Environmental Economics and Management, 47(2): 270-283.

Esty D C, Levy M, Srebotnjak T, et al. 2005. Environmental Sustainability Index: Benchmarking National Environmental Stewardship. New Haven: Yale Center for Environmental Law & Policy, 1: 47-60.

Floridi M, Pagni S, Falorni S, et al. 2011. An exercise in composite indicators construction: Assessing the sustainability of Italian regions. Ecological Economics, 70(8): 1440-1447.

Freudenberg M. 2003. Composite indicators of country performance: A critical assessment. OECD Science Technology & Industry Working Papers.

Gómez-Limón J A, Riesgo L. 2009. Alternative approaches to the construction of a composite indicator of agricultural sustainability: An application to irrigated agriculture in the Duero basin in Spain. Journal of Environmental Management, 90(11): 3345-3362.

Gómez-Limón J A, Sanchez-Fernandez G. 2010. Empirical evaluation of agricultural sustainability using composite indicators. Ecological Economics, 69(5): 1062-1075.

Hajkowicz S. 2006. Multi-attributed environmental index construction. Ecological Economics, 57(1): 122-139.

Hák T, Moldan B, Dahl A L. 2012. Sustainability Indicators: A Scientific Assessment. St. Louis: Island Press, 443.

Hsu A, Sherbinin A C, Esty D, et al. 2016. Environmental Performance Index. New Haven, CT: Yale University.

IPCC. 2001. Climate Change 2001 - The Scientific Basis. Cambridge: Cambridge University Press.

Kao C. 2010. Malmquist productivity index based on common-weights DEA: The case of Taiwan forests after reorganization. Omega, 38(6): 484-491.

Krajnc D, Glavič P. 2005. A model for integrated assessment of sustainable development. Resources, Conservation and Recycling, 43(2): 189-208.

Mahlberg B, Obersteiner M. 2001. Remeasuring the HDI by data envelopment analysis. Technical Report.

Martinez-Alier J, Munda G, O'Neill J. 1998. Weak comparability of values as a foundation for ecological economics. Ecological Economics, 26(3): 277-286.

Mayer A L. 2008. Strengths and weaknesses of common sustainability indices for multidimensional systems. Environment International, 34(2): 277-291.

Mori K, Christodoulou A. 2012. Review of sustainability indices and indicators: Towards a new city sustainability index (CSI). Environmental Impact Assessment Review, 32: 94-106.

Munda G. 2005. Measuring sustainability: A multi-criterion framework. Environment, Development and Sustainability, 7(1): 117-134.

Murillo J, Romaní J, Suriñach J. 2015. The business excellence attraction composite index (BEACI) in small areas. Design and application to the municipalities of the Barcelona province. Applied Economics, 47(2): 161-179.

Ness B, Urbel-Piirsalu E, Anderberg S, et al. 2007. Categorising tools for sustainability assessment. Ecological Economics, 60(3): 498-508.

Neumayer E. 2001. The human development index and sustainability—A constructive proposal. Ecological Economics, 39(1): 101-114.

Parris T M, Kates R W. 2003. Characterizing and measuring sustainable development. Annual Review of Environment and Resources, 28(1): 559-586.

Pollesch N L, Dale V H. 2015. Applications of aggregation theory to sustainability assessment. Ecological Economics, 114: 117-127.

Pollesch N L, Dale V H. 2016. Normalization in sustainability assessment: Methods and implications. Ecological Economics, 130: 195-208.

Rogge N. 2018. Composite indicators as generalized benefit-of-the-doubt weighted averages. European Journal of Operational Research, 267(1): 381-392.

Singh R K, Murty H R, Gupta S K, et al. 2012. An overview of sustainability assessment methodologies. Ecological Indicators, 9(2): 189-212.

OECD. 2008. Handbook on Constructing Composite Indicators: Methodology and User Guide.

van den Bergh J C J M, van Veen-Groot D B. 2001. Constructing aggregate environmental-economic indicators: A comparison of 12 OECD countries. Environmental Economics and Policy Studies, 4(1): 1-16.

Wong Y H B, Beasley J E. 1990. Restricting weight flexibility in data envelopment analysis. Journal of the Operational Research Society, 41(9): 829-835.

Yoon K P, Hwang C L. 1995. Multiple attribute decision making: An introduction. SAGE Publications, 84.

Zanella A, Camanho A S, Dias T G. 2015. Undesirable outputs and weighting schemes in composite indicators based on data envelopment analysis. European Journal of Operational Research, 245(2): 517-530.

Zhou P, Ang B W. 2008. Indicators for Assessing Sustainability Performance// Misra K B. Handbook of Performability Engineering. London: Springer.

Zhou P, Ang B W. 2009. Comparing MCDA aggregation methods in constructing composite indicators using the Shannon-Spearman measure. Social Indicators Research, 94(1): 83-96.

Zhou P, Ang B W, Poh K L. 2006. Slacks-based efficiency measures for modeling environmental performance. Ecological Economics, 60(1): 111-118.

Zhou P, Ang B W, Poh K L. 2007. A mathematical programming approach to constructing composite indicators. Ecological Economics, 62(2): 291-297.

Zhou P, Ang B W, Zhou D Q. 2010. Weighting and aggregation in composite indicator construction: A multiplicative optimization approach. Social Indicators Research, 96(1): 169-181.

Zhou P, Delmas M A, Kohli A. 2017. Constructing meaningful environmental indices: A nonparametric frontier approach. Journal of Environmental Economics and Management, 85: 21-34.

第 8 章　非补偿及有意义综合环境指数方法

8.1　非补偿理论

从根本上来说,环境绩效评估受到众多因素的影响。比如 Barbier 等 (1990) 和 Daly(1992) 认为环境可持续发展本质上是在经济发展和生态环境之间寻求动态平衡。Lin(2004) 认为技术因素在判断经济可持续性时起着关键作用。也有学者从新古典增长理论出发,根据经济增长方式的改变来判断经济发展的可持续性,认为只有基于生产效率改善的经济发展才是可持续的, 如 Solow(1957) 和 Young(1995)。同时, 有的环境可持续发展观点注重公平性,如世界环境与发展委员会强调环境可持续发展不应该损失人类后代满足其需求的能力。虽然环境可持续发展的定义不同,但目前学者们普遍从经济、环境、社会等维度使用不同的模型来度量评价对象的可持续性,如图 8.1 所示,涉及经济发展、资源配置、空气质量、人口、教育等众多指标。世界各国于 2015 年通过了《2030 年可持续发展议程》及其 17 项更为具体的环境可持续发展目标,致力于通过协同行动消除贫困、保护地球并确保人类享有和平与繁荣, 见 UN(2015)。

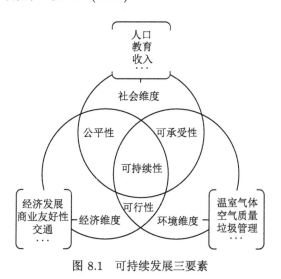

图 8.1　可持续发展三要素

20 世纪 90 年代以来, 可持续发展理论存在两种基本假设:弱可持续性和强可持续性。弱可持续性基于新古典经济学,以资源最优化为分析目标。其主要观点是自然资本对经济增长的约束不强，可以由人造资本完全代替，即自然资本可以由人造资本完全补偿。与弱可持续假设相反，强可持续性认为自然资本对经济增长具有较强约束，不可以完全由人造资本所替代。两种基本假设均依赖于对未来情景的设想，因此，目前难以证明其孰优孰劣。

然而，通常认为，可持续发展是为了修正之前的过度消费行为，纠正过去发展模式的错误，避免重蹈覆辙。与之前只追求经济利益不同，可持续发展要求在追求经济富裕、改善人民生活的同时，应保证良好的环境，避免浪费；在满足当前各种需求和期望的同时，不应损害子孙后代的福祉。也就是说，可持续发展强调社会、环境、经济三要素协调发展，促进社会的总体进步，避免一方面的受益以牺牲其他方面的发展和社会总体受益为代价，只有当整个社会在三个维度协同发展时，该社会才是可持续的。从这个角度来说，弱可持续性的假设可能有悖于可持续发展概念的初衷。此外，当基于可补偿概念评估可持续发展绩效时，其结论有可能不合理。以联合国人类发展指数为例，当一个国家的新生儿预期寿命表现较差，但其他如国内生产总值较高时，基于可补偿方法有可能得出该国家的发展状态为可持续的。该结论明显与可持续发展概念相悖。这也有可能导致了联合国从 2009 年开始采用加权乘积聚合函数代替线性加权聚合函数构建人类发展指数。前者可以部分约束可持续发展指标间的可补偿性，而后者允许可持续发展指标间完全可补偿。同理，当评估涉及环境维度的可持续发展绩效时，弱可持续的可补偿性也有可能掩盖评价对象的非均衡发展状态，从而得出具有误导性的结论。因此，本章以强可持续为基本假设，认为评估可持续发展绩效时，应约束可持续发展指标间的可补偿性，以便得出更为合理、更具政策指导性的可持续发展评估结论。

从方法角度，目前，大多数综合指数均基于线性聚合方法。但线性聚合方法的一些局限性引起了学者们对其在揭示问题的数学特征时的有效性的广泛关注。

首先，线性聚合方法要求子指标之间是相互偏好独立的，这表明两个子指标之间的边际替代率与其他任何子指标的取值无关。例如，在评价应对气候变化的国家间的合作绩效时 (其指标见 Baettig et al., 2008)，偏好独立性可能意味着一个批准《联合国气候变化框架公约》的国家，无论其财政和碳排放绩效表现如何糟糕，都应该被视为气候变化合作绩效的领先者。在实际情况中，这是不合理的，也违背了有效国际合作协议的目的。由此可见，气候变化合作框架各子指标之间的相互偏好独立性并不成立，那么使用线性加权聚合函数对各子指标之间的偏好关系进行建模描述是有问题的。

其次，各子指标的权重本质上应作为衡量子指标重要性的尺度。然而，线性加权的数学特征使子指标的权重被解释为各个子指标之间的可替代率。而这也导致了另一个重要的潜在问题，即子指标之间的可补偿性。线性加权方法作为一种线性聚合规则,通常绩效较好的子指标可以用来补偿绩效较差的子指标。然而,从实践的角度出发,在处理强可持续性假设下的环境子指标时,子指标之间具有可补偿性是不合理的。仍以评价应对气候变化的国家间的合作绩效中的财政子指标和碳排放子指标为例,基于线性加权方法,一个财政绩效较高的国家,即使其二氧化碳排放量达到历史最高水平,计算结果也可能显示该国在应对气候变化时表现出合作的状态,因为其财政的优势弥补了碳排放的劣势。因此,可以说基于线性聚合方法的综合指标模型所得的结果掩盖了其非均衡发展的特征,从而可能向利益相关者、决策者和公众传达一种具有偏见的观点。

因此,如果不能保证子指标之间的偏好独立性,子指标的权重解释为本来含义,即指标的重要性,以及子指标间的可补偿性是不合理的情况下,如 Munda(2005)所述,综合指数可能基于非线性聚合方法会更加合理。此外,Ebert 和 Welsch(2004)从社会选择理论出发,讨论了综合环境指标的“有意义”性,指出基于综合环境指数评估实体绩效不应随着指标尺度的转换而变化。Böhringer 和 Jochem(2007)基于该“有意义”定义,分析了多种综合指数,结论显示大多数已构建的综合环境可持续发展指数均不符合这一基本的科学要求,从而在时空尺度上,综合环境可持续发展绩效缺乏可比较性。进一步,对政策的指导意义也将非常有限。

本章基于 Zhang 和 Zhou(2018) 的研究,从约束指标间的可补偿性出发,构建弱非补偿综合指标、强非补偿综合指标及非补偿有意义综合指标。从方法论的角度,完善综合指标的构建,使综合指标能够更为准确地刻画实体绩效的实际情况,具有重要的理论意义。

8.2 弱非补偿综合指数模型

8.2.1 线性聚合函数的补偿性分析

为说明线性聚合函数的补偿性,本节以《德国观察》气候风险指数为例。该指数指标体系如表 8-1 所示。其中,x_{ij} 为各个国家的气候风险指数绩效。每个国家的全球气候风险指数 (CRI) 以各指标的加权和来衡量,其计算方法如式 (8.1) 所示。

$$\text{CRI}_i = \sum_1^4 r_{ij} w_j, \quad i = 1, 2, \cdots, n \tag{8.1}$$

式中,r_{ij} 为标准化后的指标绩效,标准化方法为排名方法;w_j 为各个指标的权重,且 $\sum_1^4 w_j = 1 (w_j > 0)$。

表 8-1　全球气候变化风险指数框架

国家	死亡人数	每 10 万居民死亡率	购买力评价绝对损失	每单位 GDP 损失	绩效值
C_1	x_{11}	x_{12}	x_{13}	x_{14}	CRI_1
$\vdots$	$\vdots$	$\vdots$	$\vdots$	$\vdots$	$\vdots$
C_n	x_{n1}	x_{n2}	x_{n3}	x_{n4}	CRI_n

因此，本节首先按照 Keeney 和 Raiffa(1993) 的方法，以图形的方式讨论指标之间的可补偿性，然后从数学定义上具体给出指标之间可补偿性的来源。

如图 8.2 所示，假设图中点 a 的替代率是 λ_a。如果保持 x_1 固定不变，会发现 x 和 y 之间的替代率随着 x 的增加而逐渐减少，随着 x 的减少而逐渐增加，如图中点 b 和点 c 所示。在多准则决策模型中，指标之间的替代率变化表明决策者拥有更多的 x 时，为获得给定的额外的 y，愿意放弃 x 越少。类似地，在综合指标模型中，替代率的变化可以解释为指标 x 值越大时，其补偿表现较弱的指标 y 的能力越强。因此，可能导致某个国家关于某个指标的绩效显示出很大的优势时，不管其他指标的绩效有多糟糕，该国可能仍会获得相对较好的气候风险绩效。

$$v(r_{il}, r_{ik}) = c \quad (c \text{ 为常数}) \tag{8.2}$$

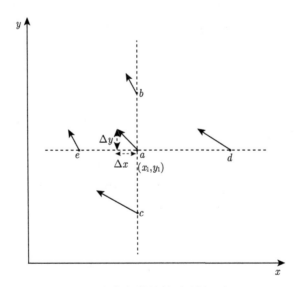

图 8.2　指标间补偿关系分析示意图

为了更正式地讨论《德国观察》全球气候风险指标间的补偿性问题，假设通过图 8.2 中点 a 的无差异曲线由式 (8.2) 给出：

基于式 (8.2), 可以计算指标 r_{il} 和 r_{ik} 之间的边际替代率, 如式 (8.3) 所示:

$$
\begin{aligned}
\mathrm{MRS}_{r_{il_1}, r_{ik_2}} &= \left. \frac{\mathrm{d}r_{il}}{\mathrm{d}r_{ik}} \right| (r_{il_1}, r_{ik_2}) \\
&= \frac{v'_{r_{ik}}(r_{il_1}, r_{ik_2})}{v'_{r_{il}}(r_{il_1}, r_{ik_2})}
\end{aligned}
\tag{8.3}
$$

式中, $v'_{r_{ik}}$ 和 $v'_{r_{il}}$ 分别为 v 关于对应变量的偏导数。

不失一般性, 假设气候风险指标标准化方法为 I, 则各个国家的气候风险绩效由式 (8.4) 给出:

$$
\mathrm{CRI}_i = \sum_{j=1}^{m} w_j I(x_{ij}) \quad (i = 1, 2, \cdots, n)
\tag{8.4}
$$

把式 (8.4) 代入式 (8.3) 可以得出如下结果:

$$
\mathrm{MRS}_{r_{il_1}, r_{ik_2}} = \frac{w_{x_{il_1}}}{w_{x_{ik_2}}} \frac{I'_{x_{il_1}}(x_{il_1})}{I'_{x_{ik_2}}(x_{ik_2})}
\tag{8.5}
$$

基于式 (8.5) 可以观察出, 指标间的边际替代率受两个因素的影响: 一是指标权重的比率, 二是指标标准化函数的导数。由此, 可以得出, 在保持一个变量固定的情形下, 赋予指标 x_{il_1} 的权重越大, 需要指标 x_{ik_2} 更多的绩效以补偿指标 x_{il_1} 的额外损失单位。同理, 当运用的指标标准化函数更陡峭时, 可以得出相同的结论。值得指出的是, 当采用某些标准化方法 (如排名、z-score、min-max 等线性标准化方法) 时, 指标间的边际替代率由指标权重的比率唯一确定, 且在所有指标上保持不变。同时这也证实了 Munda 和 Nardo(2009) 关于指标权重含义的论点, 即在基于传统线性加权聚合函数的综合指标模型中, 指标的权重等同于指标之间的边际替代率, 而非指标权重本来的含义, 即 "重要性"。因此, 当指标权重预先给定时, 指标之间的替代率 (即补偿性) 可以通过指标标准化方法进行调整, 这为本节提出的弱非补偿综合指数提供了理论基础。

8.2.2 基于惩罚的弱非补偿综合指数模型

如前所述, 基于简单线性加权的综合指数模型, 指标间的边际替代率由指标权重和指标数据标准化方法确定。因此, 在指标权重预先确定的基础上, 可以通过采用不同的标准化函数来约束气候风险指标之间的可补偿性。为此, 本节将指数函数整合到传统的 min-max 标准化方法中, 对于效益型指标:

$$
I_{x_{ij}} = \frac{\mathrm{e}^{x_{ij}} - \mathrm{e}^{\min_i x_{ij}}}{\mathrm{e}^{\max_i x_{ij}} - \mathrm{e}^{\min_i x_{ij}}} \quad (i = 1, \cdots, n; j = 1, 2, 3, 4)
\tag{8.6}
$$

对于成本型指标：

$$I_{x_{ij}} = \frac{\mathrm{e}^{\max_i x_{ij}} - \mathrm{e}^{x_{ij}}}{\mathrm{e}^{\max_i x_{ij}} - \mathrm{e}^{\min_i x_{ij}}} \quad (i = 1, \cdots, n; j = 1, 2, 3, 4) \qquad (8.7)$$

对于效益型指标，由式 (8.6) 标准化结果和传统 min-max 方法标准化结果的示意见图 8.3。从图中可以看出，式 (8.6) 标准化后，指标值整体变小，相当于对所有指标进行了惩罚。将式 (8.6) 代入式 (8.3)，可以计算指标间的边际替代率变为 $K\mathrm{e}^{(x-y)}$，其中 K 是取决于两个指标权重比率及标准化函数斜率之比的一个常数。此外，边际替代率还依赖于指标的绩效值。两个指标之间的差异越大，可补偿性的能力越强。

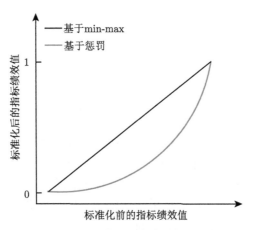

图 8.3　不同标准化方法结果对比示意图

此外，在某种情况下，决策者可能希望，当指标值超过指定的阈值时，不对指标间的可补偿性进行约束；而当指标值低于相应的阈值时，才对指标间的可补偿性进行约束。为此引入指标阈值，假设各个指标的阈值为 Δ_j，则效益型指标标准化过程如式 (8.8) 所示。

$$I_{x_{ij}} = \begin{cases} \dfrac{\mathrm{e}^{x_{ij}} - \mathrm{e}^{\Delta_j}}{\mathrm{e}^{\Delta_j} - \mathrm{e}^{\min_i x_{ij}}} & (x_{ij} < \Delta_j) \\[4mm] \dfrac{x_{ij} - \Delta_j}{\min_i x_{ij} - \Delta_j} & (x_{ij} \geqslant \Delta_j) \end{cases} \qquad (8.8)$$

基于式 (8.8) 的标准化结果如图 8.4 所示。然后，可以将式 (8.8) 所示的指标标准化方法纳入式 (8.4) 中，以此构建具有弱非补偿特性的气候风险指数。实质上，通过式 (8.8)，综合指数模型惩罚不符合基本准则的指标。各国可能需要努力改进其他指标，以维持其风险绩效。在这种情况下，该方法限制指标之间的补偿能力，也即加强了指标之间的非补偿效应。从决策角度看，该标准化过程强调了气候变化背景下决策者所在国家在风险绩效方面的弱点，因此，对决策者可能更有意义。

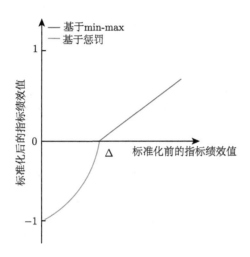

图 8.4　考虑指标阈值时标准化结果示意图

该理论方法见 Zhang 和 Zhou(2019)。

8.3　强非补偿综合指数模型

在构建综合低碳绩效指标的过程中，学者们普遍采用线性加权聚合函数，然而，线性加权聚合函数存在诸多缺陷。例如，线性加权聚合函数通常不能生成有意义的综合指标，其信息损失度也较高；实证研究中，指标间的偏好独立性通常也不能保证。因此，诸如几何加权、数学规划模型、非线性聚合函数等方法引起了 Despotis(2005)、Zhou 等 (2007，2010，2012)、Tofallis(2013)、Zanella 等 (2015)、Van Puyenbroeck 和 Rogge(2017)、Rogge(2018)、Verbunt 和 Rogge(2018) 等学者的关注。人类发展指数也从 2009 年开始采用几何加权的方式替代之前的线性加权函数。尽管如此，此类方法一般是建立在弱可持续的假设下，即各个指标相互非独立，存在一定程度的补偿关系。Diaz-Balteiro 和 Romero(2004)、Mori 和 Christodoulou(2012) 论证了在可持续发展评价中，此种指标间的补偿关系可能会掩盖评价对象的非均衡发展状态。此外，基于以上方法的综合指标，其指标权重的含义一般代表指标间的替代强度，而非其本来的"重要性"含义。鉴于此，本章以强可持续假设为前提，主要探讨构建能够完全约束指标间补偿性的强非补偿综合指数模型。

相较于传统综合指标，非补偿综合指数不但能克服以上部分缺陷，并且能较为灵活地整合定性和定量指标。此外，非补偿综合指标构建过程中并不要求统一指标的度量单位，因此，可以克服指标值标准化所带来的信息损失。由此，非补偿综合指标可以为决策者和公众传递更为直接的和更为丰富的评价信息。理论上，可以用于构建非补偿综合指标的多属性决策方法有相对重要性分析 (dominance analysis)、satisficing methods、序贯消除模型 (sequential elimination model)、attitude oriented methods 和优序方法 (outranking relation methods)。Munda 和 Nardo(2009) 基于 outranking relation 方法提出了一种非补偿多属性决策分析框架。本章将以此为基础，构建强非补偿综合指标，并对其在城市低碳发展评估中的应用展开分析。

从方法论的角度，本章的主要创新点有二个。其一，本章模型引入了指标偏好阈值的概念，以便改进 outranking 矩阵中各个评价对象的区分度；同时，阈值可以有效地防止局部无偏差性导致全局的无偏差性，由此可以增强非补偿综合指数模型的鲁棒性。其二，本章提出了一种更为高效的启发式排序过程，较大程度上优化了 Munda 和 Nardo(2005，2009) 的非补偿多属性决策分析框架的计算复杂度问题。

为便于叙述，假设 $A = [a, b, \cdots]$ 为所评价的城市集合，其低碳发展绩效由包含 M 个低碳发展指标的指标体系测度。$g_j(j = 1, \cdots, M)$ 表示各个低碳发展指标绩效值，则 $g_j(a)$ 为城市 a 第 j 个低碳发展指标的绩效值。由于负向指标很容易转换为正向指标，因此，本节余下部分均假设所有指标为正向指标，即其值越大，代表其绩效越好。通常，如果 $g_j(a) > g_j(b)$，则说明城市 a 在第 j 项指标的低碳发展绩效优于城市 b。同理，如果 $g_j(a) = g_j(b)$，则说明城市 a 和 b 低碳发展绩效无差别。进一步假设各个被评价城市共享一组已确定的指标权重，即 $w_j(j = 1, \cdots, M)$。构建综合指标的目的是探寻一个价值函数，如 $V(a) = V[g_j(a)]$，基于此，各城市低碳发展绩效可以被直接计算及比较。如果 $V(a) > V(b)$，则认为综合考虑所有 M 个指标，城市 a 的低碳发展绩效优于城市 b 的。如果 $V(a) = V(b)$，则认为城市 a 与 b 的低碳发展绩效无差别。

8.3.1　指标阈值

为了获取评价对象在全局上的偏好关系，Munda 和 Nardo(2009) 所提出的非补偿多属性决策分析框架主要分为两步。首先，基于指标体系，通过指标内两两比较的方式构建 outranking 矩阵 E。矩阵中的元素 (e_{ab}) 代表综合考虑所有指标，评价对象 a 的绩效水平至少和 b 的持平，即 $V(a) \geqslant V(b)$。其次，基于 outranking 矩阵，计算评价对象所有可能排序的一个综合值，选择最大的综合值所对应的评价对象排序为最终的排序结果。直接应用此框架构建城市低碳发展绩效指标可能会面临两个难题。第一，Luce 的 "咖啡" 悖论。第二，由于第二步需要计算评价对象集合的所有可能的排序综合值，当评价对象集合的基数大于 7 时，将面临巨大的计算量。本节首先试图优化该非补偿多属性决策分析框架所面临的第一个难题。

Luce 的 "咖啡" 悖论指的是局部最优导致了评价结果的全局最优。以空气质量指数为例，基于传统的偏好关系，假设一个城市的空气质量为 $g(a)$，另一个城市为 $g(a) + 0.01$。在现实中，很少有人能真实感受到这两个城市间的空气质量的差别，即 $g(a) = g(a) + 0.01$。我们假设这种二元关系具有传递性的性质，则会导致 $g(a) = g(a) + 0.01 = \cdots = g(a) + 50$。由此，最终可能会得出一个不合理的结论，即一个空气质量很好的城市与一个空气质量很差的城市绩效偏好无差别。此外，数据收集整理过程中的误差也有可能使传统偏好关系失效。

为改进该非补偿多属性决策框架的鲁棒性，本节引入了指标阈值的概念。基于指标阈值，传统偏好关系 $g_j(a) > g_j(b)$ 将不再严格支持城市 a 在指标 j 下的低碳发展绩效优于城市 b 的绩效这一结论。那么为了支持这一结论，则需要检验 $g_j(a) - g_j(b)(g_j(a) > g_j(b))$ 是否大于设定的该指标的偏好阈值 p_j，即 $g_j(a) > g_j(b)$ 且 $|g_j(a) - g_j(b)| \geqslant p_j$。类似地，如果城市 a 和 b 在指标 j 下的低碳发展绩效无差别，则需验证 $|g_j(a) - g_j(b)| \leqslant q_j$，其中 q_j 为无偏差阈值。图 8.5 为考虑指标阈值时指标间的偏好关系示意图。

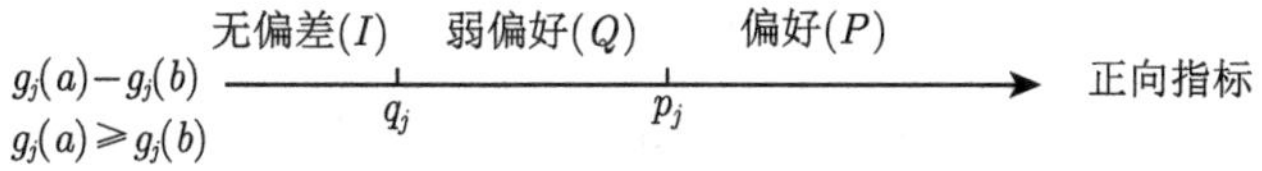

图 8.5 考虑阈值的指标偏好关系示意图

考虑指标阈值的指标偏好关系可以有效地使 Munda 和 Nardo(2009) 框架避免 Luce 的 "咖啡" 悖论。此外，阈值的概念也根植于非补偿多属性决策分析方法中，例如 Roy(1991) 基于该概念提出了 ELECTRE 方法体系；Rowley 等 (2012) 建议在环境可持续发展评价和比较中应该综合考虑指标的阈值；Truong 等 (2015) 把类似的概念融入了环境价值评论中；Attardi 等 (2018) 使用指标阈值评价了土地使用政策效率问题。

基于指标阈值，城市低碳指标集可以分为两个独立的子指标集合 (S 和 Q 子集)。其中，S 子集包含使城市 a 的低碳发展绩效不劣于城市 b 的所有指标，则有 $S = I \cup P$。由于 S 子集完全满足 Munda 和 Nardo(2009) 定义的 outranking 二元关系，因此，本章定义 S 子指标集所代表的城市 a 与 b 的关系为强 outranking 二元关系。如图 8.5 所示，基于 Q 子指标集，有 $q_j \leqslant |g_j(a) - g_j(b)| \leqslant p_j$，意味着无法直接得出城市 a 的低碳发展绩效优于或者劣于城市 b 的绩效的结论。然

而，基于该子集，城市 a 的低碳发展绩效与城市 b 的绩效之间的关系可以理解为在无差别和偏好之间的一种犹豫态度。可以说该子集中的指标对城市 a 与 b 的 outranking 二元关系仍然有所贡献。因此，定义 Q 子指标集所代表的城市 a 与 b 的关系为弱 outranking 二元关系。基于以上推理，我们重新定义了 Munda 和 Nardo(2009) 的 outranking 矩阵计算方法，如式 (8.9) 所示：

$$e_{ab} = \sum_{j=1}^{M} w_j^P + \phi w_j^I + \varphi w_j^Q \tag{8.9}$$

式中，w_j^P，w_j^I，w_j^Q 为指标 j 的权重，当以此指标比较城市 a 和城市 b 的低碳发展绩效时，其可能的关系分别为偏好、无差别和弱偏好关系；系数 ϕ 和 φ 代表指标权重对 e_{ab} 的贡献度，当以 j 指标为基础，城市 a 和城市 b 的低碳发展绩效关系为无偏差或者弱偏好关系。

为了更好地说明基于指标阈值的 outranking 矩阵计算过程，本节以 Munda 和 Nardo(2009) 中的算例为例，且暂时设定 $\phi = \varphi = 0.5$，具体数据如表 8-2 所示。其中指标权重 (w_j) 和阈值 (p_j, q_j) 由人为预先确定。以评价对象 a 和 b 为例，在不考虑指标阈值的情况下，a 在三项指标上 (即固体垃圾、收入差距和犯罪率) 优于 b，而在其他两项指标 (即 GDP 和失业率) 劣于 b。因此，根据 Munda 和 Nardo(2009) 中的计算 outranking 矩阵元素的方法，outranking 矩阵中的元素 e_{ab} 为

$$e_{ab} = w_{SW} + w_{ID} + w_{CR}$$
$$= 0.333 + 0.165 + 0.165 = 0.666^{①} \tag{8.10}$$

表 8-2　绩效矩阵

参数	GDP	失业率 (UR)	固体垃圾 (SW)	收入差距 (ID)	犯罪率 (CR)
a	22000	0.17	0.40	10.50	40
b	45000	0.09	0.45	11.00	45
c	20000	0.08	0.35	5.30	80
w_j	0.165	0.165	0.333	0.165	0.165
q_j	1000	0.02	0.05	1	4
p_j	3000	0.04	0.10	2	10

当考虑指标阈值时，a 在犯罪率指标上与 b 呈弱偏好关系，而在固体垃圾和收入差距指标上呈现无差别关系，则根据式 (8.10)，对应的 outranking 矩阵中的元素 e_{ab} 为

$$e_{ab} = 0.5(w_{SW} + w_{ID}) + 0.5w_{CR}$$

---

①为了保证权重之和为 1，此处以分数计算得出，下同。

$$= 0.5(0.333 + 0.165) + 0.5 \times 0.165 = 0.333 \qquad (8.11)$$

类似地，可以分别计算出考虑指标阈值和不考虑指标阈值情况下的 outranking 矩阵中的其他元素，见表 8-3 所示。对比表 8-3 中左右两子表可以发现，即使较小的指标阈值对 outranking 矩阵元素值也有较大的影响。

表 8-3 outranking 矩阵

参数	不考虑指标阈值					考虑指标阈值				
	a	b	c	强度值	排序	a	b	c	强度值	排序
a	—	0.666	0.333	0.999	2	—	0.333	0.417	0.750	3
b	0.333	—	0.333	0.666	3	0.666	—	0.417	1.083	2
c	0.666	0.666	—	1.332	1	0.580	0.580	—	1.164	1

基于构建的 outranking 矩阵，城市低碳发展绩效可以由 Munda 和 Nardo (2009) 提出的一种最大可能排序原则计算得出。首先，确定评价对象城市集合的所有可能的排列顺序；然后，依据该原则计算每一个可能排序的绩效值；最后，城市低碳发展的最终绩效排序为最大绩效值所对应的那列排序。以前面的算例为例，所有可能的排序及其对应的绩效值计算过程见表 8-4。

表 8-4 非补偿排序过程及其结果

可能排序	计算过程	结果
abc	$0.333(e_{ab}) + 0.417(e_{ac}) + 0.417(e_{bc})$	1.167[1](1.333)[2]
acb	$0.417(e_{ac}) + 0.333(e_{ab}) + 0.582(e_{cb})$	1.332(1.666)
bac	$0.666(e_{ba}) + 0.417(e_{bc}) + 0.417(e_{ac})$	1.500(1.000)
bca	$0.417(e_{bc}) + 0.666(e_{ba}) + 0.582(e_{ca})$	1.665(1.333)
cab	$0.582(e_{ca}) + 0.582(e_{cb}) + 0.333(e_{ab})$	1.497(2.000)
cba	$0.582(e_{cb}) + 0.582(e_{ca}) + 0.666(e_{ba})$	1.830(1.666)

① 此绩效值为考虑指标阈值时的绩效值；
② 此绩效值为不考虑指标阈值时的绩效值。

当考虑指标阈值时，对比分析表 8-4 中的结果，可以发现评价对象的排列 cba 获得了最大的绩效值，即 1.830。因此，此排序为最终的绩效排序，即评价对象 c 的绩效高于 b，而 b 高于 a。然而，当不考虑指标阈值时，评价对象的排列 cab 获得了最大的绩效值 (2.000)。这两个排序的主要差别存在于 a 和 b 之间。当不考虑指标阈值时，a 优于 b 具有一定的合理性，因为 a 在固体垃圾、收入差距和犯罪率上都优于 b。然而，对比其指标值，可以发现 a 和 b 在这三项指标上的差距非常小，而 b 在 GDP 上远远好于 a。当考虑指标阈值时，在固体垃圾和收入差距两项指标上，a 和 b 无差别，在犯罪率上为弱偏好关系，但在其他两项指标上，

b 都优于 a，因此，可能 b 的绩效优于 a 更合理。同时，也证明了在非补偿综合指标的构建过程中考虑指标阈值的重要性。

8.3.2　启发式排序过程

8.3.1 节论证了在非补偿综合指标的构建过程中考虑指标阈值的必要性。尽管可以应用 Munda 和 Nardo(2009) 提出的一种最大可能排序原则计算得出最终的低碳发展绩效城市排序结果，如 8.3.1 节算例所示。但同时也发现，当被评价的城市数量 N 增大时，为了得到最终排序结果，其计算量将可能无法估计。例如，当 $N = 10$ 时，所有城市可能的排序将为 $10! = 3628800$。因此有必要简化其排序计算方法，同时保证改善后的排序方法计算得出的排序结果与原排序原则上得出的结果一致。由于最终的排序过程基于构建的 outranking 矩阵，因此，为了达到优化的目的，有必要深入研究 outranking 矩阵元素的性质。以 e_{ab} 为例，由 outranking 矩阵元素的定义可知，e_{ab} 的值实际上代表了在综合考虑所有指标的情况下，a 的绩效不劣于 b 的程度。e_{ac} 等同理。因此，在 outranking 矩阵中，a 所在的行的所有数值之和可以理解为，在综合考虑所有指标的情况下，城市 a 的低碳发展绩效不劣于其他所有城市。为此，定义 outranking 矩阵行的和为强度值。进而可以根据此强度值评价城市低碳发展绩效的优劣，强度值越大，所对应的城市低碳发展绩效越好；相反，其绩效越差。更为正式地，基于 outranking 矩阵，可以运用以下步骤评估城市的低碳发展绩效。

步骤 1：计算 outranking 矩阵行向量的和，以此绩效强度值对所有评价对象(即城市) 进行排序，其强度值越大，排名越高。如果依据此强度值可以完全排序，则评价过程结束，否则，进入下一步。

步骤 2：提取强度值相等所对应的行和列，组成新的 outranking k 阶子矩阵。重新计算其强度值，并对评价对象进行排序。结合步骤 1 对所有评价对象进行新的排序。如果可以完全排序，则评价过程结束，否则，进入下一步。

步骤 3：如果提出的 k 阶子矩阵的强度值均相等，则认为确定子矩阵中任意一个评价对象的排序在此子集中排第一，余下部分依据步骤 1 和 2 进行重新排序。

步骤 4：重复步骤 1、2、3，可以计算出所有评价对象的完全排序结果。

以此启发式排序过程重新计算 8.3.1 节中的算例，其结果见表 8-4，可以发现，在考虑指标阈值和不考虑指标阈值的两种情况下，其排序结果具有一致性，且排序的计算量及其效率远远高于 Munda 和 Nardo(2009) 的最大可能排序原则。相对于需要计算 $N!$ 的排序结果，该启发式计算过程只需要计算 N 个强度值。当 outranking 矩阵中存在 k 个相等的强度值时，该启发式计算过程也只需要再计算 k 个强度值。总体来说，依赖于可能存在相等的强度值的个数，总的计算量为 $N + k + \cdots$。

综上所述，考虑指标阈值及改进后的排序过程，强非补偿综合指数的构建过程如图 8.6 所示。

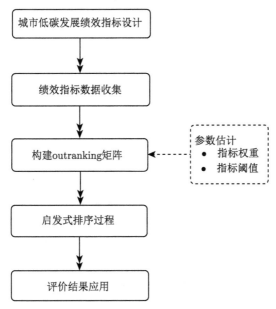

图 8.6 强非补偿综合指数构建过程示意图

8.4 有意义综合指数模型

我们首先介绍基于 RAM 模型的有意义综合指标模型,然后,以生产效率视角下综合指数模型思想为指导,介绍如何基于 RAM 模型构建满足有利推论 (benefit of the doubt, BoD) 的综合指标模型。

RAM 是一种范围调整型的 DEA 模型,也具有传统 DEA 模型所具有的优势,比如不需要对生产函数进行假设、无须估计参数等。但是,传统的 DEA 方法一般需要考虑模型的径向 (radial) 和导向 (oriented) 问题,而 RAM 模型则无需对导向和径向进行考虑。RAM 模型依据投入和产出相较于生产前沿面的松弛程度来测度效率。研究发现,基于 RAM 模型所构建的环境绩效指标兼具 "标准化" 和 "有意义" 两个特征,在环境绩效评估中具有良好稳健性 (Zhou et al., 2017)。

不同于以上章节对期望产出和非期望产出进行区分,此处考虑一个 N 个投入 M 个产出的生产活动。投入用向量表示为 $\boldsymbol{x} = (x_1, x_2, \cdots, x_N)^{\mathrm{T}} \in \Re_+^N$,产出用向量表示为 $\boldsymbol{y} = (y_1, y_2, \cdots, y_M)^{\mathrm{T}} \in \Re_+^M$。构建如下 RAM 模型 (Zhou et al., 2017):

$$\max \frac{1}{M+N} \left(\sum_{m=1}^{M} \frac{s_m^+}{R_m^+} + \sum_{n=1}^{N} \frac{s_n^-}{R_n^-} \right)$$

$$\text{s.t.} \sum_{i=1}^{I} z_i y_{mi} - s_m^+ = y_{m0}, m = 1, \cdots, M,$$

$$\sum_{i=1}^{I} z_i x_{ni} + s_n^- = x_{n0}, n = 1, \cdots, N,$$

$$\sum_{i=1}^{I} z_i = 1,$$

$$z_i \geqslant 0, \ i = 1, \cdots, I,$$

$$s_n^- \geqslant 0, \ s_m^+ \geqslant 0 \tag{8.12}$$

式中，x_{n0} 和 y_{m0} 分别表示观测单元 DMU$_0$ 的第 n 个投入和第 m 个产出；$R_n^- = \max\{x_{ni}, i = 1, \cdots, I\} - \min\{x_{ni}, i = 1, \cdots, I\}$ 及 $R_m^+ = \max\{y_{mi}, i = 1, \cdots, I\} - \min\{y_{mi}, i = 1, \cdots, I\}$ 分别表示投入 n 和产出 m 的观测值的范围；$s_m^+(m = 1, \cdots, M)$ 和 $s_n^-(n = 1, \cdots, N)$ 分别为各产出和投入约束对应的松弛变量。

模型 (8.12) 基于松弛变量测度了范围调整后的平均无效程度。约束条件决定了缩减投入和扩大产出的最大程度。注意到，若一个变量的可变范围为零，则所有决策单元均具有相同的变量值。此时，该变量在目标函数中所对应的分式及该变量所对应的约束条件均需要被移除。最后一个凸性约束条件用来保证最优解不受变量度量单位的影响。

在评估环境绩效时，有时所选取的变量之间并不存在投入产出间的生产关系，比如空气污染指标中的各个变量。不过，在研究中可以根据变量的特点将变量分为 "投入" 和 "产出" 两类，以绩效提高为标准，前者 "越小越好"，后者 "越大越好"。因此，使用 RAM 模型评估环境绩效时，可将污染排放视为投入。基于模型 (8.12) 的最优解，综合环境绩效指标 CEI(V_0) 可定义为

$$\text{CEI}(V_0) = \text{CEI}(X_0, Y_0) = 1 - \frac{1}{M+N} \left(\sum_{m=1}^{M} \frac{s_m^{*+}}{R_m^+} + \sum_{n=1}^{N} \frac{s_n^{*-}}{R_n^-} \right) \tag{8.13}$$

式中，* 表示对应的松弛变量的最优值。

该综合环境绩效指标满足以下性质：

P.1　$0 \leqslant \text{CEI}(V_0) \leqslant 1$；

P.2　$\text{CEI}(V_0) = 1 \Leftrightarrow$ 观测单元位于最优前沿面，$\text{CEI}(V_0) < 1 \Leftrightarrow$ 观测单元未达到最优前沿面，且可在某方面进行改进以提升环境绩效；

P.3　$\text{CEI}(V_0)$ 不受投入产出变量的度量单位的影响；

P.4　$\text{CEI}(V_0)$ 具有强单调性；

P.5 CEI(V_0) 具有传递不变性。

其中, P.1 和 P.2 表明综合环境绩效指标是一个介于 0 和 1 之间的标准化指标, 其值越大代表环境绩效越好。P.3 表明综合环境绩效指标不受度量单位影响。P.4 表明减少投入或增大产出会导致指标增大, 绩效变好。P.5 表明对变量的任意加减不会影响指标值。

结合性质 P.3~P.5, 可知由模型 (8.13) 得到的综合环境绩效指标是 "有意义" 的指标, 具体表现为对数据进行变换不影响绩效值, 即 CEI(V_i) = CEI($F(V_i)$) $\forall i = \{1, \cdots, I\}$。该性质意味着若数据不规则或某些变量值变动范围很大而影响计算时, 可以对数据进行调整以便于综合环境绩效指标的计算。

另外, 该综合环境绩效指标的 "有意义" 性还表现在, 若 $X_i \leqslant X_k, Y_i \geqslant Y_k$, 且至少一个投入 n 或产出 m 满足 $x_{in} \leqslant x_{kn}$ 或 $y_{im} \geqslant y_{km}$, 那么便存在 CEI(V_i) > CEI(V_k) 。该性质表明, 若一个评价单元在投入或产出上优于另一评价单元, 那么前者将获得更高的绩效值。

基于 Zhou 等 (2017) 及 Ebert 和 Welsch(2004) 的 "有意义" 概念, 下面试图为评价城市环境可持续发展绩效构建一个 "有基数意义" 的综合指标模型, 即综合指标模型应满足如下条件:

$$\mathrm{CI}(X) = \mathrm{CI}(F(X)) \quad (X = x_{ij}; i = 1, \cdots, m; j = 1, \cdots, n) \tag{8.14}$$

式中, F 为指标尺度转换函数。为了满足以上 "有基数意义" 条件, 本章提出如下综合环境可持续发展指标模型:

$$\max_{s_j,\lambda_i} \rho_o = \frac{1}{n} \sum_{j=1}^{N} \frac{s_j}{g_j}$$

$$\text{s.t.} \sum_{i=1}^{N} x_{ij}\lambda_i - s_j = x_{oj}, j = 1, 2, \cdots, N,$$

$$\sum_{i=1}^{N} \lambda_i = 1,$$

$$s_j, \lambda_j \geqslant 0 \tag{8.15}$$

式中, $x_{oj}(o \in 1, \cdots, m)$ 为被评价城市 o 在第 j 项指标下的绩效值; $g_j \in \Re_{++}$ 为调整参数且其测量单位与对应指标松弛变量单位一致; λ 为指标权重。值得注意的是, 模型 (8.15) 为每一个城市的环境可持续发展绩效寻求一组最优的指标权重, 该机制与基本 BoD 模型一致, 但其目标函数为指标的松弛变量, 因此, 本章把模型 (8.15) 命名为 Slack BoD 综合指标模型。

在模型 (8.15) 中，当 g_j 取不同值时，可以认为模型 (8.15) 为几种线性数据包络分析模型的变形。例如，当 g_j 为指标的标准差时，模型 (8.15) 类似于 Lovell 等 (1995) 提出的标准化加权数据包络分析模型；当 g_j 为对应指标范围或者最大值时，模型 (8.15) 类似于范围调整或者有限数据包络分析模型，见 Cooper 等 (1999)、Cooper 等 (2011) 和 Zhou 等 (2017)；当 g_j 为方向向量时，模型 (8.15) 类似于 Fukuyama 和 Weber(2009) 提出的方向松弛效率测度模型。因此，模型 (8.15) 继承了传统数据包络分析模型的一些优秀特性，即转换不变性和单位不变性。当指标进行比率变换时，如 $x'_{ij} = x_{ij} + \alpha_j$，模型 (8.15) 中的约束将变为 $\sum\limits_{i=1}^{m} x'_{ij} - s_j = x'_{oj}$ 且 $\sum\limits_{i=1}^{m} \lambda_i = 1$。但在预先确定调整参数 g_j 的前提下，目标函数不变。因此，转换后的模型的最优值与未转换的模型 (8.15) 的最优值一致。关于单位不变性，由于调整参数 g_j 的测度单位与对应指标松弛变量单位一致，所以指标的测度单位并不能影响目标函数，也即当指标以 $x'_{ij} = \beta x_{ij}$ 变化时，最优值保持不变。综合模型 (8.15) 的转换不变性和单位不变性特征，我们可以得出当指标以 $x'_{ij} = x_{ij} + \alpha_j$ 变化时，其最优值保持不变。综上，模型 (8.15) 的最优值独立于指标比率转换和区间转换，因此满足 “有基数意义” 的条件。

值得注意的是，由模型 (8.15) 得出的绩效值有可能大于 1。为了使绩效值在区间 $[0,1]$ 内，可以借助于前一章节中的标准化方法对最终的城市绩效值进行标准化。也可以通过对 g_j 重新赋值，如 $g'_j = g_j + s^*_j$（其中 s^*_j 为对应的松弛变量最优值），在此基础上运用模型 (8.15) 重新计算各个城市的绩效。此外，由于 $s_j = \sum\limits_{i=1}^{m} x_{ij}\lambda_i - x_{oj}$，当 $g_j = \max x_{ij} - \min x_{ij}$ 时，$s_j \leqslant g_j$。基于此种方法设定调整参数 g_j，由模型 (8.15) 直接计算得出的城市绩效即可以落在区间 $[0,1]$。为了方便起见，本章将采用最后一种方法设定调整参数 g_j。

模型 (8.15) 的目标函数为松弛变量，由其得出的绩效值满足 “越小越好” 的特性，即 $\rho^*_o = 1[\rho^*_o$ 为模型 (8.15) 计算得出的城市 o 的最优值] 时，城市 o 的绩效相对最差，相反为最好。而综合指标通常测量的绩效满足 “越大越好” 的性质。因此，本章重新定义城市的绩效由式 (8.16) 计算得出：

$$\mathrm{CI}_o = 1 - \rho^*_o \tag{8.16}$$

综上，不难得出 CI_o 满足如下性质：

(1) $\mathrm{CI}_o \in [0,1]$ 的值越大，城市的绩效越好；

(2) CI_o 满足单调性；

(3) CI_o 满足指标尺度转换不变性。

由此，基于模型 (8.15) 和式 (8.16)，可以构建具有 "基数意义" 的综合环境可持续发展指标。为了方便与传统 BoD 模型对比，现以数值算例为例，见表 8-5。假设 A~J 个城市的绩效由指标 I1~I3 测度。其中，指标 I1 为比率尺度，而 I3 为区间尺度。表 8-5 中最后六列为城市绩效值。其中，"BoD" 表示对应的绩效值由传统生产效率视角下综合指数模型得出；"Slack BoD" 表示对应的绩效值由模型 (8.15) 和式 (8.16) 计算得出；"Basic" 表示对应的绩效值为指标未经过任何尺度转换得出的城市绩效；"Ratio" 表示对应的在其他指标值不变的情况下，比率尺度指标经比率转换后得出的城市绩效；"Interval" 含义与 "Ratio" 类似，但为区间尺度指标经区间转换后得出的城市绩效。比率和区间转换参数为 $\beta_j = 10$，$\alpha_j = 50$。

表 8-5　基于传统 BoD 模型和 Slack BoD 模型的数值算例及其结果

城市	I1	I2	I3	BoD			Slack BoD		
				Basic	Ratio	Interval	Basic	Ratio	Interval
A	60.287	44.824	0.458	0.680	0.680	0.915	0.600	0.600	0.600
B	98.245	70.742	0.156	1.000	1.000	1.000	1.000	1.000	1.000
C	16.173	63.281	0.809	0.837	0.837	0.974	0.651	0.651	0.651
D	46.995	7.936	0.608	0.646	0.646	0.940	0.458	0.458	0.458
E	50.427	56.165	0.359	0.633	0.633	0.898	0.568	0.568	0.568
F	71.246	80.998	0.966	1.000	1.000	1.000	1.000	1.000	1.000
G	11.236	40.966	0.954	0.987	0.987	0.998	0.600	0.600	0.600
H	53.185	69.739	0.258	0.785	0.785	0.881	0.593	0.593	0.593
I	37.930	32.483	0.234	0.406	0.406	0.877	0.371	0.371	0.371
J	93.059	88.785	0.599	1.000	1.000	1.000	1.000	1.000	1.000

从表 8-5 中可以看出，基于 Slack BoD 模型的城市绩效不受指标尺度转换的影响，而基于传统 BoD 模型的城市绩效会受到区间尺度转换的影响。因此，基于传统 BoD 模型的综合指标既不满足 "有序数意义" 的条件，见表 8-5 中城市 A 和 H 的绩效值对比，同时也不满足 "有基数意义" 的条件。此外，对比分析表 8-5 中的结果发现，基于 Slack BoD 模型的城市绩效通常低于基于传统 BoD 模型的城市绩效，特别是对那些不平衡的城市，例如 C、D、H。由此，Slack BoD 模型可能更偏好于在各个指标下更为均衡的城市。

8.5　非补偿有意义综合指数模型

通常，环境可持续发展指标体系会包含 "效益型" 和 "成本型" 指标。"效益型" 指标为其值越大越好，而 "成本型" 指标则相反，是越小越好。当同时包含两种指标类型时，模型 (8.15) 要求 "成本型" 指标首先转换为 "效益型" 指标。"成本型" 指标很容易通过线性变换转换为 "效益型" 指标。尽管如此，直接运用模型 (8.15) 构建综合环境可持续发展指标会造成指标之间存在补偿关系。正如前文所述，在实践中，指标间的补偿关系通常是不合理的，见 Munda 和 Nardo(2009)、Blancas 等 (2010)、Fusco(2015)、Diaz-Balteiro 等 (2017) 及 Zhang 和 Zhou(2018)。正如 Fusco(2015) 所述，我们可以对指标组合施加惩罚或者奖励，以此约束指标之间的可补偿能力。然而，我们也可以对指标按 "效益型" 和 "成本型" 进行分类：首先，运用 "有基数意义" 的综合指标模型分别计算此类指标下的城市环境可持续发展绩效；然后，运用非补偿规则，基于该绩效对城市的环境可持续发展绩效进行排序、评估。

为了便于陈述，我们进一步假设 x_{ij}^+ 表示城市 i 的第 $j(j \in 1, \cdots, J)$ 个 "效益型" 指标；类似地，假设 x_{ik}^- 表示城市 i 的第 $k(k \in 1, \cdots, K)$ 个 "成本型" 指标；且 $J + K = N$。对应地，假设 CI_o^+ 为城市 o 基于 "有基数意义" 的综合指标模型，再考虑所有 "效益型" 指标时的综合绩效；类似地，CI_o^- 为城市 o 基于 "有基数意义" 的综合指标模型，再考虑所有 "成本型" 指标时的综合绩效。

$$\max_{s_j^-, \lambda_i^-} \rho_o^- = \frac{1}{K} \sum_{j=1}^{K} \frac{s_j^-}{g_j^-}$$

$$\text{s.t.} \sum_{i=1}^{M} x_{ij}^- \lambda_i^- + s_j^- = x_{oj}^-, j = 1, \cdots, K,$$

$$\sum_{i=1}^{M} \lambda_i^- = 1,$$

$$s_j^-, \lambda_j^- \geqslant 0 \tag{8.17}$$

对于 "效益型" 指标，可以直接运用模型 (8.15) 计算城市的综合绩效。对于 "成本型" 指标，类似于环境数据包络分析方法中，把非期望产出按投入处理 (Hailu and Veeman，2001；Zhou et al., 2017)，我们提出运用模型 (8.17) 计算 "成本型" 指标的综合绩效。

为了与上节中定义的综合指标一致，我们定义 CI_o^- 由如下公式计算得出：

$$\mathrm{CI}_o^- = 1 - \rho_o^- \tag{8.18}$$

不难得出基于模型 (8.17) 的综合指标仍然满足 "有基数意义" 的条件。不过值得注意的是，由式 (8.17) 计算的 CI_o^- 值为 "越小越好"。基于以上模型我们分别计算了城市 A～J 的 CI^+ 和 CI^- 值，见表 8-6。其中前三个指标与上节中的数值算例一致，且假设均为"效益型"指标，第四个指标为新生成的"成本型"
指标。

表 8-6　数值算例及其结果

城市	I1	I2	I3	I4	CI$^+$	CI$^-$
A	60.287	44.824	0.458	0.087	0.600	0.996
B	98.245	70.742	0.156	7.819	1.000	0.175
C	16.173	63.281	0.809	8.283	0.651	0.126
D	46.995	7.936	0.608	9.468	0.458	0.000
E	50.427	56.165	0.359	4.036	0.568	0.577
F	71.246	80.998	0.966	5.299	1.000	0.443
G	11.236	40.966	0.954	4.307	0.600	0.548
H	53.185	69.739	0.258	0.049	0.593	1.000
I	37.930	32.483	0.234	3.653	0.371	0.617
J	93.059	88.785	0.599	9.042	1.000	0.045

　　基于 CI$^+$ 和 CI$^-$ 的定义，可以依据占优规则 [式 (8.19)] 分析城市的排序，其中，
$E_o \succ E_{o'}$ 表示 E_o 的绩效优于 $E_{o'}$。其优势是评价中，"效益型" 和 "成本型" 指标
间不允许存在任何补偿关系。然而基于占优规则，城市排序只能是部分排序。如表
8-6 中城市 H 和 I，$\mathrm{CI}_H^+ = 0.593 > \mathrm{CI}_I^+ = 0.371$，而 $\mathrm{CI}_H^- = 1.000 > \mathrm{CI}_I^- = 0.617$。
因此，基于式 (8.19) 并不能直接判断城市 H 和 I 的绩效孰优孰劣。

$$E_o \succ E_{o'} \quad \text{if} \quad \begin{cases} \mathrm{CI}_o^+ > \mathrm{CI}_{o'}^+ & \& \quad \mathrm{CI}_o^- \leqslant \mathrm{CI}_{o'}^- \\ \mathrm{CI}_o^+ = \mathrm{CI}_{o'}^+ & \& \quad \mathrm{CI}_o^- < CI_{o'}^- \end{cases} \quad (o, o' \in \{1, \cdots, M\}, o \neq o')$$

(8.19)

　　为了对城市的绩效进行完全排序，首先基于 Munda 和 Nardo(2009) 提出的
非补偿多属性评价方法构建 CI$^+$ 和 CI$^-$ 的 outranking 矩阵，其计算方法如式
(8.20) 所示。

$$e_{oo'} = \sum \left(w_{\mathrm{CI}} P_{oo'} + \frac{1}{2} w_{\mathrm{CI}} I_{oo'} \right) \tag{8.20}$$

式中，w_{CI} 为"效益型"或"成本型"指标的权重，为了便于展示，此处设定 $w_{\mathrm{CI}^+} =$
$w_{\mathrm{CI}^-} = 0.5$。然后，按照 8.3.2 节提出的启发式排序过程对城市的绩效进行排序。
其计算过程及排序结果见表 8-7。

表 8-7　数值算例的 outranking 矩阵及城市排序

城市	A	B	C	D	E	F	G	H	I	J	e_o	排名
A	0.00	0.00	0.00	0.50	0.50	0.00	0.25	1.00	0.50	0.00	2.75	7
B	1.00	0.00	0.50	0.50	1.00	0.75	1.00	1.00	1.00	0.25	7.00	2
C	1.00	0.50	0.00	0.50	1.00	0.50	1.00	1.00	1.00	0.00	6.50	3
D	0.50	0.50	0.50	0.00	0.50	0.50	0.50	0.50	1.00	0.50	5.00	5
E	0.50	0.00	0.00	0.50	0.00	0.00	0.00	1.00	0.50	0.00	2.50	8
F	1.00	0.25	0.50	0.50	1.00	0.00	1.00	1.00	1.00	0.25	6.50	4
G	0.75	0.00	0.00	0.50	1.00	0.00	0.00	1.00	1.00	0.00	4.25	6
H	0.00	0.00	0.00	0.50	0.00	0.00	0.00	0.00	0.50	0.00	1.50	9
I	0.50	0.00	0.00	0.00	0.50	0.00	0.00	0.50	0.00	0.00	1.00	10
J	1.00	0.75	1.00	0.50	1.00	0.75	1.00	1.00	1.00	0.00	8.00	1

8.6　案 例 应 用

8.6.1　基于弱非补偿综合指数的气候风险评估

21 世纪以来，气候变化议题受到了学者、政府机构等的广泛关注。到目前为止，仍然没有足够的证据表明气候变化带来的影响有减缓的趋势。即使这种趋势能成功减缓，政府、企业和社区层面也必须不断调整其行为以应对气候变化所带来的不利影响。在公司运营和管理层面，气候变化问题，如强制性气候风险披露，深刻影响公司的战略和运营决策。对气候变化风险的清楚认识被认为是人类适应的基础。由德意志联邦共和国联邦经济和技术部和德国粮惠世界基金会共同支持的《德国观察》每年编制和发布全球气候风险指数，以此评估各国/地区受天气相关因素而造成的损失，见 Eckstein 等 (2017)。全球气候风险指数聚合四个指标对国家/地区进行排名和比较，这四个指标分别衡量由风暴、洪水及极端温度事件和大规模热浪及寒潮移动等天气相关事件造成的国家/地区损失。其具体指标如下：死亡人数、每 10 万居民的死亡人数、购买力平价 (PPP) 的损失 (以美元计) 总和、每单位国内生产总值 (GDP) 的损失。

如前所述，《德国观察》采用简单线性加权的方式聚合以上指标，其权重设置分别为死亡人数：1/6；每 10 万居民的死亡人数：1/3；购买力平价 (PPP) 的损失总和：1/6；每单位国内生产总值 (GDP) 的损失：1/3。考虑到四个指标均为"成本型"指标，因此，一个国家/地区的最终得分越小，表明对应的国家/地区受到气候变化的影响就越严重。从方法论的角度来看，气候风险指数不会受到异常数据的影响，并且由于指标经过了标准化，每个国家/地区的气候风险绩效可以根据其相对位置实时追踪。然而，这一貌似合理的综合气候风险指数可能由于其允许指标间的完全补偿假设而受到质疑，例如经济损失减少可以抵消大量死亡人数的损失。从环境可持续发展和人道主义的角度来看，这种可补偿性是绝不可取的。并且从指标含义上看，指标之间的相关性较强，而简单线性加权聚合方式的前提假设是指标之间应该保持独立性。因此，简单线性加权在评价国家/地区气候风险时有可能并不合适。

因此，本实证研究将基于气候风险指标原始数据，采用 8.2 节中提出的弱非补偿综合指标模型，重新计算和评价各个国家/地区的气候风险绩效，其主要目的是通过该指标模型，约束气候风险指标之间的补偿效应。另外，期望通过该实证研究验证该弱非补偿综合指标在评价气候风险绩效时的有效性。

1. 数据来源及参数设定

本节采用《德国观察》2017 年发布的 2016 年气候风险指标报告中的原始数据。在搜集数据时，发现部分国家/地区的所有 4 个气候风险指标值均为 0。因此，在本实证研究中排除了部分国家/地区，最终评价的国家/地区数量为 119 个，其指标统计量如表 8-8 所示。

表 8-8　2016 年气候风险指标统计量

参数	死亡人数	每 10 万居民的死亡人数	购买力平价的损失总和	每单位 GDP 损失
国家/地区总数	119	119	119	119
平均值	67.28	0.23	1731.97	0.58
标准差	226.7	0.75	8832.58	2.39
最小值	0.00	0.00	0.10	0.00
25%分位	2	0.12	14.05	0.01
50%分位	12.00	0.06	70.68	0.05
75%分位	45.00	0.16	539.99	0.18
最大值	2119	5.65	82008.15	0.19
权重	1/6	1/3	1/6	1/3

基于 8.2 节的论证，在应用弱非补偿综合指标模型评价国家气候风险绩效时，首先需要为每个风险指标赋予权重和阈值 Δ_j。关于指标权重，为了便于与《德国观察》的评价结果相比较，此处使用原始权重方案，如表 8-8 最后一行所示。关于指标阈值 Δ_j，可以采用主观偏好判断的方式确定，如借助于专家小组。尽管如此，不同的专家小组可能会给出不同的指标阈值，这很可能会引起争议。因此，本实证研究将采用客观方法赋予各个指标阈值。考虑到指标阈值类似于非补偿性决策中的阈值概念，每个指标的阈值取决于指标的性质，在这里选择了 Zhang 和 Zhou(2018) 提出的通过分析指标中的统计量来确定各个指标的阈值。考虑到本案例研究中各个指标的特征，主观选择 3/4 位数作为每个指标的阈值。因此，死亡人数、每 10 万居民的死亡人数、购买力平价的损失总和及每单位 GDP 损失的四个阈值分别为 45.00、0.16、539.99 和 0.18。值得注意的是，当指标值较大时，

基于弱非补偿综合指标模型,最终的气候风险绩效可能是无穷大的,因此,在计算各个国家/地区的气候风险指数前,建议采用 min-max 方法预先处理原始数据。按照以上数据及参数说明,基于弱非补偿综合指标模型的气候风险评估结果如图 8.7 所示。同时,该实证研究采用 Jenks 自然断点法 (Jenks natural breaks) 把国家/地区的气候风险绩效排名分为了 6 个不同的组别。

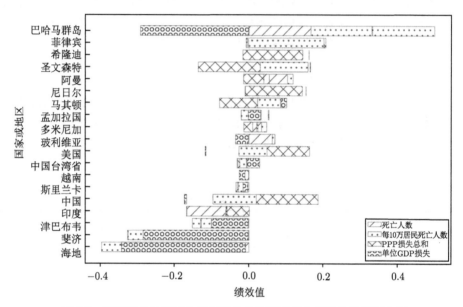

图 8.7   基于弱非补偿综合指标的各个指标对综合绩效的贡献度分析

2. 主要结果及分析

表 8-9 包含 19 个被 Jenks 自然断点法列为受影响最大的国家/地区组的国家/地区。在 2016 年的 19 个国家或地区中,只有一个 (即美国) 是发达国家,其他大多数是低收入或中低收入国家/地区组的发展中国家/地区。这些结果强调了贫穷国家/地区特别容易受到气候变化的影响,尽管富裕国家/地区的购买力平价绝对金钱损失要高得多。

从表 8-9 中可以看出,在这 19 个受影响最大的国家/地区中,只有海地、多米尼加共和国和阿曼的排名在这两个排名系统之间保持不变。其他国家/地区的整体气候风险绩效排名略有差异,但也仅下降或上升最多五个名次。这可能反映出基于该弱非补偿综合指标的国家/地区气候风险极小排名具有较强的鲁棒性。

此外,也可以观察到,中国的排名从 12 上升到 5 及巴哈马群岛的排名从 44 上升到 19。这可能表明某些国家/地区的气候风险指数 (CRI) 排名对不同的标准化方法很敏感。为了进一步对两个排名系统之间的差异进行讨论,我们分析了每个指标对 19 个受影响最严重的国家或地区的整体风险绩效的贡献,参见图 8.7 和图 8.8。为易于比较,图 8.8 的数据通过 min-max 方法进行了标准化。

表 8-9 受气候变化影响最为严重的国家或地区对比分析

国家/地区	死亡人数	每 10 万居民的死亡人数	购买力平价的损失总和	每单位 GDP的损失	排名
海地	613.00	5.65	3332.72	17.22	1(1)
斐济	47.00	5.38	10.76.31	13.15	2(3)
津巴布韦	246.00	1.70	1205.15	3.72	3(2)
印度	2119.00	0.08	871.21	0.03	4(6)
中国	989.00	0.07	82008.15	0.39	5(12)
斯里兰卡	99.00	0.47	1623.16	0.63	6(4)
越南	161.00	0.17	4037.70	0.68	7(5)
中国台湾省	103.00	0.44	1978.55	0.18	8(7)
美国	267.00	0.08	47395.51	0.26	9(10)
玻利维亚	26.00	0.24	1051.22	1.34	10(9)
多米尼加共和国	32.00	0.32	463.33	0.29	11(11)
孟加拉国	222.00	0.14	1104.65	0.18	12(13)
马其顿	22.00	1.06	207.93	0.69	13(8)
尼日尔	50.00	0.28	40.83	0.20	14(17)
阿曼	13.00	0.32	362.33	0.20	15(15)
圣文森特和格林纳丁斯	2.00	1.82	2.88	0.23	16(28)
布隆迪	33.00	0.34	16.31	0.21	17(19)
菲律宾	65.00	0.06	2251.25	0.28	18(16)
巴哈马群岛	0.00	0.00	1241.30	13.77	19(44)

注: 排名中的括号内为原始的排序。

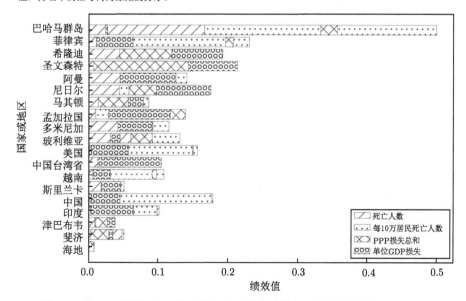

图 8.8 基于《德国观察》综合指标方法的各个指标对综合绩效的贡献度分析

比较图 8.7 和图 8.8，很明显可以看出根据所构建的弱非补偿综合指标方法计算的每个基础指标对总体气候风险指数 (CRI) 的贡献与《德国观察》的结果不同。总的来说，根据本章构建的模型建立的气候风险指数扩大了不满足基本准则的基础指标的负面贡献。这限制了不同个别指标之间的可补偿性，因为在这种情况下的优势指标将会用更多的绩效值补偿给受惩罚指标，以便维持气候风险绩效水平不变。以中国为例，每 10 万居民的死亡人数和每单位 GDP 的损失在很大程度上有利于中国在《德国观察》排名系统中的气候风险指数绩效。然而，在所提议的排名系统中，只有每 10 万居民的死亡人数对中国的气候风险指数绩效有积极贡献，其他三个指标均受到惩罚，而且对整体气候风险指数绩效产生负面影响。这可能是所提议的方法提高了其气候风险排名的原因。此外，参考其他国家/地区气候风险绩效排名，可以得出类似的结论，如巴哈马群岛、圣文森特和格林纳丁斯等。

所提出方法中的阈值参数确定了气候风险指数之间的不可补偿性的强度。在实证研究中，主要借助于客观统计方法确定指标阈值。但是，不同的指标阈值可能会对每个国家/地区的最终气候风险绩效产生重大影响。因此，有必要分析不同指标阈值对评估结果的影响。为此，本章基于不同指标阈值重新计算了几组气候风险指数。为了便于与之前的实证研究进行比较，主要将每个指标的最大值和最小值之差乘以一定百分比来设定各个指标阈值参数。如图 8.9 所示，共确定了 6 组不同的指标阈值参数，对应地，计算了 6 组气候风险指数绩效。可以看出，90% 和 80% 以及 60% 和 50% 情景中，评估结果完全相关。同时还注意到，80% 和 70% 情境下的评估结果与 75% 的结果具有显著正相关关系。由此，可以得出，在该气候风险绩效评估中，阈值参数的设置可能对最终的气候风险绩效影响有限。分析其主要原因，可能是由于各个国家/地区在 4 个指标上的表现过于集中所造成的。

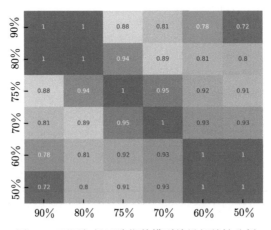

图 8.9　不同气候风险指数模型结果相关性分析

8.6.2 基于强非补偿综合指数的低碳发展绩效评估

1. 研究背景

在 "十二五" 期间 (2011~2015 年)，中国在走向低碳社会的道路上取得了令人瞩目的成就。非化石能源和天然气消耗与总能源消耗的比率分别增加了 2.6% 和 1.9%。同时，煤炭消费份额下降了 5.2%。新装可再生能源发电容量增加显著，占到世界总量的 40%。此外，总能量强度和碳强度也分别下降了 18.4% 和 20%。"十三五" 规划 (2016~ 2020 年) 中，中国对节能和减碳有更高的要求。根据《能源发展 "十三五" 规划》，到 2020 年，中国非化石能源消费占总能耗的最低目标设定为 15%。与 2015 年相比，中国的能源强度减少 15%，碳强度下降 18%。

工业活动和基础设施建设最密集的城市无疑在中国实现目标和转变为低碳社会方面发挥着重要作用。研究证明，城市对中国的碳排放负有主要责任。"十三五" 期间，约有 1 亿农村人口作为永久性城市居民迁入城市。从农村到城市的移民改善了中国的城镇化水平，同时可能给城市带来更多的挑战，如能源需求的增加、交通拥堵、城市扩张等。在这种情况下，中央和地方政府都意识到需要采取更切实可行的行动来应对碳减排的挑战。作为回应，国家发展和改革委员会 (NDRC) 早在 2010 年和 2012 年就确定了几个低碳发展试点项目，共有 6 个省和 36 个城市被选为低碳实践的先驱。在 2016 年第二届中美气候智慧型/低碳城市峰会上，中国政府宣布，试点低碳城市数量将增加到 100 个。同时，北京、大连、上海、南京、武汉、成都、广州、深圳和香港也参与了致力于解决气候变化带来的问题的 C40 城市气候领导联盟。在低碳发展的努力下，需要在中国的城市层面进行低碳绩效评估。在下面的章节中，我们将应用 8.3 节中提出的强非补偿综合指标方法评估和比较中国 40 个城市的低碳发展绩效。

2. 指标构建

通过对比分析，以 Tan 等 (2017) 构建的指标体系为基础，最终选择包含四个维度 (即经济发展、生活质量、环境和消费者行为) 共 15 项城市低碳发展绩效评价指标，具体见表 8-10。此外，根据 DTI(2003) 的建议，该实证研究还尝试将其他关键方面纳入其中，如生活质量、技术创新、就业机会。同时，为了更适合中国城市实情，能源消费占 GDP 的比率、研发支出占 GDP 的比率及贷款额占 GDP 的比率被用来取代人均 GDP，以更全面地评估城市低碳经济绩效。有研究表明，能源消费与 GDP 的比率更适合在基于综合指标下评估能源经济效率。研发支出可视为技术创新的代表。由于缺乏数据，环境维度中的 "空气质量达到或好于二级天数" 的指标被用作衡量主要空气污染物水平的指标，如 NO、SO、$PM_{2.5}$ 和 PM_{10}。为了衡量生活质量和工作机会，我们遵循 Yu(2014) 的建议，将恩格尔系数和失业率纳入生活质量维度。此外，将乘客强度 (定义为 "乘坐公共汽车及无轨电车的乘客" 指标与 "年平均人口" 的比率) 包括在内，以代表消费者的低碳交通行为。

表 8-10　城市低碳发展绩效评价指标体系

维度	指标	缩写	单位
经济发展维度	能源强度	EnergCon	t(标准煤)/万元
	R&D 支出 GDP 占比	R&D	%
	贷款额 GDP 占比	Loan	%
	第三产业比重	TerInd	%
生活质量维度	公共绿地面积比例	PubSpa	%
	水资源消耗强度	WatCon	L/(人 ·d)
	恩格尔系数	Engle	%
	登记失业率	Unemp	%
	人口密度	PopDen	人/km^2
环境维度	空气质量达到或好于二级天数	GradeII	d
	工业固体废物利用率	SolWas	%
	废水处理率	WasWater	%
	生活垃圾处理率	ConWas	%
消费者行为维度	人均公共汽车数量	PubBus	数量/万人
	乘客强度	PasInt	次

3. 数据及参数设置

此处采用 8.3 节构建的强非补偿综合指标方法，对 2014 年中国 40 个城市的低碳发展绩效进行了分析与对比。城市的选取主要依据该城市是否被列入中国低碳城市发展项目试点。值得注意的是，由于参与中国低碳城市发展项目试点的城市中，部分城市在某些指标上缺乏数据，如呼伦贝尔、池州和景德镇等。因此，被评价的城市与试点城市并不完全相同。同时，为了尽可能地进行全面的比较，本实证研究中也考虑了合肥、济南、福州等没有参与试点的省会城市。城市低碳发展绩效指标体系的数据主要来源于《中国城市统计年鉴》、《中国环境年鉴》及各省市和地区的统计年鉴。数据通常只考虑城市地区，当统计年鉴中的数据没有区分城市和农村地区时，其总体水平被视为对应的指标绩效。

根据 8.3 节对模型的描述，在实际运用过程中，首先需要确定各个指标的权重及阈值。通常认为指标权重对综合指标的评价结果有显著影响。在综合指标模型中，常用的确定权重的方法可以分为两类，一类是以数据驱动的内生方法，如主成分分析和数据包络分析方法；另一类是主观确定方法，如等权法、层次分析法和预算分配方法。每种确定权重的方法都有优劣，具体优缺点请参考 OECD (2008)。

然而正如本章开篇所述，一般的方法确定的权重实际上有悖于权重的本来含义。例如，基于线性规划的数据包络分析方法，其确定的权重更倾向于解释为指标间的替代强度。部分学者指出，如 Becker 等 (2017)，综合指标的权重应该由预算分配或者等权方法等得出，以便确定的权重可以解释为指标的重要程度。当缺乏决策者或专家组时，等权方法似乎是确定城市低碳发展指标权重的一个合理的选择。此外，等权方法较其他权重确定方法具有透明度和与各种聚合方法相当好的兼容性等优势。因此，本节在评价城市低碳发展绩效过程中，以等权方法来确定指标的权重。考虑到构建的城市低碳发展绩效指标体系包含 4 个维度，每个维度中包含 2~5 个不等的指标，因此设定每个维度的权重为 1/4，则各个维度下的指标的权重为 $(1/4) \times (1/N)$，其中 N 为对应维度下的指标数量，指标阈值的确定在一定程度上具有主观性，实践中，通常建议在表达指标偏好的过程中与决策者或者专家组密切合作。确定过程中需要实践者解释数据的性质并提供明确的指示，以便决策者或者专家组可以遵循指示并结合他们的经验为指标提供可靠的阈值样本。如果决策者或者专家组不熟悉评估方法，可以主观地为无差异和偏好阈值提供阈值参考集。例如，Attardi 等 (2018) 将评价对象两两之间在对应指标下最大差异的 10% 和 20% 分别定义为无差异和偏好阈值的参考集。除此之外，Roy 等 (2014) 指出阈值的确定在很大程度上取决于每个指标的性质，即数据特征。因此，本章探究了确定指标阈值的替代方法。首先通过分析数据的统计分布，如图 8.10 所示。由箱线图的特点可知，正常的数据值应该包括在晶须之间。超出范围的值则是异常值。如果我们将箱线图中的下边缘所对应的值和下四分位对应的值分别定义为对应的每个指标的无差异和偏好阈值，则可以部分排除异常值对整体绩效评估的影响。因此，在本章余下部分的实证分析中，选择下边缘所对应的值和下四分位对应的值作为每个指标的无差异和偏好阈值。

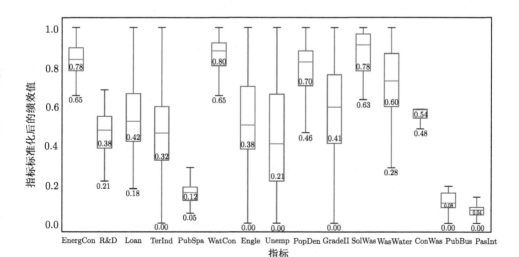

图 8.10 基于标准化数据的低碳发展指标绩效箱线图

除了每个指标的权重和阈值之外，指标的弱偏好关系系数在构建低碳发展评价 outranking 矩阵时具有重要作用。考虑到指标的弱偏好关系代表着在无偏差和偏好之间的模糊程度，在评价之前很难确定到底某个指标的弱偏好关系是倾向于无偏差还是偏好关系，因此，本节暂时主观性地设定三种弱偏好关系的系数，即 $\varphi = 1/3$、$1/2$ 和 $2/3$，分别研究其对城市低碳发展绩效评估的整体影响。

4. 主要结果及分析

基于以上指标、数据、强非补偿综合指标模型及其参数设定，我们评估了 2014 年中国 40 个城市的低碳发展绩效。结果如图 8.11 所示。同时，为了分析指标阈值是否对城市低碳发展绩效有影响，本节还基于不考虑指标阈值，但排序过程采用了前面提出的启发式排序过程，计算了城市低碳发展绩效。

从图 8.11 中可以看出，无论采用何种参数组合，2014 年中国沿海城市在低碳发展绩效上的表现普遍都优于其他地区。乌鲁木齐、成都、昆明和遵义等多个西部城市也具有良好的低碳发展水平。相反，中西部城市和北京附近城市的低碳绩效表现普遍较差，表明这些城市的决策者，尤其是重庆、保定、石家庄、天津、武汉等低碳试点城市应该更加关注低碳城市的发展。

分析图 8.11，可以得出结论，指标阈值对城市低碳绩效评估结果具有显著影响。基于此，我们无法直接判断考虑指标阈值时城市低碳绩效评估是否更符合实际情况。然而，通过与早期的相关研究进行对比分析，如 Liu(2016)，我们发现当考虑指标阈值时，强非补偿综合指标模型得出的评估结果与中国不同地区实际的碳排放量具有一致性，因此，我们推断在运用强非补偿综合指标模型时应该考虑指标阈值。

为了研究弱偏好系数对整体绩效评估结果的影响，我们对比分析了几个典型城市的指标绩效值之间的关系。以乌鲁木齐和哈尔滨之间的指标绩效差异为例，结果发现，在不考虑指标阈值时，乌鲁木齐在九个指标上优于哈尔滨；考虑指标阈值时，我们发现乌鲁木齐的低碳绩效表现在所有指标中至少与哈尔滨的一样好。因此，我们认为在考虑指标阈值的情况下，乌鲁木齐与哈尔滨的低碳绩效排名与其指标值更为一致。结合图 8.11，我们认为弱偏好关系的系数不应大于或等于 2/3。通过对其他城市的成对比较，例如沈阳、吉林、兰州、武汉和西安，我们可以得到类似的结论。同理，对比大连和兰州的指标绩效，很明显，在考虑指标阈值的情况下，大连和兰州的低碳发展绩效排名更加合理。这个结论可能间接暗示弱偏好关系的系数不应小于或等于 1/3。综上，有必要综合考虑基于指标阈值的强非补偿综合指标方法评估低碳城市绩效，且在当前的实证研究中，弱偏好关系的系数为 1/2 的情况更能获取一致的评估结果。

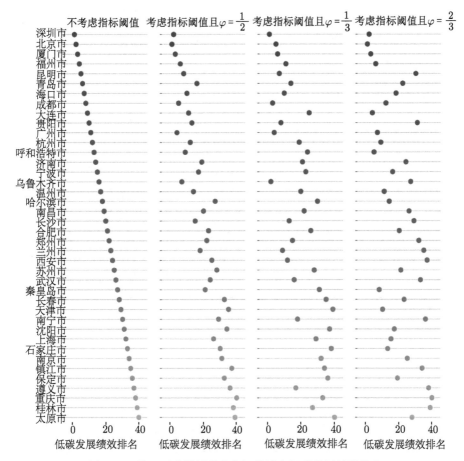

图 8.11　基于强非补偿综合指标的城市低碳发展绩效排名

5. 敏感性分析

上面的分析基于每个指标的无差异和偏好阈值固定在指标值统计分布的下边缘值和下四分位数。由于决策者或专家组的缺席, 本小节主要通过三类阈值设定来讨论不同阈值对城市低碳发展绩效评估结果的影响。第一类为在无差异阈值等于对应的偏好阈值时, 考虑不同的无差异阈值对绩效评估结果的影响 (以 EqTh 表示); 第二类是偏好阈值固定, 通过考虑不同的无差异阈值来讨论无差异阈值对绩效评估结果的影响 (以 IndiffTh 表示); 第三类是无差异阈值恒定, 并考虑不同的偏好阈值对绩效评估结果的影响 (以 PreTh 表示)。各类阈值以 10% 的速率递增, 其取值区间和符号表示见图 8.12。以 IndiffTh 类别为例, $\text{IndiffTh} - \varphi_{1/3} - 3$ 表示在类别 IndiffTh 下, 当 $\varphi = 1/3$, 其无偏差阈值 q 等于对应指标统计分布的下边缘值的 30% 时各个城市低碳发展绩效的评估结果。

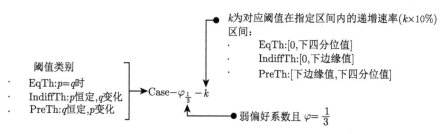

图 8.12　敏感性分析类别说明示意图

　　基于上面的分析结论,我们这里只关注弱偏好关系系数的两种情景,即 $\varphi =$ 1/3 和 1/2。当 $\varphi = 1/2$ 时, 弱偏好系数反映了无差异阈值对 outranking 矩阵的影响, 因此, 此处把这种情况纳入 EqTh 类别中讨论。对于每个城市, 在各个类别参数设定下, 都可以获得至少 10 种排名。它们的排序结果的统计分布见图 8.13~ 图 8.15。同时, 我们还探讨了城市低碳发展绩效排名的累积平均变化率 (以 R_c 表示), 其结果见图 8.13~ 图 8.15 下方子图。其计算方法如下:

$$R_c = \sum_{n=1}^{N} (\text{Rank}_{\text{ref}} - \text{Rank}) \tag{8.21}$$

式中, N 为被评价城市个数；Rank_{ref} 为城市低碳发展绩效参考排序, 此处为上节中采用考虑指标阈值且 $\varphi = 1/2$ 时, 利用启发式排序过程计算出的城市低碳发展绩效排序。值得注意的是, 此处计算绩效排名的累积平均变化率的方法类似于 OECD (2008)。不同点在于 OECD(2008) 以参考排序 $|\text{Rank}_{\text{ref}} - \text{Rank}|$ 计算累积平均变化率。采用此处的累积平均变化率计算方法的主要原因是基于式 (8.21) 得出的累积平均变化率可以探究在阈值变化时, 每个城市的低碳发展绩效排名变化方向。

　　比较不同情况下的排名情况,我们发现基于 IndiffTh 参数设定的强非补偿综合低碳发展指标表现出更好的鲁棒性。而基于 PreTh 参数设定, 几个城市的排名发生了巨大变化, 如呼和浩特从第 8 名降至 24 名, 大连从第 7 名降至 25 名, 遵义从第 16 名降至 36 名。基于 PreTh 参数设定的城市低碳发展绩效排序的巨大变化, 意味着偏好阈值对其评估产生了较大影响。然而, 对比图 8.13、图 8.14 和图 8.15 中的三个箱线图, 我们也发现北京、杭州、深圳、成都和乌鲁木齐等低碳发展绩效较好的城市, 以及太原、镇江和重庆等落后城市, 其排名基本不受指标阈值的影响。

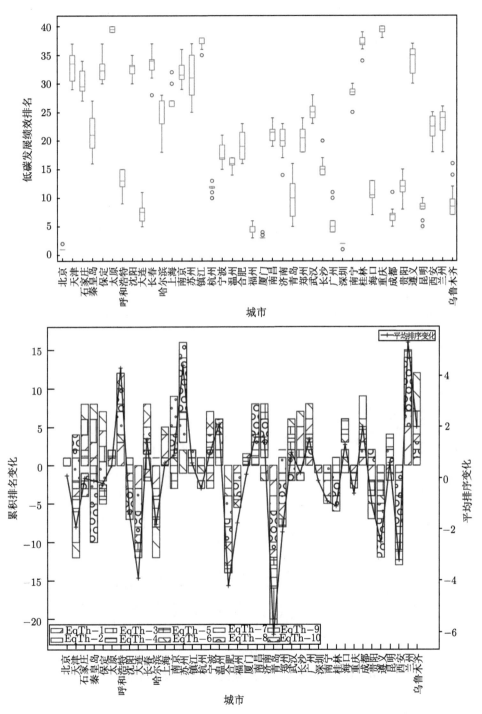

图 8.13 考虑 $q_j = p_j$ 时城市低碳发展绩效排序变化

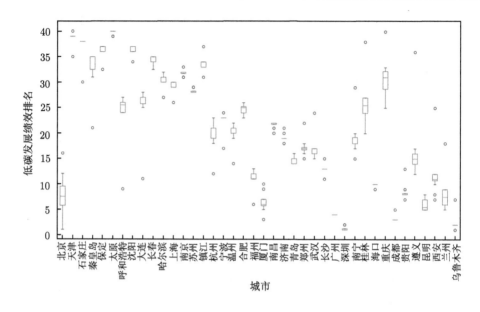

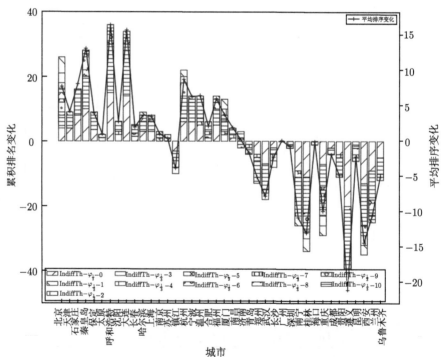

图 8.14　仅考虑 q_j 变化时城市低碳发展绩效排序变化

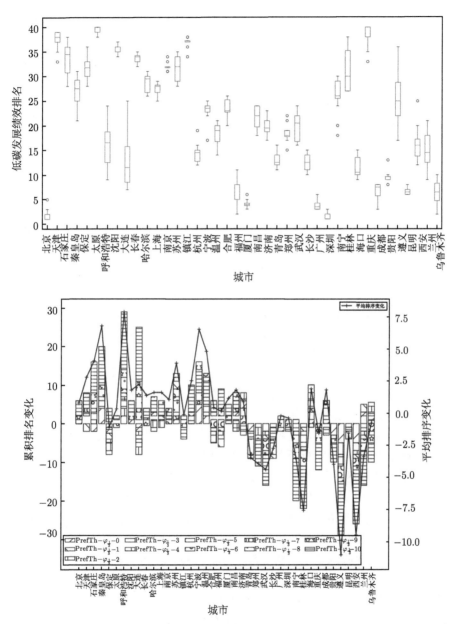

图 8.15 仅考虑 p_j 变化时城市低碳发展绩效排序变化

对比图 8.13、图 8.14 和图 8.15 的下方子图,除了保定、大连、合肥、福州、兰州和乌鲁木齐之外,在所有三种参数设定情况下,随着阈值的增加,各个城市低碳发展绩效排名累积变化率几乎均是按照同一个方向增加的。而保定、大连、合肥、福州、兰州和乌鲁木齐等城市的排名一般随着偏好阈值的增加而先下降再增加。一种可能的解释是，当偏好阈值增加到某个值后，这些城市某些指标原来呈现出的偏好关系转变为弱偏好关系。同时，我们还发现，基于 IndiffTh 参数设定的情况下，相对于其他两类参数，其累积排名变化率和平均变化率都发生了显著变化。综上，不同的指标阈值会对强非补偿综合指标模型的评估结果产生显著影响。如果指标阈值由决策者或专家组指定，则应明确和详细地说明指标及其阈值的含义，以便提高强非补偿综合指标模型的稳健性和有效性。

8.6.3　基于有意义综合指数的城市可持续发展评估

1. 城市环境可持续发展指标及其数据

该实证研究基于 Arcadis 和 CeBr 发布的 2016 年城市可持续发展指标体系。该指标体系从社会因素、环境因素和经济发展因素三个维度刻画城市的可持续发展状况。其中，社会因素包含人口统计、教育、收入不平等性、工作/生活均衡性、犯罪率、健康、可承担性指标；环境因素包含环境危险性、能源、绿地面积、空气质量、温室气体排放、垃圾管理、饮用水指标；经济发展因素包含交通基础设施、经济发展、商业友好性、旅游、交通便利性、失业率指标。该指标体系的统计分析见表 8-11。

如表 8-11 所示，所有指标值均为标准化数值，且在区间 [0,100] 范围内。部分指标，如教育、健康和能源等，其最大值小于 100 的原因是标准化时以第二最大值为基础进行了数据标准化。对比表 8-11 中各个指标的标准差，发现有 80% 的指标，其标准差大于 20，说明选取的城市的可持续发展现状可能处于不同的发展阶段。对比表 8-11 中指标平均值发现，不同城市之间的可持续发展指标差异较大，特别是发达地区的城市和处于发展中地区的城市之间。

正如前文所述，城市可持续发展原始数据已经过标准化，所有指标均满足"越大越好"的"效益型"指标特征。为了应用本章提出的综合指标模型对城市的可持续发展绩效进行评价，我们首先区分了"效益型"指标和"成本型"指标。其中，"成本型"指标包含收入不平等性、犯罪率、环境危险性、能源、空气质量和温室气体排放，余下的指标定义为"效益型"指标。为了提高"有基数意义"综合可持续发展指标模型的区分度，我们把"效益型"指标和"成本型"指标分别按照三个维度，以等权的方式，采用简单线性加权的方法聚合为三个维度值，然后输入对应的综合可持续发展指标模型。最后按照非补偿规则进行排序时，用指标等权的思想，分别赋予 CI^+ 和 CI^- 以 0.7 和 0.3 的权重。

表 8-11 城市可持续发展指标统计分析 (2016 年)

维度	指标	计数	平均值	标准差	最小值	25%	50%	75%	最大值
社会	人口统计	100	49.438	21.455	0.000	35.625	46.250	57.625	100.0
	教育	100	52.779	19.933	6.700	38.200	55.900	65.100	95.0
	收入不平等性	100	56.227	26.406	0.000	31.300	60.000	75.900	100.0
	工作/生活均衡性	100	53.929	23.766	0.000	39.400	62.700	70.700	100.0
	犯罪率	100	82.642	20.613	0.000	76.075	90.300	94.500	100.0
	健康	100	58.256	14.702	19.900	49.600	61.100	69.625	98.5
	可承担性	100	56.616	23.181	0.000	42.725	56.700	74.257	100.0
环境	环境危险性	100	53.832	26.825	0.000	38.000	53.500	69.000	100.0
	能源	100	53.871	18.318	17.700	45.750	51.700	67.200	90.6
	绿地面积	100	36.015	28.479	0.000	12.650	28.800	51.475	100.0
	空气质量	100	69.243	26.228	0.000	60.000	78.950	87.550	100.0
	温室气体排放	100	63.849	26.725	0.000	48.475	73.250	82.525	100.0
	垃圾管理	100	54.956	27.315	2.300	31.050	64.900	74.725	99.5
	饮用水	100	86.205	23.295	1.100	82.775	98.900	98.900	100.0
经济发展	交通基础设施	100	39.488	21.622	0.000	23.425	37.650	55.700	89.6
	经济发展	100	48.217	25.853	0.000	26.750	51.500	69.600	100.0
	商业友好性	100	57.334	29.117	0.000	29.425	64.900	83.900	100.0
	旅游	100	33.344	28.003	0.000	12.475	26.950	44.425	100.0
	交通便利性	100	59.957	18.016	12.400	49.775	64.650	72.075	96.5
	失业率	100	49.727	22.024	0.000	38.800	49.150	59.950	100.0

2. 主要结论

基于 "有基数意义" 综合可持续发展指标模型和可持续发展指标数据, 对世界上 100 个城市的可持续发展绩效进行分析, 其主要结果如图 8.16 所示。其中, 不同颜色代表城市所在的不同区域, 城市的点的大小代表其可持续发展绩效排序, 排序越靠前, 对应的点越大。图 8.16 中的横线和纵线分别代表 CI$^+$ 和 CI$^-$ 的平均值。CI$^+$ 和 CI$^-$ 的平均值线把图分为四个象限。根据模型 (8.15)~ 模型 (8.18) 的定义, 图 8.16 中城市越靠右下角, 其可持续绩效排名越好; 反之, 越接近左上角, 其可持续绩效排名越差。

如图 8.16 所示, 非洲城市的可持续发展绩效排名最低, 其次是中东地区、拉丁美洲地区及亚洲地区的城市。相对而言, 发达地区城市可持续发展绩效表现最好, 尤其是欧洲地区。欧洲的城市基本上排名在前 20。欧洲地区城市排名前十的有苏黎世、斯德哥尔摩、维也纳、汉堡、法兰克福、日内瓦、哥本哈根、阿姆斯特丹、鹿特丹、柏林。尽管如此, 部分欧洲地区的城市可持续发展绩效排名在 30 名以外, 如里昂 (33)、里斯本 (34)、都柏林 (35)、华沙 (38)、米兰 (39)、雅典 (46)、

莫斯科 (58)、伊斯坦布尔 (63)。雅典和莫斯科的 CI^+ 和 CI^- 指标分别低于平均值，而伊斯坦布尔的 CI^+ 和 CI^- 指标值甚至均低于平均值。大洋洲地区城市可持续发展绩效表现较为均衡。除堪培拉外，五个城市的表现值均高于平均值。而堪培拉的 CI^- 为 0.611，略微低于该指标的平均值。惠灵顿的可持续发展绩效在该地区排名第一，在所有评估城市中排名第 17，其次是悉尼、墨尔本、堪培拉和布里斯班，分别排名第 22、31、35 和 37。尽管堪培拉在 CI^- 指标和排名上并不是最好的，但其 $CI^+ = 1$，表明堪培拉的 CI^+ 指标可以作为其他城市改善可持续发展的标杆。与欧洲和大洋洲地区城市相比，除了温哥华 (21)、蒙特利尔 (26)、多伦多 (29)，北美洲地区的大部分城市至少在 CI^+ 或者 CI^- 指标上低于对应的平均值，迈阿密、坦帕、印第安纳波利斯和底特律等城市在 CI^+ 和 CI^- 指标上甚至均低于平均值。

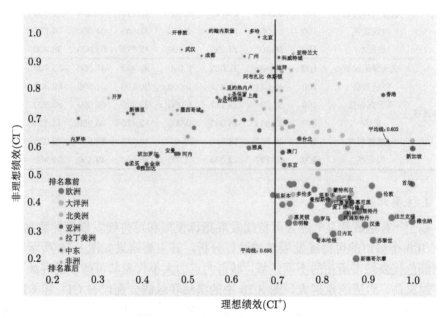

图 8.16　城市可持续发展绩效散点图

对于其他地区的城市，只有少数分散在图 8.16 右下方区域，即首尔、新加坡、东京、澳门，分别排在第 24、32、40 和 45 位。与堪培拉类似，首尔和新加坡在 CI^+ 指标上也可以被确定为其他城市改善可持续发展绩效的标杆。相对而言，台北和香港的可持续发展绩效排名最高，且台北的可持续发展绩效排名优于香港。尽管台北的 $CI^+ = 0.748$，远低于香港 (0.934)，然而台北的 CI^- 指标更接近其平均值。台北与香港相比表现出更均衡的可持续发展绩效，这可能是造成台北的可持续发展绩效排名优于香港的主要原因。此外，整体上看，在这些区域中，只有 7 个城市的可持续表现略好于 CI^+ 或者 CI^- 的平均水平。其余城市的绩效水平都远低于这两个指标。其中，北京、上海、广州等几个城市，特别是武汉和成都的可持续发展值得关注。这些城市被认为正在经历快速的经济发展，然而其可持续发展绩效及排名均表现较差，这可能表明它们的发展政策存在问题。

为了更好地理解非补偿"有基数意义"综合可持续发展指标模型机制，本章进一步以 CI^+ 和 CI^- 指标为基础，选取排名前十和排名最后十位的城市，分别见图 8.17 和图 8.18。虚线用于连接基于非补偿"有基数意义"综合可持续发展指标模型计算得出的城市可持续绩效排名，实线连接的城市可持续发展绩效排名则基于具有补偿性的 Slack BoD 综合可持续发展指标模型，这有利于分析指标间的补偿性对城市可持续发展绩效的影响。

从图 8.17 和图 8.18 可以看出，城市在单一绩效指标上的良好表现并不一定表明其最终排名将非常好。以香港为例，其 CI^+ 指标为 0.934，其排名在所有城市中为该指标前五位。然而，非补偿方法将其排在第 59 位，主要原因可能是其 CI^- 指标绩效较弱，只有 0.774，远低于平均水平，而非补偿排序方法不允许优秀的"效益型"指标与表现较差的"成本型"指标间存在可替代性。相反，通过补偿评估方法，香港可以排在第 22 位。相比较而言，我们可以得出结论，在补偿评估程序中，香港的 CI^+ 绩效至少部分抵消了 CI^- 绩效。这就不难理解为什么基于非补偿"有基数意义"的综合可持续发展指标对香港的可持续发展绩效赋予了较低的排名。类似地，也可以从其他城市的可持续发展绩效排名对比分析中得到一致的结论，例如图 8.17 中的布拉格、新加坡、首尔和堪培拉，图 8.18 中的多哈、北京、亚特兰大、广州、科威特城和迪拜。综上，基于某些补偿性综合指标方法的可持续性绩效评估可能会产生误导性的结果，掩盖城市的可持续发展模式，误导决策者。这就是我们建议将非补偿性综合指标应用于城市可持续发展绩效评估的主要原因，并提出了基于"有基数意义"的非补偿性方法。

此外，我们还可以从图 8.17 和图 8.18 中观察到，只有少数城市的可持续发展展现出了均衡的可持续发展模式，例如苏黎世、维也纳和法兰克福。从 CI^+ 和 CI^- 指标的角度，其他大多数城市的发展模式都是不平衡的。许多在 CI^+ 指标上表现优异的城市，其 CI^- 指标绩效甚至低于平均值，反之亦然。这可能会触发对发达地区和发展中地区城市发展模式的警报，促使它们出台更利于均衡发展的可持续发展政策，以实现更健康的城市发展。

Arcadis 和 CeBr 基于简单线性加权的方式及城市可持续发展指标体系，构建了综合可持续发展指标。图 8.19 为 Arcadis 和 CeBr 的方法结果与本章提出的方法结果的相关性分析。图 8.19 显示，两种方法计算得出的城市可持续发展绩效在 1%显著性水平上存在强相关性。Spearman 相关性检验与传统的统计相关性分析结果一致。特别是，CI$^+$ 指标的可持续绩效与 Arcadis 和 CeBr 的可持续绩效的相关系数高于 0.9。尽管负相关系数略低，但强相关性可能意味着排名对于不同城市的聚合规则的选择具有较强的鲁棒性。

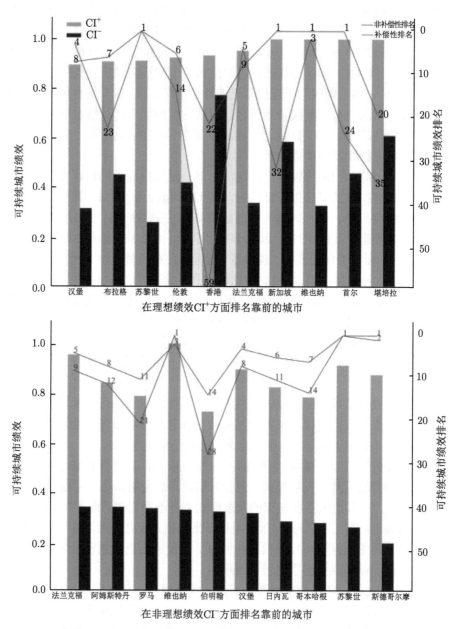

图 8.17　基于 CI$^+$ 和 CI$^-$ 指标排名前十城市可持续发展绩效分析

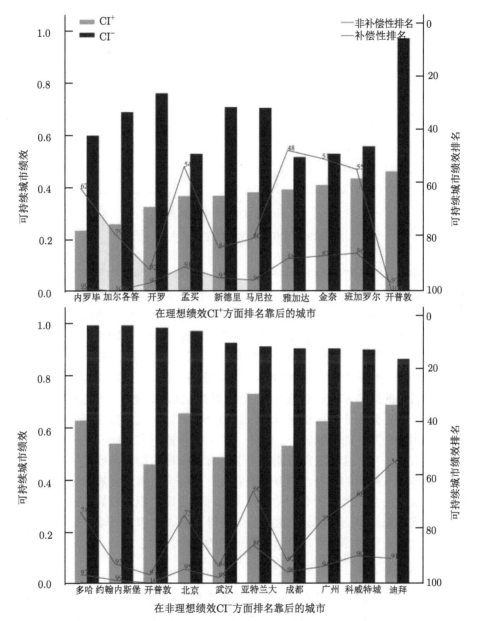

图 8.18　基于 CI^+ 和 CI^- 指标排名后十城市可持续发展绩效分析

此外，本节还检验了两种聚合方法得出的城市可持续发展绩效是否存在显著差异。首先，设定原假设为城市可持续绩效不受不同聚合方法选择的影响。由于样本总体可能不符合正态分布，Wilcoxon signed-rank 非参数检验方法被用来检验原假设是否应被拒绝或接受。应该指出的是，该检验基于两种不同聚合方法计

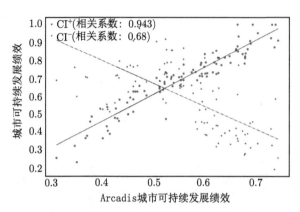

图 8.19   城市可持续发展绩效相关性分析

算的最终排名。检验结果如下：$T = 1383$，$p = 0.000$，表明在 1% 显著水平下，原假设不成立，即两种聚合方法得出的城市可持续发展绩效存在显著差异。

为了进一步研究差异，本节比较了两种聚合方法评估结果的排名差异。结果显示，46% 的城市可持续发展绩效受到聚合方法选择的显著影响，其中大多数位于沿海地区。但有一些例外，如亚特兰大、芝加哥、达拉斯、新德里。相比之下，其余城市的表现受聚合方法影响较小，占总数的 58%。在这 58% 的城市中，有60% 以上城市的排名差异绝对值小于 5，除成都、武汉、曼谷、吉达和墨西哥城等城市以外，主要分布于发达国家或地区。结合图 8.16，发现排名靠前和排名靠后的城市受到聚合方法的影响较小。例如，图 8.16 中靠近右下角和左上角的城市排名差异通常小于 5。这种现象可能是由于所有子指标的均衡发展模式造成的。例如，基于本章节提出的非补偿"有基数意义"的综合可持续发展指标模型和简单线性加权法，法兰克福在所有可持续发展指标中表现出相对较好的绩效，所有子指标值通常都超过第三个四分位数，分别获得了第 5 名和第 6 名。分析其他诸如成都、武汉和开普敦等城市，可以得到一致的结论。

3. 敏感性分析

正如前面章节所述，综合指标模型通常需要进行敏感性分析，以提高其鲁棒性。传统综合指标构建过程中的不确定性主要来自选择的主观性，例如可持续发展指标的选择、数据的标准化方法、权重的确定及聚合方法。指标的不确定性分析可以通过排除个别指标来完成。但是，我们认为衡量可持续城市绩效的每个指标都很重要。排除指标可能会破坏可持续指标框架的完整性。关于数据标准化和指标权重的不确定性，因为非补偿性"有基数意义"综合可持续发展指标模型基于一系列线性规划模型，无须任何数据标准化，通过求解线性规划模型，按最优原则赋予各个指标权重。因此，非补偿性"有基数意义"综合可持续发展指标模型基本不受数据标准化和权重不确定性的影响。非补偿性"有基数意义"综合可持续发展指标模型的不确定性因素主要来源于非补偿排序规则中 CI^+ 和 CI^- 指标权重的确定。因此，在本小节主要分析不同 CI^+ 和 CI^- 指标权重组合对综合可持续发展绩效排序的影响。

为此，本节设定八组权重组合，分别基于非补偿性"有基数意义"综合可持续发展指标模型对 100 个城市的可持续发展绩效进行排序。另外，验证 $w_{CI+} = 0.7$ 和 $w_{CI-} = 0.3$ 时的结果与简单线性加权评价结果是否有显著差异。权重组合和 Wilcoxon signed-rank 非参数检验结果如表 8-12 所示。排名箱型图如图 8.20 所示。

表 8-12　Wilcoxon signed-rank 统计检验结果

方法		w_{CI+}	0.9	0.8	0.6	0.5	0.4	0.3	0.2	0.1
		w_{CI-}	0.1	0.2	0.4	0.5	0.6	0.7	0.8	0.9
$w_{CI+} = 0.7$	$w_{CI-} = 0.3$	T	2027	2450	1829	1695	1537	1467	1434	1412
		p	0.118	0.930	0.015	0.005	0.003	0.000	0.000	0.000
SAW		T	1564	1405	1463	1568	1647	1695	1776	1842
		p	0.001	0.000	0.000	0.001	0.003	0.004	0.010	0.019

从图 8.20 可以看出，超过一半城市的可持续绩效排名对 CI^+ 和 CI^- 指标权重较为敏感，尤其是部分亚洲地区的城市，如香港、雅加达、金奈、班加罗尔和孟买。相比之下，除了北美洲地区的休斯敦、匹兹堡、亚特兰大和旧金山，欧洲和北美洲地区的城市排名更加稳定。尽管如此，图 8.20 所示的结果意味着 CI^+ 和 CI^- 指标权重对可持续城市绩效的排名有显著影响。Wilcoxon signed-rank 非参数检验结果也验证了此结论。表 8-12 显示，在 5% 的显著性水平下，除了 $CI^+ = 0.9$、$CI^- = 0.1$ 和 $CI^+ = 0.8$、$CI^- = 0.2$ 两种权重组合外，其他情况下，原假设均被拒绝。$CI^+ = 0.9$、$CI^- = 0.1$ 和 $CI^+ = 0.8$、$CI^- = 0.2$ 两种权重组合下 p 值均大于 5%。当 w_{CI+} 在区间 [0.7, 0.9] 范围内取值及 w_{CI-} 在区间 [0.1, 0.3] 范围内取值，且保证 $w_{CI-} + w_{CI+} = 1$ 时，城市的可持续发展绩效排序具有一致性。此外，在 5% 的显著性水平下，与基于简单线性加权方法的结果对比显示，所有八组权重组合下的排序结果与基于简单线性加权方法的结果均具有较大差异。

8.7　本 章 小 结

如前所述，指数的非补偿性能够有效避免掩盖评价主体的非均衡发展状态；而有意义性可以使综合环境指数跨时空比较。本章的研究工作从理论和方法上完善了综合环境指数，相关研究成果已发表在 *Journal of Environmental Economics and Management*、*Ecological Economics*、*European Journal of Opera-*

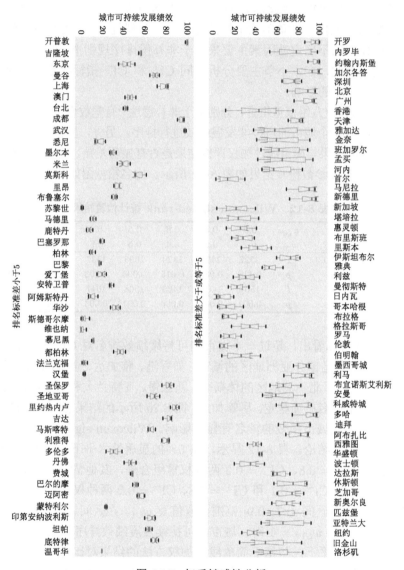

图 8.20　权重敏感性分析

tional Research、*Natural Hazards* 等环境和运筹学领域富有影响力的期刊上。

　　首先，本章基于惩罚的思想，引入指标阈值的概念，构建单向惩罚函数，以此约束环境可持续发展指标间的补偿能力；把构建的单向惩罚函数嵌入传统综合指标构建框架，建立了弱非补偿综合指标模型。其次，本章基于非补偿多属性决策方法，改进了其计算复杂度，提出了改善的非补偿综合指标模型，即强非补偿综合指标模型。该模型不但能够约束表现较好的指标替代表现较差的指标，而且能够灵活地整合定性和定量环境指标。最后，本章基于"有基数意义"定义，从生产效率视角，为评估可持续城市环境绩效构建了有基数意义的综合指数。在考虑多种指标尺度转换时，该综合环境指数不仅可以保证城市环境可持续绩效排名顺序，还可以保证相对绩效的差距不变。最后，通过实证分析，验证了以上综合指标模型的有效性。

参 考 文 献

Arcadis. 2016. Sustainable Cities Index. Arcadis and the Centre of Economic and Business Research.

Attardi R, Cerreta M, Sannicandro V, et al. 2018. Non-compensatory composite indicators for evaluation of urban planning policy: The Land-Use Policy Efficiency Index (LUPEI). European Journal of Operational Research, 264(2): 491-507.

Baettig M B, Brander S, Imboden D M. 2008. Measuring countries' cooperation within the international climate change regime. Environmental Science and Policy, 11(6): 478-489.

Barbier E B, Markandya A, Pearce D W. 1990. Environmental sustainability and cost-benefit analysis. Environment and Planning A: Economy and Space, 22(9): 1259-1266.

Becker W, Saisana M, Paruolo P, et al. 2017. Weights and importance in composite indicators: Closing the gap. Ecological Indicators, 80: 12-22.

Blancas F J, Caballero R, González M, et al. 2010. Goal programming synthetic indicators: An application for sustainable tourism in Andalusian coastal counties. Ecological Economics, 69(11): 2158-2172.

Böhringer C, Jochem P E P. 2007. Measuring the immeasurable—A survey of sustainability indices. Ecological Economics, 63(1): 1-8.

Cooper W W, Park K S, Pastor J T. 1999. RAM: A range adjusted measure of inefficiency for use with additive models, and relations to other models and measures in DEA. Journal of Productivity Analysis, 11(1): 5-42.

Cooper W W, Pastor J T, Borras F, et al. 2011. BAM: A bounded adjusted measure of efficiency for use with bounded additive models. Journal of Productivity Analysis, 35(2): 85-94.

Daly H E. 1992. Allocation, distribution, and scale: Towards an economics that is efficient, just, and sustainable. Ecological Economics, 6(3): 185-193.

Despotis D K. 2005. A reassessment of the human development index via data envelopment analysis. Journal of the Operational Research Society, 56(8): 969-980.

Diaz-Balteiro L, González-Pachón J, Romero C. 2017. Measuring systems sustainability with multicriteria methods: A critical review. European Journal of Operational Research, 258(2): 607-616.

Diaz-Balteiro L, Romero C. 2004. In search of a natural systems sustainability index. Ecological Economics, 49(3): 401-405.

DTI. 2003. UK Energy White Paper: Our Energy Future - Creating A Low Carbon Economy. London: TSO Department of Trade and Industry.

Ebert U, Welsch H. 2004. Meaningful environmental indices: A social choice approach. Journal of Environmental Economics and Management, 47(2): 270-283.

Eckstein D, Künzel V, Schäfer L. 2017. Global climate risk index 2018: who suffers most from extreme weather events? Weather-related loss events in 2016 and 1997 to 2016. Germanwatch e.V.

Fukuyama H, Weber W L. 2009. A directional slacks-based measure of technical inefficiency. Socio-Economic Planning Sciences, 43(4): 274-287.

Fusco E. 2015. Enhancing non-compensatory composite indicators: A directional proposal. European Journal of Operational Research, 242(2): 620-630.

Hailu A, Veeman T S. 2001. Non-parametric productivity analysis with undesirable outputs: An application to the Canadian pulp and paper industry. American Journal of Agricultural Economics, 83(3): 605-616.

Keeney R L, Raiffa H. 1993. Decisions with Multiple Objectives: Preferences and Value Trade-offs. Cambridge: Cambridge University Press.

Lin J Y. 2004. Is China's growth real and sustainable? Asian Perspective, 28(3): 5-29.

Liu Z. 2016. China's carbon emissions report 2016: Regional carbon emissions and the implication for China's low carbon development. Harvard Kennedy School Belfer Center Report.

Lovell C A K, Pastor J T, Turner J A. 1995. Measuring macroeconomic performance in the OECD: A comparison of European and non-European countries. European Journal of Operational Research, 87(3): 507-518.

Mori K, Christodoulou A. 2012. Review of sustainability indices and indicators: Towards a new city sustainability index (CSI). Environmental Impact Assessment Review, 32(1): 94-106.

Munda G. 2005. "Measuring sustainability": A multi-criterion framework. Environment, Development and Sustainability, 7(1): 117-134.

Munda G, Nardo M. 2009. Noncompensatory/nonlinear composite indicators for ranking countries: A defensible setting. Applied Economics, 41(12): 1513-1523.

OECD. 2008. Handbook on Constructing Composite Indicators: Methodology and User Guide.

Rogge N. 2018. Composite indicators as generalized benefit-of-the-doubt weighted averages. European Journal of Operational Research, 267(1): 381-392.

Rowley H V, Peters G M, Lundie S, et al. 2012. Aggregating sustainability indicators: Beyond the weighted sum. Journal of Environmental Management, 111: 24-33.

Roy B. 1991. The out ranking approach and the foundations of electret methods. Theory and Decision, 31(1): 49-73.

Roy B, Figueira J R, Almeida-Dias J. 2014. Discriminating thresholds as a tool to cope with imperfect knowledge in multiple criteria decision aiding: Theoretical results and practical issues. Omega, 43: 9-20.

Solow R M. 1957. Technical change and the aggregate production function. Review of Economics and Statistics, 39(3): 312-320.

Tan S, Yang J, Yan J, et al. 2017. A holistic low carbon city indicator framework for sustainable development. Applied Energy, 185: 1919-1930.

Tofallis C. 2013. An automatic-democratic approach to weight setting for the new human development index. Journal of Population Economics, 26(4): 1325-1345.

Truong T D, Adamowicz W L V, Boxall P C. 2015. Modeling non-compensatory preferences in environmental valuation. Resource and Energy Economics, 39: 89-107.

UN. 2015. Transforming Our World: The 2030 Agenda for Sustainable Development. Resolution Adopted by the General Assembly.

Van Puyenbroeck T, Rogge N. 2017. Geometric mean quantity index numbers with benefit-of-the-doubt weights. European Journal of Operational Research, 256(3): 1004-1014.

Verbunt P, Rogge N. 2018. Geometric composite indicators with compromise benefit-of-the-doubt weights. European Journal of Operational Research, 264(1): 388-401.

Young A. 1995. The tyranny of numbers: Confronting the statistical realities of the East Asian growth experience. Quarterly Journal of Economics, 110(3): 641-680.

Yu L. 2014. Low carbon eco-city: New approach for Chinese urbanization. Habitat International, 44: 102-110.

Zanella A, Camanho A S, Dias T G. 2015. Undesirable outputs and weighting schemes in composite indicators based on data envelopment analysis. European Journal of Operational Research, 245(2): 517-530.

Zhang L P, Zhou P. 2018. A non-compensatory composite indicator approach to assessing low-carbon performance. European Journal of Operational research, 270(1): 352-361.

Zhang L P, Zhou P. 2019. Reassessment of global climate risk: Non-compensatory or compensatory? Natural Hazards, 95(1-2): 271-287.

Zhou P, Ang B W, Poh K L. 2007. A mathematical programming approach to constructing composite indicators. Ecological Economics, 62(2): 291-297.

Zhou P, Ang B W, Zhou D Q. 2010. Weighting and aggregation in composite indicator construction: A multiplicative optimization approach. Social Indicators Research, 96(1): 169-181.

Zhou P, Ang B W, Zhou D Q. 2012. Measuring economy-wide energy efficiency performance: A parametric frontier approach. Applied Energy, 90(1): 196-200.

Zhou P, Delmas M A, Kohli A. 2017. Constructing meaningful environmental indices: A nonparametric frontier approach. Journal of Environmental Economics and Management, 85: 21-34.

第 9 章 绩效测度视角下的减排成本评估

9.1 研 究 概 述

在能源与环境绩效相关分析中，减排成本评估是一项重要内容。减排成本具有不同的内涵和表述方式，其中一种是用一定生产技术水平下减少一单位非期望产出排放所导致的收入减少量或成本增加量来定义的边际减排成本。边际减排成本研究能够为国际气候谈判、省区间减排任务分配等提供决策依据，具有明确的现实意义和研究价值 (Delarue et al., 2010；周鹏等，2014)。

Zhou 等 (2014) 综述了现有的边际减排成本测度模型，指出基于绩效测度视角的影子价格分析模型是边际减排成本评估的重要方法和研究前沿。影子价格模型的优势在于无须考虑外部环境规制，仅需投入和产出数量信息及期望产出的价格信息，且研究对象可以覆盖多个层面。具体思路一般是：首先，明确包含非期望产出的生产技术性质，通过谢泼德或方向距离函数获取投入和产出之间的技术关联；接着，利用距离函数与成本、收益或利润函数之间的对偶关系推导非期望产出的影子价格；最后，选择参数或非参数方法估计距离函数并最终计算出各观测单元非期望产出的影子价格。

影子价格分析框架的核心是生产技术的刻画，合理构造并估计生产技术能够确保影子价格测算结果的合理性 (Zhou et al., 2015)。生产技术的构造通常采用距离函数方法，而距离函数的估计既可以使用线性规划方法也可以使用计量经济学方法。基于这些认识，现有研究者对影子价格模型的研究主要体现在改进距离函数和拓展估计方法两个方面。

1. 距离函数

生产技术揭示了投入要素 (包括资本、劳动、能源等) 和产出要素 (期望产出和非期望产出) 之间的技术关联，距离函数的作用则在于具体反映这种关联。Färe 等 (1993) 较早使用超越对数形式的谢泼德产出距离函数构造了环境 DEA 技术。他们认为，产出距离函数相对于传统生产函数有诸多优点，如便于对多投入和多产出的生产过程建模、满足非期望产出的弱可处置性及易于进行影子价格推导等。在这之后，基于谢泼德产出距离函数的影子价格模型得到了广泛应用 (Zhou et al., 2014)。除此之外，投入导向的谢泼德距离函数也被一些研究者用于测算影子价格，如 Hailu 和 Veeman(2000)、Lee 和 Zhang(2012) 等。随后，距离函数由最初的谢泼德距离函数发展到更灵活、更一般化的方向距离函数 (Chambers et al., 1998; Chung et al., 1997)。相比于谢泼德距离函数，方向距离函数因方向向量的引入而在构造环境 DEA 技术时显得更为灵活。更重要的是，方向距离函数能够激励生产单位同时增加期望产出和减少非期望产出，更符合低碳经济发展的内在要求。在文献中，方向距离函数主要用于处理期望产出与非期望产出之间的关系，因而研究者一般使用产出导向的方向距离函数估计影子价格。近年来，一些拓展形式如非径向方向距离函数逐渐被用于构造环境 DEA 技术和测算影子价格 (Zhou et al., 2012; Choi et al., 2012)。

2. 参数估计方法

参数方法与非参数方法的主要区别在于是否需要预先设定距离函数的具体函数形式。虽然参数方法需要预先设定具体的距离函数形式，但函数的可导性使其便于计算影子价格，同时赋予了影子价格明确的经济含义。一般情况下，谢泼德距离函数设定成超越对数函数形式 (Färe et al., 1993；Pittman, 1981)，而方向距离函数则设定为二次函数形式 (Chambers et al., 1998; Färe et al., 2005)。函数形式选定后，可以采用线性规划 (Aigner and Chu, 1968) 或随机前沿分析 (Kumbhakar and Lovell, 2000) 进行估计。这两种参数估计方法各有优势，其中，线性规划不考虑随机误差，相对随机前沿分析而言计算过程更为简便，是现有研究最常采用的方法；而随机前沿分析能够检验随机误差，使影子价格测算结果更为精准。不过需要注意的是，后者所需数据量较大，且可能无法满足环境 DEA 技术及距离函数的一些基本性质 (Färe et al., 2005)。

3. 非参数估计方法

非参数估计方法的基本思想是利用 DEA 技术来估计各种类型的距离函数，如谢泼德距离函数 (Turner，1994)、方向距离函数 (Lee et al., 2002) 或非径向方向距离函数 (Zhou et al., 2012) 等。非参数估计方法的一大好处是无需对距离函数施加先验的函数形式，但由于其不对非期望产出的影子价格施加符号限制，因而其估算的影子价格符号可正可负。考虑到 DEA 作为一种确定性方法存在着忽略随机误差等问题，Kuosmanen 和 Kortelainen(2012) 提出了随机非参数数据包络分析方法。随后该方法被用于测算非期望产出的影子价格 (Mekaroonreung and Johnson，2012)。

一般而言，不同影子价格模型的测算结果有较大差异，然而在模型选用上目前并无公认标准。对于影子价格模型内部的一些关键环节，如方向距离函数中的方向向量、非参数方法中二氧化碳的约束条件等，不同的设定可能使测算结果出现较大差异。另外，现有研究多应用产出导向测度影子价格，很少有模型能够同时兼顾投入和产出导向，从而有可能高估边际减排成本 (Rødseth，2013)。基于以上认识，本章首先对影子价格模型进行概述，接着对模型内部的关键环节进行讨论。本章还将介绍基于投入导向的边际减排成本模型，从而为减排措施提供选择依据。本章最后利用上海 10 个碳交易试点行业数据开展实证分析。

9.2　距离函数估计

假设在一个同时包含期望产出和非期望产出的生产过程中，投入变量为 $\boldsymbol{x} = (x_1, x_2, \cdots, x_N)^{\mathrm{T}} \in \Re_+^N$，期望产出变量为 $\boldsymbol{y} = (y_1, y_2, \cdots, y_M)^{\mathrm{T}} \in \Re_+^M$，非期望产出变量为 $\boldsymbol{b} = (b_1, b_2, \cdots, b_W)^{\mathrm{T}} \in \Re_+^W$。环境 DEA 技术可利用如下产出可能集 $P(\boldsymbol{x})$ 或投入需求集 $L(\boldsymbol{y}, \boldsymbol{b})$ 来表示：

$$P(\boldsymbol{x}) = \{(\boldsymbol{y}, \boldsymbol{b}) : \boldsymbol{x} \text{ 可以生产}(\boldsymbol{y}, \boldsymbol{b})\}$$
$$L(\boldsymbol{y}, \boldsymbol{b}) = \{\boldsymbol{x} : \text{生产 } (\boldsymbol{y}, \boldsymbol{b}) \text{ 需要 } \boldsymbol{x}\} \tag{9.1}$$

式中，投入和期望产出变量通常满足强可处置性，即在给定产出下，额外增加投入要素是技术可行的；在给定投入的情况下，进一步减少期望产出是技术可行的。

随着环境污染和气候变化问题日益得到重视，许多国家的环境规制力度不断加强。在此背景下，假设期望和非期望产出的联合生产具有弱可处置性，且具有一定的现实合理性。弱可处置性的具体表示方法可参见第 2 章。除此之外，环境 DEA 技术还假设非期望产出具有零结合性，数学表述如下所示。

$$\text{产出导向：若}(\boldsymbol{y}, \boldsymbol{b}) \in P(\boldsymbol{x}) \text{ 且}\boldsymbol{b} = 0, \text{则 } \boldsymbol{y} = 0$$
$$\text{投入导向：若}\boldsymbol{x} \in L(\boldsymbol{y}, \boldsymbol{b}) \text{ 且 } \boldsymbol{b} = 0, \text{ 则 } \boldsymbol{y} = 0 \tag{9.2}$$

零结合性表明除非停产，否则整个生产过程将不可避免地排放非期望产出。弱可处置性和零结合性是环境 DEA 技术区别于传统生产技术的主要假设。在构造生产技术时，除了要满足上述有关投入产出要素的假设以外，一般还要求 $P(\boldsymbol{x})$ 满足规模报酬的有关假设。本章假设规模报酬不变。

距离函数与收益、成本、利润等函数的对偶关系是推导影子价格公式的基础。具体而言，谢泼德产出距离函数与收益函数互为对偶，谢泼德投入距离函数与成本函数互为对偶，方向距离函数与利润函数互为对偶。基于对偶关系，应用拉格朗日方法和谢泼德引理即可分别得到产出导向、投入导向及方向距离函数情形下的影子价格计算公式，如式 (9.3) 所示：

$$r_b = r_y \cdot \frac{\partial D_o(\boldsymbol{x}, \boldsymbol{y}, \boldsymbol{b})/\partial \boldsymbol{b}}{\partial D_o(\boldsymbol{x}, \boldsymbol{y}, \boldsymbol{b})/\partial \boldsymbol{y}}$$

$$r_b = r_y \cdot \frac{\partial D_i(\boldsymbol{x}, \boldsymbol{y}, \boldsymbol{b})/\partial \boldsymbol{b}}{\partial D_i(\boldsymbol{x}, \boldsymbol{y}, \boldsymbol{b})/\partial \boldsymbol{y}}$$

$$r_b = -r_y \cdot \frac{\partial \vec{D}_o(\boldsymbol{x}, \boldsymbol{y}, \boldsymbol{b}; \boldsymbol{g}_y, -\boldsymbol{g}_b)/\partial \boldsymbol{b}}{\partial \vec{D}_o(\boldsymbol{x}, \boldsymbol{y}, \boldsymbol{b}; \boldsymbol{g}_y, -\boldsymbol{g}_b)/\partial \boldsymbol{y}} \tag{9.3}$$

式中，r_b 表示非期望产出的影子价格；r_y 则表示期望产出的影子价格，一般假定 r_y 与期望产出的市场价格相等 (Färe et al., 1993)。

估计距离函数的方法有参数和非参数两种，主要区别在于是否需要预先设定距离函数的函数形式。我们对不同估计方法分别进行介绍。

9.2.1 参数估计方法

在参数方法中，常用函数形式有超越对数函数和二次函数两种，二者的主要区别在于后者能够满足方向距离函数特有的转换性质。因此，在文献中谢泼德距离函数一般采用超越对数形式，如式 (9.4) 所示；方向距离函数则一般采用二次函数形式，如式 (9.5) 所示。

$$
\begin{aligned}
\ln D(\boldsymbol{x}, \boldsymbol{y}, \boldsymbol{b}) =& \alpha_0 + \sum_n \alpha_n \ln x_n + \sum_m \alpha_m \ln y_m + \sum_w \alpha_w \ln b_w \\
& + \frac{1}{2} \sum_n \sum_{n'} \gamma_{nn'} \ln x_n \ln x_{n'} + \frac{1}{2} \sum_m \sum_{m'} \gamma_{mm'} \ln y_m \ln y_{m'} \\
& + \frac{1}{2} \sum_w \sum_{w'} \gamma_{ww'} \ln b_w \ln b_{w'} + \sum_m \sum_w \gamma_{mw} \ln y_m \ln b_w \\
& + \sum_n \sum_m \beta_{nm} \ln x_n \ln y_m + \sum_n \sum_w \beta_{nw} \ln x_n \ln b_w \\
& \gamma_{nn'} = \gamma_{n'n}, \ n \neq n'; \ \gamma_{mm'} = \gamma_{m'm}, \ m \neq m'; \ \gamma_{ww'} = \gamma_{w'w}, w \neq w'
\end{aligned}
\tag{9.4}
$$

$$
\begin{aligned}
\vec{D}(\boldsymbol{x}, \boldsymbol{y}, \boldsymbol{b}; \boldsymbol{g}_y, -\boldsymbol{g}_b) =& \alpha_0 + \sum_n \alpha_n x_n + \sum_m \alpha_m y_m + \sum_w \alpha_w b_w + \frac{1}{2} \sum_n \sum_{n'} \gamma_{nn'} x_n x_{n'} \\
& + \frac{1}{2} \sum_m \sum_{m'} \gamma_{mm'} y_m y_{m'} + \frac{1}{2} \sum_w \sum_{w'} \gamma_{ww'} b_w b_{w'} \\
& + \sum_m \sum_w \gamma_{mw} y_m b_w + \sum_n \sum_m \beta_{nm} x_n y_m + \sum_n \sum_w \beta_{nw} x_n b_w \\
& \gamma_{nn'} = \gamma_{n'n}, \ n \neq n'; \ \gamma_{mm'} = \gamma_{m'm}, \ m \neq m'; \\
& \gamma_{ww'} = \gamma_{w'w}, \ w \neq w'
\end{aligned}
\tag{9.5}
$$

式中，x_n 或 $x_{n'}$ 表示第 n 或 n' 种投入；y_m 或 $y_{m'}$ 表示第 m 或 m' 种期望产出；b_w 或 $b_{w'}$ 表示第 w 或 w' 种非期望产出。

　　在确定距离函数形式之后，可以用确定性的线性规划方法或随机前沿分析方法进行参数的估计。线性规划方法与随机前沿分析方法相比较为简便，在文献中最为常用。线性规划的目标是寻找一组参数使得不同观测单元的距离函数值到环境 DEA 技术前沿的离差和最小，约束条件是环境 DEA 技术、距离函数和函数形式的基本性质和假设。不同导向的距离函数的线性规划形式基本一致 (Färe et al., 1993; Zhang and Folmer, 1998)，分别如式 (9.6)、式 (9.7) 和式 (9.8) 所示。

$$\max \quad \sum_i [\ln D_o (\boldsymbol{x}_i, \boldsymbol{y}_i, \boldsymbol{b}_i) - \ln 1]$$

$$\text{s.t.} \quad \ln D_o (\boldsymbol{x}_i, \boldsymbol{y}_i, \boldsymbol{b}_i) \leqslant 0;$$

$$\partial D_o (\boldsymbol{x}_i, \boldsymbol{y}_i, \boldsymbol{b}_i) / \partial \ln \boldsymbol{y}_i \geqslant 0;$$

$$\partial D_o (\boldsymbol{x}_i, \boldsymbol{y}_i, \boldsymbol{b}_i) / \partial \ln \boldsymbol{b}_i \leqslant 0;$$

$$\partial D_o (\boldsymbol{x}_i, \boldsymbol{y}_i, \boldsymbol{b}_i) / \partial \ln \boldsymbol{x}_i \leqslant 0;$$

$$\sum_m \alpha_m + \sum_w \alpha_w = 1;$$

$$\sum_m \sum_{m'} \gamma_{mm'} + \sum_w \sum_{w'} \gamma_{ww'} + \sum_m \sum_w \gamma_{mw} = 0;$$

$$\sum_n \sum_m \beta_{nm} + \sum_n \sum_w \beta_{nw} = 0;$$

$$\gamma_{nn'} = \gamma_{n'n}, n \neq n'; \gamma_{mm'} = \gamma_{m'm}, m \neq m';$$

$$\gamma_{ww'} = \gamma_{w'w}, w \neq w' \tag{9.6}$$

$$\min \quad \sum_i [\ln D_i (\boldsymbol{x}_i, \boldsymbol{y}_i, \boldsymbol{b}_i) - \ln 1]$$

$$\text{s.t.} \quad \ln D_i (\boldsymbol{x}_i, \boldsymbol{y}_i, \boldsymbol{b}_i) \geqslant 0;$$

$$\partial D_i (\boldsymbol{x}_i, \boldsymbol{y}_i, \boldsymbol{b}_i) / \partial \ln \boldsymbol{y}_i \leqslant 0;$$

$$\partial D_i (\boldsymbol{x}_i, \boldsymbol{y}_i, \boldsymbol{b}_i) / \partial \ln \boldsymbol{b}_i \geqslant 0;$$

$$\partial D_i (\boldsymbol{x}_i, \boldsymbol{y}_i, \boldsymbol{b}_i) / \partial \ln \boldsymbol{x}_i \geqslant 0;$$

$$\sum_n \alpha_n = 1; \sum_n \sum_{n'} \gamma_{nn'} = 0;$$

$$\sum_n \sum_m \beta_{nm} + \sum_n \sum_w \beta_{nw} = 0;$$

$$\gamma_{nn'} = \gamma_{n'n}, n \neq n'; \gamma_{mm'} = \gamma_{m'm}, m \neq m';$$

$$\gamma_{ww'} = \gamma_{w'w}, w \neq w' \tag{9.7}$$

$$\min \quad \sum_i \left[\vec{D}_o\left(\boldsymbol{x}_i, \boldsymbol{y}_i, \boldsymbol{b}_i; \boldsymbol{g}_y, -\boldsymbol{g}_b\right) - 0 \right]$$

$$\text{s.t.} \quad \vec{D}_o\left(\boldsymbol{x}_i, \boldsymbol{y}_i, \boldsymbol{b}_i; \boldsymbol{g}_y, -\boldsymbol{g}_b\right) \geqslant 0;$$

$$\partial\vec{D}_o\left(\boldsymbol{x}_i, \boldsymbol{y}_i, \boldsymbol{b}_i; \boldsymbol{g}_y, -\boldsymbol{g}_b\right) / \partial\boldsymbol{y}_i \leqslant 0;$$

$$\partial\vec{D}_o\left(\boldsymbol{x}_i, \boldsymbol{y}_i, \boldsymbol{b}_i; \boldsymbol{g}_y, -\boldsymbol{g}_b\right) / \partial\boldsymbol{b}_i \geqslant 0;$$

$$\partial\vec{D}_o\left(\boldsymbol{x}_i, \boldsymbol{y}_i, \boldsymbol{b}_i; \boldsymbol{g}_y, -\boldsymbol{g}_b\right) / \partial\boldsymbol{x}_i \geqslant 0;$$

$$\boldsymbol{g}_y \sum_m \alpha_m - \boldsymbol{g}_b \sum_w \alpha_w = -1;$$

$$\boldsymbol{g}_y \sum_m \sum_{m'} \gamma_{mm'} - \boldsymbol{g}_b \sum_m \sum_w \gamma_{mw} = 0;$$

$$\boldsymbol{g}_y \sum_m \sum_w \gamma_{mw} - \boldsymbol{g}_b \sum_w \sum_{w'} \gamma_{ww'} = 0;$$

$$\boldsymbol{g}_y \sum_n \sum_m \beta_{nm} - \boldsymbol{g}_b \sum_n \sum_w \beta_{nw} = 0;$$

$$\gamma_{nn'} = \gamma_{n'n}, n \neq n'; \gamma_{mm'} = \gamma_{m'm}, m \neq m';$$

$$\gamma_{ww'} = \gamma_{w'w}, w \neq w' \tag{9.8}$$

式中，i 表示第 i 个观测单元。上面的三组参数模型可分别称为 T-ODF、T-IDF 和 Q-DDF 模型，所估计的距离函数分别对应谢泼德产出距离函数、谢泼德投入距离函数和方向距离函数。其中，谢泼德产出和投入距离函数使用超越对数形式，而方向距离函数使用二次形式。谢泼德产出距离函数的投射法则是在投入不变的情况下同时扩张所有产出，谢泼德投入距离函数的投射法则是在给定产出组合的情况下同时缩减所有投入，而方向距离函数则同时扩张期望产出和缩减非期望产出。

线性规划方法的缺点在于无法检验随机误差,这一点随机前沿分析可以弥补。不过，随机前沿分析在测算影子价格时所需数据量较大，也有可能不满足环境 DEA 技术和距离函数的一些性质 (Färe et al., 2005)，因此在研究中应用不多。

9.2.2 非参数估计方法

估计方向距离函数的非参数模型 (即 DEA-DDF) 如式 (9.9) 所示:

$$\vec{D}_o(\boldsymbol{x}, \boldsymbol{y}, \boldsymbol{b}; \boldsymbol{g}_y, \boldsymbol{g}_b) = \max_{\lambda, \beta} \beta$$

$$\text{s.t.} \quad \boldsymbol{\lambda} \boldsymbol{y} \geqslant (1 + \beta \boldsymbol{g}_y) \boldsymbol{y}_j;$$

$$\boldsymbol{\lambda} \boldsymbol{b} = (1 - \beta \boldsymbol{g}_b) \boldsymbol{b}_j;$$

$$\boldsymbol{\lambda} \boldsymbol{x} \leqslant \boldsymbol{x}_j;$$

$$\beta, \boldsymbol{\lambda} \geqslant 0 \tag{9.9}$$

式中，$\boldsymbol{y}_j$、$\boldsymbol{b}_j$ 和 $\boldsymbol{x}_j$ 分别是第 $j(j = 1, 2, \cdots, I)$ 个观测单元的期望产出、非期望产出和投入的观测值；$\boldsymbol{y}$、$\boldsymbol{b}$ 和 $\boldsymbol{x}$ 分别是样本中所有观测单元的期望产出、非期望产出和投入的矩阵；$\boldsymbol{\lambda}$ 为强度行向量。式 (9.9) 中前三个约束条件依次表明期望产出具有强可处置性、非期望产出具有弱可处置性及投入具有强可处置性。

如此，影子价格可以通过求解式 (9.9) 中期望产出与非期望产出约束条件的对偶值来计算，即

$$-r_y \cdot \frac{\partial \vec{D}_o(\boldsymbol{x}, \boldsymbol{y}, \boldsymbol{b}; \boldsymbol{g}_y, -\boldsymbol{g}_b) / \partial \boldsymbol{b}}{\partial \vec{D}_o(\boldsymbol{x}, \boldsymbol{y}, \boldsymbol{b}; \boldsymbol{g}_y, -\boldsymbol{g}_b) / \partial \boldsymbol{y}} = -r_y \cdot \frac{\text{非期望产出的对偶值}}{\text{期望产出的对偶值}} \tag{9.10}$$

Lee 等 (2002) 指出：如果根据式 (9.10) 来计算非期望产出的影子价格，那么当不同观测单元在技术前沿上的投射点重合时，这些观测单元的影子价格将相等。因此，他们引入了无效因子的概念，并将式 (9.3) 改写为

$$r_b = -r_y \cdot \frac{\partial \vec{D}_o(\boldsymbol{x}, \boldsymbol{\sigma}_y \boldsymbol{y}, \boldsymbol{\sigma}_b \boldsymbol{b}; \boldsymbol{g}_y, \boldsymbol{g}_b) / \partial (\boldsymbol{\sigma}_b \boldsymbol{b})}{\partial \vec{D}_o(\boldsymbol{x}, \boldsymbol{\sigma}_y \boldsymbol{y}, \boldsymbol{\sigma}_b \boldsymbol{b}; \boldsymbol{g}_y, \boldsymbol{g}_b) / \partial (\boldsymbol{\sigma}_y \boldsymbol{b})} \cdot \frac{\boldsymbol{\sigma}_b}{\boldsymbol{\sigma}_y} \tag{9.11}$$

$$\boldsymbol{\sigma}_y / \boldsymbol{\sigma}_b = (1 - \beta) / (1 + \beta)$$

式中，$\boldsymbol{\sigma}_y$ 和 $\boldsymbol{\sigma}_b$ 分别为对应期望产出和非期望产出的无效因子。

根据以上方法计算非期望产出影子价格时，非期望产出的等式约束会使影子价格测算结果出现正负不定的情况，从而影响对影子价格经济含义的理解。因此，不少研究者如 Hailu 和 Veeman(2001) 及 Lee 等 (2002) 将非期望产出的约束条件设置为 $\boldsymbol{\lambda} \boldsymbol{b} \leqslant (1 - \beta \boldsymbol{g}_b) \boldsymbol{b}_j$，从而赋予影子价格以确定的符号。不过，另一些研究者如 Färe 和 Grosskopf(2003) 则指出这一处理方式违反了非期望产出的弱可处置性，因而在理论上是错误的。Leleu(2013) 总结了对这一问题的争论，本章也将就这一问题进行探讨。

传统的径向效率分析模型在同一比例上调整期望和非期望产出，有可能导致技术效率被高估，而非径向效率分析模型能够克服这一缺点。近年来，一些研究者开始将非径向 DEA 模型应用于影子价格的测算。其中，较为常用的是 SBM 模型。假设投入要素为资本 K、人力 L、能源 E，期望产出为 Y，非期望产出为 B。

相应的 SBM 模型表达如下:

$$D = \min \frac{1 - \dfrac{1}{3}\left(\dfrac{s_k}{K_j} + \dfrac{s_l}{L_j} + \dfrac{s_e}{E_j}\right)}{1 + \dfrac{1}{2}\left(\dfrac{s_y}{Y_j} + \dfrac{s_b}{B_j}\right)}$$

$$\text{s.t.} \quad \sum_{i=1}^{I} \lambda_i K_i + s_k = K_j, \quad \sum_{i=1}^{I} \lambda_i L_i + s_l = L_j,$$

$$\sum_{i=1}^{I} \lambda_i E_i + s_e = E_j, \quad \sum_{i=1}^{I} \lambda_i Y_i - s_y = Y_j,$$

$$\sum_{i=1}^{I} \lambda_i B_i + s_b = B_j,$$

$$s_k, s_l, s_e, s_y, s_b, \lambda_i \geqslant 0 \qquad (9.12)$$

式中,s_k、s_l、s_e、s_y 和 s_b 分别是对应资本、人力、能源、期望产出和非期望产出的松弛变量;K_j、L_j、E_j、Y_j 和 B_j 分别是 DMU_j 的资本、人力、能源、期望产出和非期望产出的观测值;λ 为权重变量。如果所有的松弛变量为 0,那么环境 DEA 技术被认为是技术有效的。由于式 (9.12) 是非线性规划形式,为方便求解需要将其转化为线性规划形式,如式 (9.13) 所示。

$$D = \min t - \frac{1}{3}\left(\frac{S_k}{K_j} + \frac{S_l}{L_j} + \frac{S_e}{E_j}\right)$$

$$\text{s.t.} \quad t + \frac{1}{2}\left(\frac{S_y}{Y_j} + \frac{S_b}{B_j}\right) = 1; \quad \sum_{i=1}^{I} \mu_i K_i + S_k = tK_j;$$

$$\sum_{i=1}^{I} \mu_i L_i + S_l = tL_j; \quad \sum_{i=1}^{I} \mu_i E_i + S_e = tE_j;$$

$$\sum_{i=1}^{I} \mu_i Y_i - S_y = tY_j; \quad \sum_{i=1}^{I} \mu_i B_i + S_b = tB_j;$$

$$S_k, S_l, S_e, S_y, S_b, \mu \geqslant 0; \quad t > 0 \qquad (9.13)$$

式中,$\mu = \lambda t$;$S_k = s_k t$;$S_l = s_l t$;$S_e = s_e t$;$S_y = s_y t$;$S_b = s_b t$。为了求解非期望产出的影子价格,我们需要写出式 (9.13) 的对偶形式。假设 $A, p_k, p_l, p_e, p_y, p_b$ 为对偶变量,则 SBM 模型的对偶模型如式 (9.14) 所示。

$$\max \quad A$$

$$\text{s.t.} \quad A + p_k K_j + p_l L_j + p_e E_j - p_y Y_j + p_b B_j = 1;$$

$$\sum_{i=1}^{I} p_y Y_i - \sum_{i=1}^{I} p_b B_i - \sum_{i=1}^{I} p_k K_i - \sum_{i=1}^{I} p_l L_i - \sum_{i=1}^{I} p_e E_i = 0;$$

$$p_k \geqslant \frac{1}{3 \cdot K_j}; p_l \geqslant \frac{1}{3 \cdot L_j}; p_e \geqslant \frac{1}{3 \cdot E_j};$$

$$p_y \geqslant \frac{A}{2 \cdot Y_j}; p_b \geqslant \frac{A}{2 \cdot B_j} \tag{9.14}$$

求解出式 (9.14) 之后，我们就可以计算出非期望的影子价格 $(r_b = r_y p_b / p_y)$。

DEA 作为确定性的线性规划方法的不足之处在于无法考虑随机误差。Kuosmanen(2008)、Kuosmanen 和 Kortelainen(2012) 提出的凸非参数最小二乘法 (convex nonparametric least squares，CNLS) 和随机非参数包络数据 (stochastic non-parametric envelopment of data，StoNED) 方法能够克服这一缺陷，一些研究者也开始将其用于非期望产出影子价格的测算工作 (Mekaroonreung and Johnson，2012)。不过这类方法同样需要大量数据，在现有文献中尚未得到较多的应用。

9.3　关键环节设定

9.3.1　方向设定与技术刻画

在采用方向距离函数测算非期望产出的影子价格时，方向向量是直接影响测算结果的关键环节，其决定了被评估单元将被投影至技术前沿的位置。选择合适的方向向量关系到影子价格测算结果的合理性。实践中，方向向量常被取为 (1，−1)、(0，−1)、(1，0)、(1，1) 等。当然，理论上方向距离函数的方向向量可以任意设定，并不局限于上述四种方向向量。

除了不同的方向选择，目前文献中对于如何设置非期望产出的约束条件也存在一些争议。非期望产出的等式约束满足环境 DEA 技术的基本假设，但却会产生无经济意义的测度结果。相应约束条件的不等式符号能够确保影子价格具有合理的经济含义，但模型修正的理论依据尚不完备。

本书将通过实证分析来探讨不同的方向选择及不同的约束条件对影子价格测算结果的影响。

9.3.2　测度导向选择

在现实经济发展条件下，不考虑技术进步、能源结构、能耗水平的变化，短期内若想实现减排，部门或企业需压缩生产规模。通过控制生产规模这种方式实现减排造成的潜在产出损失属于产出导向的边际减排成本。但若从长期来看，技术进步和结构优化是实现减排目标的根本手段。这意味着产业部门或企业为了不超出排放限额，需要投资减排设备、开发节能技术、改良生产工艺、进行低碳能源替代等。因采取有力的减排行动而边际增加的投入属于投入导向的边际减排成本。一般来说，投入导向的减排措施如投资减排设备、研发节能技术及提高能源效率、更多地使用清洁能源等，在根本上都是通过减少化石能源消费来减少非期望产出排放的，因此为减少化石能源投入而增加的资本投入 (化石能源的影子价格) 可以用来度量非期望产出的减排成本。不同于产出导向的边际减排成本测算方法，本节立足于化石能源与资本两种投入要素之间的替代关系，利用谢泼德投入距离函数来推导化石能源的影子价格。

首先，对谢泼德投入距离函数进行重新定义：

$$D_i(\boldsymbol{y},\boldsymbol{x}) = \max\{\phi > 0 : (\boldsymbol{x}/\phi) \in L(\boldsymbol{y})\} \tag{9.15}$$

式中，$\boldsymbol{y}$ 为产出向量；$\boldsymbol{x}$ 为投入向量；ϕ 是投入距离函数值。基于投入距离函数与成本函数 $C(\boldsymbol{y},\boldsymbol{\omega})$ 之间的对偶关系，投入距离函数进一步表示为

$$D_i(\boldsymbol{y},\boldsymbol{x}) = \min_q\{\boldsymbol{\omega}\boldsymbol{x} : C(\boldsymbol{y},\boldsymbol{\omega}) \geqslant 1\} \tag{9.16}$$

式中，$\boldsymbol{\omega}$ 是成本最小化的投入影子价格。相应地，成本函数可以定义为

$$C(\boldsymbol{y},\boldsymbol{\omega}) = \min_x\{\boldsymbol{\omega}^s\boldsymbol{x} : D_i(\boldsymbol{y},\boldsymbol{x}) \geqslant 1\} \tag{9.17}$$

式中，$\boldsymbol{\omega}^s$ 是投入的实际影子价格。作为一个成本最小化问题，式 (9.17) 可以进一步转化为拉格朗日问题：

$$\Lambda = \boldsymbol{\omega}^s\boldsymbol{x} - \lambda(D_i(\boldsymbol{y},\boldsymbol{x}) - 1) \tag{9.18}$$

对 $\boldsymbol{x}$ 求一阶导数可得

$$\boldsymbol{\omega}^s = \lambda(\boldsymbol{y},\boldsymbol{x})\nabla_x D_i(\boldsymbol{y},\boldsymbol{x}) \tag{9.19}$$

根据 Shephard(1970)，当成本函数处于最优情形时，有

$$\lambda(\boldsymbol{y},\boldsymbol{x}) = C(\boldsymbol{y},\boldsymbol{\omega}) \tag{9.20}$$

又根据谢泼德引理可知：

$$\nabla_x D_i(\boldsymbol{y},\boldsymbol{x}) = \boldsymbol{\omega}(\boldsymbol{y},\boldsymbol{x}) \tag{9.21}$$

由此可得

$$\boldsymbol{\omega}^s = C(\boldsymbol{y}, \boldsymbol{\omega}^s)\boldsymbol{\omega}(\boldsymbol{y}, \boldsymbol{x}) \tag{9.22}$$

当最小化的成本函数 $C(\boldsymbol{y}, \boldsymbol{\omega}^s)$ 已知时，根据式 (9.22) 便可计算出投入的影子价格 $\boldsymbol{\omega}^s$。但注意到，$C(\boldsymbol{y}, \boldsymbol{\omega}^s)$ 是 $\boldsymbol{\omega}^s$ 的函数，因此，为了求得化石能源的影子价格，可假设资本要素市场是完全竞争的，即资本的影子价格 ω_k^s 等于其市场价格 p_k^0，那么最小化的成本函数可以表示为

$$C = \frac{p_k^o}{\omega_k(\boldsymbol{y}, \boldsymbol{x})} \tag{9.23}$$

根据式 (9.21)、式 (9.22) 和式 (9.23)，化石能源的影子价格 ω_e^s 的计算公式如下：

$$\begin{aligned}
\omega_e^s &= C\omega_e(\boldsymbol{y}, \boldsymbol{x}) = \frac{p_k^0}{\omega_k(\boldsymbol{y}, \boldsymbol{x})}\omega_e^s(\boldsymbol{y}, \boldsymbol{x}) \\
&= p_k^0\frac{\omega_e^s(\boldsymbol{y}, \boldsymbol{x})}{\omega_k^s(\boldsymbol{y}, \boldsymbol{x})} = p_k^0\frac{\partial D_i(\boldsymbol{y}, \boldsymbol{x})/\partial e}{\partial D_i(\boldsymbol{y}, \boldsymbol{x})/\partial k}
\end{aligned} \tag{9.24}$$

式 (9.24) 反映了资本和化石能源之间的边际替代率，而化石能源的影子价格可以理解为边际减少一单位化石能源所要额外增加的资本投入，在除以化石能源的非期望产出排放系数之后就可以用于估计投入导向的非期望产出边际减排成本。

按照 9.2 节中介绍的参数方法，上述谢泼德投入距离函数可以通过式 (9.4) 和式 (9.7) 进行估计并最终计算出样本中各观测单元的化石能源的影子价格，在此不再赘述。9.4 节的案例测算将对比不同导向下的影子价格，进而揭示一些有益的政策含义。

9.4 案例应用

作为中国的经济和金融中心，上海的碳交易试点工作具有重要示范意义。本节以二氧化碳排放为例，利用上海 10 个碳交易试点工业行业在 2009~2011 年的投入和产出数据测算二氧化碳的边际减排成本。目前，被纳入上海碳交易体系的有钢铁、石化、化工、有色、电力、建材、纺织、造纸、橡胶、化纤 10 个部门，这些均属于工业行业二氧化碳的重点排放单位。样本所用投入产出数据分别采集自《上海统计年鉴》(2010—2012 年) 和《中国能源统计年鉴》(2010—2012 年)。

在影子价格模型中，本节将固定资产净值、从业人员数和能源消费作为投入变量，将工业总产值作为期望产出、二氧化碳排放作为非期望产出。统计年鉴中的数据除了从业人员数以外，其他都需要经过处理方能使用。其中，固定资产净值和工业总产值作为价值变量分别通过固定资产投资价格指数和生产价格指数平减到 2011 年不变价格；不同类型的能源消费通过折标准煤系数将单位统一为标准煤，然后进行加总；二氧化碳排放根据国家发展和改革委员会发布的各类能源的二氧化碳排放系数计算得到。表 9-1 给出了实证数据的描述性统计。

表 9-1 实证数据的描述性统计

参数	年份	固定资产净值/亿元	从业人员数/百人	能源消费/万 t 标准煤	工业总产值/亿元	二氧化碳排放/万 t
平均值	2009	429.17	519.80	1311.38	827.71	2084.28
	2010	427.50	531.90	1542.12	949.43	2491.40
	2011	407.16	447.50	1553.51	945.54	2525.24
标准差	2009	538.49	379.33	1882.29	704.73	3062.00
	2010	548.91	405.09	2020.86	808.88	3241.04
	2011	526.46	345.89	2229.10	813.62	3726.89
最大值	2009	1667.20	1220.00	5592.51	2199.84	9618.95
	2010	1740.59	1284.00	5972.61	2534.08	10136.17
	2011	1661.93	1179.00	6664.74	2527.78	11600.59
最小值	2009	22.54	56.00	25.93	48.58	55.06
	2010	17.60	45.00	26.46	47.14	56.03
	2011	15.25	40.00	13.03	42.51	27.63

需要说明的是，由于工业总产值已经包含了期望产出的数量和价格信息，因而本节假定期望产出的市场价格为 1 元。此外，为避免收敛性问题，本节根据 Boyd 等 (2002) 和 Färe 等 (2005) 对数据进行标准化 (各变量的数据除以各自的平均值)，之后在计算式 (9.3) 时再乘上 y 平均值与 b 平均值的比值。

9.4.1 模型选取对测算结果的影响

在规划求解软件 LINGO 11.0 中编写 T-ODF、T-IDF、Q-DDF、DEA-DDF 和 SBM 五种影子价格模型的程序文件，导入样本数据对上述模型分别进行计算。研究发现：当使用 T-ODF 或 T-IDF 测算二氧化碳影子价格时，影子价格为负；当使用 Q-DDF 或 SBM 时，影子价格为正；当使用 DEA-DDF(二氧化碳的约束条件为等号) 时，影子价格正负不定，此处我们剔除负的测算结果。总的来说，不论是正的还是负的影子价格，最终都要用来估计边际减排成本，因此取所有测算结果的绝对值以便于比较和分析。表 9-2 展示了不同模型的分行业三年加权平均影子价格 (权重为分年度二氧化碳排放量)，最后一行为总体加权平均影子价格 (权重为分行业二氧化碳排放量)。

表 9-2　不同影子价格模型的测算结果　　　　　　　(单位：元/t)

序号	行业	T-ODF	T-IDF	Q-DDF	DEA-DDF	SBM
1	钢铁	54.3	91.2	149.9	217.4	409.6
2	石化	480.2	2037.9	519.6	3916.6	1805.6
3	化工	64.3	2998.5	1906.1	3405.2	1189.1
4	有色	3854.5	238.7	4494.1	41409.0	6960.3
5	电力	17.7	24.9	219.0	601.3	338.0
6	建材	1290.8	757.0	2945.0	4800.8	1600.3
7	纺织	24074.2	10510.0	2322.7	29382.4	9794.1
8	造纸	8167.8	5761.8	3282.0	20900.5	6966.8
9	橡胶	4042.5	1802.7	3472.0	9743.7	3247.9
10	化纤	3252.2	433.3	3902.4	9964.6	3321.5
	加权平均	394.5	678.3	582.3	1906.1	839.3

　　直观上，不同影子价格模型所得到的测算结果有较为明显的差异。进一步对五种模型得出的影子价格测算结果两两进行 Paired-t 检验，其中原假设 H_0 为两组结果算术平均值相等。表 9-3 列出了分组的检验结果，从中可以看出以下几点：

　　(1) 在参数方法中，不同的距离函数选择并未对二氧化碳影子价格测算产生显著影响。具体来说，T-ODF、T-IDF 和 Q-DDF 遵循一致的分析路径，唯一区别就在于采用了不同的距离函数，但 Paired-t 检验结果显示 T-ODF 与 T-IDF(0.0906)、T-ODF 与 Q-DDF(0.0594)、T-IDF 与 Q-DDF(0.3661) 之间的 p 值都至少大于 0.05，并不足以推翻原假设。这一结果说明这三组影子价格测算结果之间并无显著差异。

　　(2) 在非参数方法中，径向分析方法和非径向分析方法测算出的二氧化碳影子价格存在显著差异。DEA-DDF 和 SBM 分别采用的是径向和非径向的分析方法，前者的方向向量为 $(1, -1)$，后者则考虑不同变量非同一比例的松弛情况。此外，DEA-DDF 基于环境 DEA 技术，而 SBM 则直接利用传统生产技术。Paired-t 检验结果显示 DEA-DDF 和 SBM 之间的 p 值为 0.0000，说明这两种非参数方法的选取对影子价格测算有显著影响。

　　(3) 从非参数和参数影子价格模型的对比来看，DEA-DDF 和三种参数影子价格模型在测算二氧化碳影子价格时均有显著差异 (见 1 和 4、2 和 4、3 和 4)，SBM 则只与 Q-DDF 在测算影子价格上有显著差异 (见 1 和 5、2 和 5、3 和 5)。其中，DEA-DDF 和 Q-DDF 在结果上的差异尤其值得注意。Q-DDF 和 DEA-DDF 都是基于方向距离函数及相同的方向向量 $(1, -1)$ 构造环境 DEA 技术，唯一区别在于前者采用参数方法而后者采用非参数的 DEA 方法估计方向距离函数值。Paired-t 检验结果显示 Q-DDF 和 DEA-DDF 之间的 p 值为 0.0001，这足以否定原假设，说明在选用方向距离函数时，参数和非参数方法测算出的二氧化碳影子价格存在显著差别。

表 9-3 Paired-t 检验结果

分组	H$_0$	p 值	分组	H$_0$	p 值
1 和 2	$\mu_1=\mu_2$	0.0906	2 和 3	$\mu_2=\mu_3$	0.3661
1 和 3	$\mu_1=\mu_3$	0.0594	1 和 4	$\mu_1=\mu_4$	0.0004
2 和 4	$\mu_2=\mu_4$	0.0000	3 和 4	$\mu_3=\mu_4$	0.0001
1 和 5	$\mu_1=\mu_5$	0.4030	2 和 5	$\mu_2=\mu_5$	0.1828
3 和 5	$\mu_3=\mu_5$	0.0072	4 和 5	$\mu_4=\mu_5$	0.0000

注：1 = T-ODF；2 = T-IDF；3 = Q-DDF；4 = DEA-DDF；5 = SBM。

除了进行 Paired-t 检验以外，再就总体加权平均影子价格对这五种模型进行比较。理论上讲，若在样本行业之间开展碳交易且同时要求将二氧化碳排放量限制在 2009～2011 年的平均水平，那么碳配额的平均价格应等于总体加权平均影子价格。从表 9-2 可以看出，T-ODF 计算出的总体加权平均影子价格最小 (394.5 元/t)，之后按升序排列依次是 Q-DDF(582.3 元/t)、T-IDF(678.3 元/t)、SBM(839.3 元/t) 和 DEA-DDF(1906.1 元/t)。这一结果很明显地反映出，非参数影子价格模型会计算出比参数模型更大的总体加权平均影子价格，而基于方向距离函数 (1, −1) 的影子价格模型会得到比基于谢泼德产出距离函数的模型更大的总体加权平均影子价格。

以上分析显示，在参数方法中，选择不同的距离函数并未对二氧化碳影子价格测算产生显著影响。在非参数方法中，径向分析方法和非径向分析方法测算出的二氧化碳影子价格存在显著差异。当选用方向距离函数时，参数和非参数方法测算出的二氧化碳影子价格存在显著差异。此外，非参数影子价格模型会计算出比参数模型更大的加权平均影子价格，而基于方向距离函数 (1, −1) 的影子价格模型会得到比基于谢泼德产出距离函数的模型更大的加权平均影子价格。

9.4.2 关键环节设定对测算结果的影响

1. 约束条件设定

将非期望产出的约束条件为等号的非参数方向距离函数模型称为 DEA-DDF，相应地，将采取不等式约束的模型称为 DEA-DDF′，由此分别计算不同二氧化碳约束条件下的影子价格。表 9-4 展示了所有 30 个观测单元的影子价格测算结果，可以看出，通过 DEA-DDF 得出的影子价格绝大部分为正，只有 3 个为负，而通过 DEA-DDF′ 得出的影子价格全为非负，其中有 3 个为 0。

具体而言，DEA-DDF 和 DEA-DDF′ 得出的大部分影子价格测算结果 (25 个) 是完全相同的，只有 5 个观测单元的测算结果不同，分别是有色行业 2009 年、2010 年、2011 年，钢铁行业 2010 年，电力行业 2010 年的影子价格。值得注意的是，在这 5 对不同的测算结果中，有 3 对属于 DEA-DDF 测算为负而 DEA-DDF′

测算结果为 0 的情况。Paired-t 检验也发现 DEA-DDF 和 DEA-DDF′ 分别测算出的二氧化碳影子价格并无显著差异 (p 值为 0.5207)。

表 9-4　不同二氧化碳约束条件下的影子价格测算结果　　　　(单位：元/t)

行业	2009 年		2010 年		2011 年	
	DEA-DDF	DEA-DDF′	DEA-DDF	DEA-DDF′	DEA-DDF	DEA-DDF′
钢铁	257.0	257.0	−626.9	0.0	184.6	184.6
石化	3850.8	3850.8	3844.0	3844.0	4045.1	4045.1
化工	31107.4	31107.4	581.6	581.6	412.7	412.7
有色	−6536.6	0.0	−5701.9	0.0	41409.0	4045.1
电力	666.4	666.4	689.3	0.2	464.4	464.4
建材	3496.6	3496.6	3526.6	3526.6	18224.9	18224.9
纺织	31164.9	31164.9	26632.7	26632.7	31472.8	31472.8
造纸	21907.0	21907.0	20028.8	20028.8	21087.9	21087.9
橡胶	7475.2	7475.2	7759.7	7759.7	22999.7	22999.7
化纤	8823.8	8823.8	8412.3	8412.3	15386.1	15386.1

2. 方向向量选取

运用非参数方向距离函数方法，对不同方向向量下的二氧化碳影子价格进行计算，以进一步探讨和分析方向向量选择对影子价格测算的影响。计算结果如表 9-5 所示。

方向向量 (1，−1) 满足同时增加好产出和减少坏产出的理想假设，代表着实现环境与经济双赢的效率评价指标。从这个角度出发，方向向量 (1，0) 代表着一个要求较低的技术效率指标，它是在坏产出保持不变的情况下尽量增加好产出。在测算结果中，(1，−1) 情况下二氧化碳的加权平均影子价格为 582.3 元/t，而 (1，0) 情况下加权平均影子价格仅为 147.0 元/t。这一结果表明，效率评价指标的要求越高，二氧化碳的影子价格也就越高。为了进一步说明这一点，选取 (1，−1) 和 (1，0) 之间的一些方向向量分别进行计算。按 g_y 的升序列出这些方向向量，其中包括逼近 (1，−1) 的方向向量、逼近 (1，0) 的方向向量及一般的介于 (1，−1) 和 (1，0) 之间的方向向量。计算结果表明，当方向向量由 (1，−1) 逐步向 (1，0) 变动，即效率评价指标的要求相对越来越低时，加权平均影子价格及分行业影子价格都呈现出递减趋势。当方向向量在此区间时，影子价格测算结果与效率评价指标的要求存在正向相关关系。

当两个方向向量的 g_y 和 g_b 的比值相同且介于 (1，−1) 和 (1，0) 之间时，根据两者计算得出的二氧化碳影子价格完全一致。假定方向向量为 $(g_y, -g_b)$ 时的影子价格向量是 $R(g_y, -g_b)$，则当 $m \geqslant 1$ 时，有 $R(m, -1) = R(1, -1/m)$。举例来说，在方向向量为 (1，−0.5) 和 (2，−1) 的情况下，10 个工业行业的影子价格完全相同。

表 9-5 基于不同的方向向量的二氧化碳影子价格测算结果

(单位: 元/t)

(g_y, g_b)	加权平均	钢铁	石化	化工	有色	电力	建材	纺织	造纸	橡胶	化纤
(0,−1)	2112.5	146.3	1481.5	2083.0	13776.4	158.5	9119.1	15743.8	18016.9	26643.7	373942.6
(1,−1m)	1553.0	115.5	1204.4	1679.7	8720.6	28.3	10546.3	58503.2	14719.7	25205.4	24837.2
(1,−2)	1280.0	0.0	1487.2	1398.1	28411.0	146.0	6891.8	10626.9	17996.3	21279.4	48103.0
(1,−1)	582.3	149.9	519.5	1906.1	4494.1	219.0	2945.0	2322.7	3282.0	3472.0	3902.4
(1.00001,−1)	582.3	149.9	519.5	1906.1	4494.1	219.0	2945.0	2322.8	3282.0	3472.0	3902.4
(1.0001,−1)	582.3	149.9	519.4	1906.1	4494.0	219.1	2945.1	2323.1	3282.1	3473.0	3902.4
(1.001,−1)	582.2	149.7	517.9	1905.9	4493.2	219.5	2946.7	2326.6	3282.9	3482.0	3902.1
(1.01,−1)	581.6	147.8	503.6	1903.8	4484.5	223.5	2962.0	2360.9	3290.3	3482.0	3899.4
(1,−0.5)	561.9	33.3	57.0	1812.4	3614.8	392.6	3661.0	5685.1	3345.0	3566.3	3280.7
(2,−1)	561.9	33.3	57.0	1812.4	3614.8	392.6	3661.0	5685.1	3345.0	3566.3	3280.7
(3,−1)	564.5	13.6	57.7	1796.2	3341.7	400.2	3776.6	7220.1	3263.1	3479.1	3041.6
(5,−1)	487.5	7.7	40.5	1706.0	2463.9	374.9	2947.4	7209.6	2517.2	2641.4	2207.7
(15,−1)	169.6	13.9	22.2	192.4	718.9	376.2	455.9	392.4	694.8	689.9	783.7
(29.4,−1)	148.1	10.9	18.8	107.5	519.0	387.5	245.6	120.6	497.1	480.7	589.1
(50,−1)	148.2	11.0	18.8	106.4	517.5	388.0	244.8	120.2	495.8	479.4	587.6
(100,−1)	148.2	11.0	18.8	105.6	516.5	388.4	244.3	119.9	494.9	478.5	586.6
(1000,−1)	148.2	10.6	18.8	104.8	517.3	389.4	244.5	120.1	495.8	479.3	587.7
(10000,−1)	147.1	11.4	18.7	108.8	503.7	385.2	237.7	116.9	482.9	466.5	572.0
(1.75m,−1)	147.0	10.8	18.7	105.6	509.6	385.9	240.7	118.2	488.4	472.1	579.0
(1,0)	147.0	10.8	18.7	105.6	509.6	385.9	240.7	118.2	488.4	472.1	579.0
(1,0.81)	0	0	0	0	0	0	0	0	0	0	0
(1,1)	0	0	0	0	0	0	0	0	0	0	0

注: −1m = −1000000; 1.75m = 1750000。

方向向量 (0，−1) 表示在保持好产出不变的情况下尽可能地减少坏产出，也是技术效率的一种评价指标。我们再选取 (0，−1) 和 (1，−1) 之间的一些方向向量进行测算，发现在这些方向向量条件下影子价格测算比较容易出现异常值。表 9-5 只列出了 (0，−1)、(1，−1000000)、(1，−2) 三种方向向量的测算结果，其中 (0，−1) 情况下就出现了异常值，表中所列的结果已经剔除了异常值。明显可以看出，当方向向量位于 (1，−1) 左下方时，影子价格测算结果偏大。由于多有异常值出现，本区间的方向向量不再做进一步分析。

当方向向量为 (+，+) 时，影子价格全为 0，如表 9-5 列出的 (1，1) 和 (1，0.81)。这一发现与 Vardanyan 和 Noh(2006) 得到的结果相一致，同时也说明在具体实践中参数化方向距离函数并不能随意选取方向向量。谢泼德产出距离函数相较方向距离函数而言，在灵活性方面有所不足，但可以同时扩张好产出和坏产出，并得出较为合理的影子价格测算结果。因此，在这一点上参数方向距离函数方法仍有进一步改进的空间。

9.4.3 不同导向对测算结果的影响

本小节首先使用谢泼德投入距离函数计算化石能源的影子价格，然后根据化石能源的二氧化碳排放系数，推算投入导向的二氧化碳边际减排成本。其次结合前文已经给出的谢泼德产出距离函数的二氧化碳影子价格测算结果对不同行业的二氧化碳减排选择及相应的成本进行分析。表 9-6 列出了通过 LINGO 11.0 软件计算得出的结果。

表 9-6 投入和产出导向的二氧化碳边际减排成本 （单位：元/t）

行业	化石能源影子价格	二氧化碳排放系数	(投入导向)二氧化碳边际减排成本	(产出导向)二氧化碳边际减排成本	(最终)二氧化碳边际减排成本
钢铁	4377.8	1.72	2536.8	54.3	54.3
石化	976.8	0.68	1410.9	480.2	480.2
化工	7797.0	2.25	3475.8	64.3	64.3
有色	3707.7	2.10	1762.4	3854.5	1762.4
电力	257737.6	2.50	102992.9	17.7	17.7
建材	951.3	2.09	454.7	1290.8	454.7
纺织	284.1	2.31	123.9	24074.2	123.9
造纸	3501.8	2.26	1554.4	8167.8	1554.4
橡胶	1551.7	2.20	712.1	4042.5	712.1
化纤	5651.4	2.12	2665.0	3252.2	2665.0
加权平均	—	—	30527.7	394.5	146.3

注：加权平均的权重为行业三年平均二氧化碳排放量。

由表 9-6 可以清晰地看出，不同行业所面临的二氧化碳边际减排成本，无论是投入导向的还是产出导向的，都存在较大差异，表明了在不同二氧化碳排放单位间开展碳排放权交易的可行性和必要性。直观上可以发现，重工业相比轻工业具有较低的产出导向的二氧化碳边际减排成本 (以下简称 "减排成本 A")，而轻工业相比重工业则面临偏低的投入导向的二氧化碳边际减排成本 (以下简称 "减排成本 B")。减排成本 A 是指为边际减少二氧化碳排放而压缩生产规模的成本，而减排成本 B 度量的是通过增加减排投资、减少化石能源消费而边际减少二氧化碳排放的成本。当减排成本 A 低于减排成本 B 时，对于减排单位而言压缩生产规模是成本更低的减排选择；若减排成本 B 低于减排成本 A，则说明减少投资设备、研发节能技术、提高能源效率、更多地使用低碳能源等是成本较低的减排措施。假设样本中的 10 个工业行业为理性的减排责任主体，那么每个工业行业都会选择成本更低的二氧化碳减排措施。

表 9-6 的最右一列为经过比较各行业不同减排措施的成本后得出的最终的二氧化碳边际减排成本。可以发现，钢铁、石化、化工、电力等重工业行业面临的最终二氧化碳边际减排成本为减排成本 A，而纺织、造纸、化纤等轻工业行业及有色、建材、橡胶等重工业行业面临的最终二氧化碳边际减排成本为减排成本 B。此外，表 9-6 的最后一行还展示了投入导向、产出导向及最终的二氧化碳边际减排成本的加权平均值 (以分行业二氧化碳排放量为权重)。可以发现，减排成本 A 的加权平均值要明显低于减排成本 B，这说明就目前而言压缩生产规模总的来看是比增加减排投资成本更低的二氧化碳减排选择。更重要的是，本研究发现最终的二氧化碳边际减排成本的加权平均值最低，这说明在各工业行业均采取成本更低的二氧化碳减排措施之后，整体的二氧化碳减排成本明显降低。

总的来说，现有的影子价格分析框架仅计算了产出导向的二氧化碳减排成本，而考虑多种减排选择的影子价格分析框架，能够帮助行业和企业确定成本更低的二氧化碳减排选择、帮助碳交易参与者和投资者更准确地了解碳排放配额的实际价值、帮助政府及其他利益相关者更清晰地把握本区域内行业和企业的二氧化碳边际减排成本。进一步来说，通过更准确的测算和分析工作，二氧化碳边际减排成本可以更好地在碳税税率、碳交易、温室气体减排策略、减排任务和配额分配等方面提供政策参考。

9.5　本章小结

准确测算二氧化碳边际减排成本可以为国际气候谈判、区域间二氧化碳减排任务分配、碳交易、碳税等应对气候变化的行动和政策提供参考。基于绩效测度视角的影子价格模型常用于测算二氧化碳边际减排成本，在过往研究中发挥了重要作用。然而影子价格模型仍存在一些悬而未决的问题：如基于不同的环境生产技术可以构建不同的影子价格模型，而不同的影子价格模型得出的测算结果有较大差异，目前在模型选用上并无公认的统一标准；在影子价格模型中，一些关键环节如方向距离函数中的方向向量及非参数方法中二氧化碳的约束条件等可能对影子价格测算造成影响，然而这些关键环节也存在随意性；另外，现有的影子价格分析框架缺乏对生产单位潜在的多种二氧化碳减排方式的考虑，因而有可能高估二氧化碳边际减排成本。针对这些问题，本书作者开展了深入探讨，相关研究成果已发表在 *Applied Energy*、*Energy Policy* 和《管理评论》等高水平期刊上。

本章首先介绍了环境 DEA 技术的构建方法和影子价格估计方法，归纳了现有影子价格分析框架中五种常用的影子价格模型，包括参数谢泼德产出距离函数、参数谢泼德投入距离函数、参数方向距离函数、非参数方向距离函数和 SBM 方法。基于这五种影子价格模型，本章利用上海 10 个工业行业在 2009~2011 年的投入产出数据对影子价格进行了计算，然后结合 Paired-t 检验对测算结果进行了对比分析。研究发现，在参数方法中，不同距离函数测算出的二氧化碳影子价格不存在显著差异，而选择参数还是非参数方法、选择径向还是非径向分析方法对二氧化碳影子价格测算产生了显著影响。此外，非参数方法会得出比参数方法更大的加权平均影子价格，而基于方向距离函数的影子价格模型会得到比基于谢泼德产出距离函数模型更大的加权平均影子价格。

本章还针对参数方向距离函数方法中方向向量的选取和非参数方法中二氧化碳约束条件的设定对二氧化碳影子价格测算的影响进行了讨论。基于实证数据，我们发现当方向向量由 $(1, -1)$ 逐步向 $(1, 0)$ 变动时，二氧化碳影子价格呈现出递减趋势，当两个方向向量的 g_y 和 g_b 的比值相等且介于 $(1, -1)$ 和 $(1, 0)$ 之间时，二者具有相同的二氧化碳影子价格测算结果，而当方向向量为 $(+, +)$ 时，影子价格全为 0。研究还发现，非参数方法中二氧化碳约束条件的设置方式——左右两边相等还是小于或等于——对于二氧化碳影子价格的测算并无显著影响。

本章最后介绍了考虑多种二氧化碳减排选择的影子价格分析框架。将二氧化碳边际减排成本分为投入和产出两种导向，分别对应增加减排投资从而减少化石能源消费和压缩生产规模从而减少二氧化碳排放两类减排选择。实证分析显示，重工业相比轻工业具有较低的产出导向的二氧化碳边际减排成本，而轻工业相比重工业则面临更低的投入导向的二氧化碳边际减排成本。通过比较两种导向的成本，不同行业可以明确成本更低的减排选择及相应的边际减排成本。在每个行业都采取成本更低的减排措施后，整体的二氧化碳减排成本明显降低。因而，考虑多种减排选择的影子价格分析框架能够帮助减排单位明确成本更低的二氧化碳减排选择，有助于决策者更准确和清晰地把握二氧化碳边际减排成本。

参 考 文 献

周鹏, 周迅, 周德群. 2014. 二氧化碳减排成本研究述评. 管理评论, 26(11): 20-27, 47.

Aigner D, Chu S. 1968. On estimating the industry production function. American Economic Review, 58(4): 826-839.

Boyd G A, Tolley G, Pang J. 2002. Plant level productivity, efficiency, and environmental performance of the container glass industry. Environmental and Resource Economics, 23(1): 29-43.

Chambers R G, Chung Y H, Färe R. 1998. Profit, directional distance functions, and Nerlovian efficiency. Journal of Optimization Theory and Applications, 98(2): 351-364.

Choi Y, Zhang N, Zhou P. 2012. Efficiency and abatement costs of energy-related CO_2 emissions in China: A slacks-based efficiency measure. Applied Energy, 98(1): 198-208.

Chung Y H, Färe R, Grosskopf S. 1997. Productivity and undesirable outputs: A directional distance function approach. Journal of Environmental Management, 51(3): 229-240.

Delarue E D, Ellerman A D, D'Haeseleer W D. 2010. Robust MACCs? The topography of abatement by fuel switching in the European power sector. Energy, 35(3): 1465-1475.

Färe R, Grosskopf S. 2003. Nonparametric productivity analysis with undesirable outputs: Comment. American Journal of Agricultural Economics, 85(4): 1070-1074.

Färe R, Grosskopf S, Lovell C A, et al. 1993. Derivation of shadow prices for undesirable outputs: A distance function approach. Review of Economics and Statistics, 75(2): 374-380.

Färe R, Grosskopf S, Lovell C A, et al. 2005. Characteristics of a polluting technology: Theory and practice. Journal of Econometrics, 126(2): 469-492.

Hailu A, Veeman T S. 2000. Environmentally sensitive productivity analysis of the Canadian pulp and paper industry, 1959-1994: An input distance function approach. Journal of Environmental Economics and Management, 40(3): 251-274.

Hailu A, Veeman T S. 2001. Non-parametric productivity analysis with undesirable outputs: An application to the Canadian pulp and paper industry. American Journal of Agricultural Economics, 83(3): 605-616.

Kumbhakar S C, Lovell C A. 2000. Stochastic Frontier Analysis. Cambridge, UK: Cambridge University Press.

Kuosmanen T. 2008. Representation theorem for convex nonparametric least squares. The Econometrics Journal, 11(2): 308-325.

Kuosmanen T, Kortelainen M. 2012. Stochastic non-smooth envelopment of data: Semiparametric frontier estimation subject to shape constraints. Journal of Productivity Analysis, 38(1): 11-28.

Lee J D, Park J B, Kim T Y. 2002. Estimation of the shadow prices of pollutants with production/environment inefficiency taken into account: A nonparametric directional distance function approach. Journal of Environmental Management, 64(4): 365-375.

Lee M, Zhang N. 2012. Technical efficiency, shadow price of carbon dioxide emissions, and substitutability for energy in the Chinese manufacturing industries. Energy Economics, 34(5): 1492-1497.

Leleu H. 2013. Shadow pricing of undesirable outputs in nonparametric analysis. European Journal of Operational Research, 231(2): 474-480.

Mekaroonreung M, Johnson A L. 2012. Estimating the shadow prices of SO_2 and NO_x for U.S. coal power plants: A convex nonparametric least squares approach. Energy Economics, 34(3): 723-732.

Pittman R. 1981. Issue in pollution control: Interplant cost differences and economies of scale. Land Economics, 57(1): 1-17.

Rødseth K L. 2013. Capturing the least costly way of reducing pollution: A shadow price approach. Ecological Economics, 92(c): 16-24.

Shephard R W. 1970. Theory of Cost and Production Functions. Princeton, U.S.: Princeton University Press.

Turner J. 1994. Measuring the Cost of Pollution Abatement in the Electric Utility Industry: A Production Function Approach. Chapel Hill: University of North Carolina.

Vardanyan M, Noh D. 2006. Approximating pollution abatement costs via alternative specifications of a multi-output production technology: A case of the US electric utility industry. Journal of Environmental Management, 80(2): 177-190.

Zhang Z X, Folmer H. 1998. Economic modeling approaches to cost estimates for the control of carbon dioxide emissions. Energy Economics, 20(1): 101-120.

Zhou P, Ang B W, Wang H. 2012. Energy and CO_2 emission performance in electricity generation: A non-radial directional distance function approach. European Journal of Operational Research, 221(3): 625-635.

Zhou P, Zhou X, Fan L W. 2014. On estimating shadow prices of undesirable outputs with efficiency models: A literature review. Applied Energy, 130(1): 799-806.

Zhou X, Fan L W, Zhou P. 2015. Marginal CO_2 abatement costs: Findings from alternative shadow price estimates for Shanghai industrial sectors. Energy Policy, 77(1): 109-117.

指 标 说 明

能源最大节约量   ESP
全要素能源效率   TFEE
能源效率绩效指数   EEPI
动态能源绩效指数 (基于谢泼德距离函数)   MEEPI
     效率变动   MEFFCH
     技术变动   MTECHCH
动态能源绩效指数 (基于方向距离函数)   MLEEPI
     效率变动   MLEFFCH
     技术变动   MLTECHCH
潜在节能总量   TPES
纯环境绩效指数   PEI
非径向距离函数纯环境绩效指数   NRPEI
混合环境绩效指数   MEI
径向方向距离函数环境绩效指数   DEI
非径向方向距离函数环境绩效指数   NRDEI
基于松弛测度的环境绩效指数   SBEI
动态环境绩效指数 (基于谢泼德距离函数)   MEPI
动态环境绩效指数 (基于方向距离函数)   MLEPI
技术效率效应   TE
技术进步效应   TC
投入增长效应   IG
产出结构变化   OM
潜在碳因子变化   PCFCH
潜在能源强度变化   PEICH
期望产出变化   GDPCH
碳排放变化   CEPCH
能源效率变化   EUPCH
碳排放的技术效率变动   CEEFCH

碳减排技术变动	CATECH
能源利用的技术效率变动	EUEFCH
节能技术的变动效应	ESTECH
径向环境绩效指数	REPI
非径向环境绩效指数	NREPI
非径向动态环境绩效指数	NRMEPI
效率变动	NRMEFFCH
技术变动	NRMTHCH
能源绩效指数	EPI
碳排放绩效指数	CPI
能源碳排放综合绩效指数	ECECPI
技术拥挤绩效指数	TCPI
消除拥挤后的能源绩效指数	CEEPI
能源拥挤绩效指数	ECPI
气候风险指数	CRI
"效益型" 综合能源与环境可持续发展指数	CI^+
"成本型" 综合能源与环境可持续发展指数	CI^-

索　引

后 记

本书总结了作者近年来在能源与环境绩效测度领域所取得的一些重要研究成果。这些成果涵盖基于生产理论的绩效测度方法及基于指标聚合的综合绩效指数方法。本书围绕这两大类方法，建立了较为完善的能源与环境绩效测度理论和方法体系，同时囊括了一些与绩效评估密切相关的能源与环境领域问题，比如分解分析、减排成本评估等。

在基于环境生产技术的绩效测度部分，本书依据不同视角、不同测度类型等对能源与环境绩效测度模型进行了分类介绍，着重介绍了它们的建模思想、过程及它们之间的区别和联系。这些模型大多基于环境生产技术进行构建，虽然这在文献中是一种应用最为广泛的技术刻画方法，但也面临着一些挑战。比如，有学者指出基于环境生产技术构建的模型不满足物质均衡原理；也有学者指出将其应用于减排成本评估时会产生无意义的影子价格。另外，在与方向距离函数结合使用时，主观化的方向向量选择会使评估结果较为敏感。随着这些问题映入眼帘，一些新的理论和方法逐渐被提出。比如，Wu 等提出了一种能源与碳排放满足物质平衡关系的新的环境生产技术[①]。Petersen 提出了方向向量的内生选择理论[②]。这些研究拓展了环境生产技术的刻画方法与绩效测度的理论体系，为能源与环境绩效测度提供了新的方向。

在考虑非经济生产过程的绩效测度部分，本书提出了拥挤生产技术的刻画方法，并在拥挤生产技术的基础上构建了能源绩效测度模型和能源无效分解模型。本书还研究了能源拥挤问题，分别从投入和产出视角构建了能源拥挤绩效的测度模型。这部分研究突破了所有生产活动均位于经济生产区域的假设，面向的是全过程生产，因而可以完善绩效测度的理论和方法体系。尽管如此，这部分研究仅关注了因要素拥挤而导致的期望产出下降现象，未关注投入要素与非期望产出之间的关系。未来研究可对考虑非期望产出的拥挤问题开展研究。

在基于指标聚合的综合环境指数方法部分，本书从实际问题出发，在强可持续范式及指标间非补偿性基础上，借助于多属性决策理论和无过失模型构建了可

---

① 具体参见 Wu F, Zhou P, Zhou D Q. 2020. Modeling carbon emission performance under a new joint production technology with energy input. Energy Economics: 104963, https://doi.org/10.1016/j.eneco.2020.104963.

② 具体参见 Petersen N C. 2018. Directional distance functions in DEA with optimal endogenous directions. Operations Research, 66(4): 1068-1085.

以不同程度地约束可持续发展指标之间的可补偿性的综合指数模型，并从综合指数的"有意义"性、数据不确定性对综合指数模型的影响程度及综合指数模型的信息损失度三个角度客观分析了六种综合指数模型的鲁棒性。尽管这部分研究发展了综合指数模型，但仍然存在改进空间。比如，可以通过调整模型中聚合方法使弱非补偿综合指数模型至少满足"有序数意义"的条件；又如，可以结合 Cooper 等提出的有界调整数据包络分析，提高非补偿有意义综合可持续发展指数模型的识别力等①。

---

① 具体参见 Cooper W W, Pastor J T, Borras F. 2011. BAM: A bounded adjusted measure of efficiency for use with bounded additive models. Journal of Productivity Analysis, 35(2): 85-94.